Creo Parametric 9.0
动力学与有限元分析从入门到精通

胡仁喜　刘昌丽　等编著

机械工业出版社

本书涵盖了 Creo Parametric 9.0 的 Mechanism（运动/动力学仿真技术）、Creo Simulate（有限元分析技术）两大模块，介绍了动力学分析、动画制作、结构分析和热力学分析模型的创建及分析过程。根据由浅入深、前后呼应的教学原则进行内容安排，从而使读者能更快、更深入地理解 Creo Parametric 9.0 软件中的一些抽象概念、复杂命令和功能，并全面了解运用该软件进行产品分析的过程。本书第 1 章介绍了使用该软件进行分析的 3 种模式：FEM 模式、集成模式和独立模式。重点以集成模式为讲解对象，介绍了机构动力学和有限元分析。第 2 章～第 5 章介绍了动力学分析模块的建立和环境的设置，运动分析和动画制作等。第 6 章～第 9 章介绍了机构结构分析和热力学分析模型的建立及分析过程。每个知识点都使用了命令讲解结合具体实例的方法，可以在学习软件操作的同时通过实例练习迅速掌握相关知识。每部分都有综合实例练习，可以更加快速有效地掌握软件的使用。

本书的特点是详细介绍了 Creo Parametric 9.0 中各种工具命令的使用方法，使用大量实例阐述工具命令的使用方法和相关技巧。本书可作为机械设计技术人员学习基于 Creo Parametric 9.0 进行机械结构有限元分析的入门与实践的书籍，也可作为大专院校机械类专业学生的教材或教学参考书。

图书在版编目（CIP）数据

Creo Parametric 9.0动力学与有限元分析从入门到精通 /胡仁喜等编著. —北京：机械工业出版社，2023.5
ISBN 978-7-111-72874-0

Ⅰ.①C… Ⅱ.①胡… Ⅲ.①动力学－计算机辅助设计－应用软件，②有限元分析－计算机辅助设计－应用软件 Ⅳ.①O313-39 ②O241.82-39

中国国家版本馆 CIP 数据核字(2023)第 052173 号

机械工业出版社（北京市百万庄大街 22 号　邮政编码 100037）
策划编辑：曲彩云　　　　　　责任编辑：王　珑
责任校对：刘秀华　　　　　　责任印制：任维东
北京中兴印刷有限公司印刷
2023 年 6 月第 1 版第 1 次印刷
184mm×260mm・26.25 印张・649 千字
标准书号：ISBN 978-7-111-72874-0
定价：99.00 元

电话服务　　　　　　　　网络服务
客服电话：010-88361066　机　工　官　网：www.cmpbook.com
　　　　　010-88379833　机　工　官　博：weibo.com/cmp1952
　　　　　010-68326294　金　书　网：www.golden-book.com
封底无防伪标均为盗版　机工教育服务网：www.cmpedu.com

前　言

Creo Parametric 是在单一数据库、参数化、特征、全相关及工程数据再利用等概念的基础上开发出的一个功能强大的 CAD / CAE / CAM 软件，它能将产品从设计到生产加工的过程集成在一起，让所有用户同时开展同一产品的设计与制造工作。它促进用户采用最佳设计方法。集成的参数化 3D CAD/CAM/CAE 解决方案可让设计速度比以前更快，同时最大限度地增强创新力度并提高质量，最终创造出不同凡响的产品。

本书基本涵盖了 Creo Parametric 9.0 从基本操作到模型建立，从概念到综合实例，从分析到优化设计的编制，讲述了模块中各工具的基本功能和操作方法。在部分章的最后，以实例的形式进一步学习基本工具的使用。本书最后以两个典型实例（二级减速器、活塞连杆机构）讲解了使用 Creo Parametric 9.0 进行工程分析的设计过程。本书的特点主要体现在以下几个方面：

❑ 编排采用循序渐进的方式，适合初、中、高级读者逐步掌握 Creo Parametric 9.0 软件的基本操作方法，进行产品分析和优化设计。

❑ 以知识点为介绍单元，通过讲解概念、操作方法、经典实例等透彻地剖析每个知识点，以便于读者掌握。

❑ 采用了浅显易懂的例子，使读者容易上手操作。每个例子讲解步骤简单全面，易于理解。

❑ 对关键性的技巧以"注意"提醒读者，节约读者的时间和精力。

❑ 内容翔实，选例典型，针对性强。叙述言简意赅、清晰流畅，能使读者快速掌握 Creo Parametric 9.0 的应用要领。

❑ 结合内容在电子资料中配置了大量实例源文件以及相关的视频讲解内容，对书中的各个重要实例进行针对性讲解，便于读者掌握实际操作的流程和技巧。

本书共分为 3 篇 11 章。第 1 篇（第 1~5 章）是机构动力学分析。讲述了使用该软件进行分析的集成模式和 FEM 模式。介绍了动力学分析模块的建立和环境的设置，运动分析和动画制作等。第 2 篇（第 6~9 章）是结构与热力学分析。介绍了结构分析模块、建立机构分析模型的方法步骤、机构各种结构分析以及热力学分析等内容。讲述了静态分析、模态分析、失稳分析、疲劳分析、预应力分析、动态分析以及敏感度设计、优化设计等方法。第 3 篇（第 10 章、第 11 章）是综合实例。以最常见的二级减速器、活塞连杆机构为例，讲述了动力学和结构分析创建过程，让读者巩固学到的各模块中常见工具的使用方法和技巧，通过举一反三，获得独立完成项目分析设计的能力。

为了方便广大读者更加形象直观地学习本书，随书配赠多媒体电子资料，包含全书实例操作过程录屏讲解 AVI 文件和实例源文件，]CREO 工业设计相关操作实例的录屏讲解 AVI

电子教材，总教学时长达 1000 分钟。

　　读者可以登录百度网盘（地址：https://pan.baidu.com/s/18jGHCCbNg60w1b3emENqLw）或者扫描下面二维码下载本书电子资料，（密码：swsw）（读者如果没有百度网盘，需要先注册一个才能下载）。

　　本书由三维书屋工作室策划，河北交通职业技术学院的胡仁喜博士和石家庄三维书屋文化传播有限公司的刘昌丽老师主要编写，其中胡仁喜执笔编写了第 1~8 章，刘昌丽执笔编写了第 9~11 章。康士廷、王敏、王玮、孟培、王艳池、闫聪聪、王培合、王义发、王玉秋、杨雪静、张日晶、卢园、孙立明、甘勤涛、王兵学、路纯红、阳平华、张俊生、李鹏、周冰、董伟、李瑞、王渊峰、袁涛参加了其中部分章节的编写工作。

　　由于编者水平有限，书中不足在所难免，恳请各位朋友和专家批评指正。欢迎广大专家和读者联系 714491436@qq.com 指导切磋。也欢迎加入三维书屋图书学习交流群 QQ：570099701 交流探讨。

编　者

目　录

第2篇 结构与热力学分析

第 3 篇　综合实例

第1篇

机构动力学分析

本篇主要介绍 Creo Parametric 9.0 关于动力学和有限元分析的两种模式、动力学分析模块、建立运动模型及设置运动环境、运动分析和动画制作等基础知识。

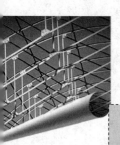

第1章

动力学与有限元分析概述

本章导读

计算机辅助分析（Computer Aided Engineering）又称为 CAE，是结合计算机技术和工程分析技术的新兴技术。CAE 采用计算力学、计算数学、机构动力学、数学仿真技术、工程管理学等诸多学科的传统理论和计算机相结合，形成一种综合性知识密集型的信息产品。CAE 的核心技术为运动仿真技术（即 Creo /Mechanism）和有限元分析技术（即 Creo /Simulate）。

重点与难点
- 集成模式
- FEM 模式
- Simulate 的安装

使用软件对设计模型进行运动/动力学仿真和有限元分析，能够模拟设计对象在真实环境工作中的状况并对其进行分析和研究，尽早发现设计中的缺陷，验证产品功能和性能，提前进行修改和优化，从而减少制造中发现问题而带来的麻烦，提高设计的可行性并缩短设计周期。Creo Parametric 是集 CAD/CAM/CAE 于一体的大型三维设计软件，其中 CAE 部分在分析方式上包含运动分析、结构分析和热力学分析三大部分，强大的功能主要表现在以下几个方面：

（1）采用运动学与动力学的理论和方法，通过 CAD 绘出实体模型并设计出会运动的机构。对整体机构进行运动仿真，分析出位置、速度、加速度、作用力等决定机构性能的重要的设计数据。

（2）采用工程数值分析中的有限元技术，分析、计算产品机构的应力、变形等物理参数，分析物理量在空间和时间上的分布及变化规律，完成机构的线性、非线性、静力、动力的计算分析。

（3）在满足设计要求的前提下，采用过程优化设计方法，对产品的结构、设计参数、结构形状等进行优化设计，使产品机构性能达到最佳状态。

（4）采用结构强度与寿命评估的理论、方法、规范评估机构的安全性、可靠性和使用寿命。

1.1　机构的工作模式

Creo Parametric 提供了两种工作模式，即集成模式和 FEM（Finite Element Modeling）模式。

1.1.1　集成模式

集成模式运行于 Creo Parametric 平台之上，操作界面与 Creo Parametric 相同，能够直接使用 Creo Parametric 9.0 的参数进行分析和优化。在装配环境或零件环境选择功能区中的"应用程序"→"Simulate"命令，如图 1-1 所示。进入集成分析模式。

1.1.2　FEM 模式

FEM（Finite Element Modeling）模式是对模型进行网格划分、边界约束、加载、理想化等前置处理，随后使用第三方软件（如 ANSYS）进行求解。在装配环境或零件环境下，在打开集成模式后，单击"主页"功能区"设置"面板上的"模型设置"命令，系统弹出"模型设置"对话框，如图 1-2 所示，选中"FEM 模式"复选框，单击"确定"按钮，就进入 FEM 分析模式。

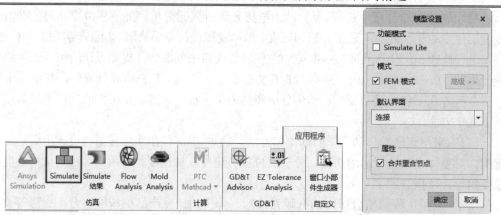

图 1-1　"Simulate"命令　　　　　　图 1-2　"模型设置"对话框

1.2　Creo Simulate 的安装

Creo Parametric 9.0 已经将 Creo Parametric 和 Creo Simulate 放置于同一个安装盘中。在安装过程中，选中 Creo Parametric 下的"Creo Simulate"选项，如图 1-3 所示，系统将自动安装 Creo Simulate。

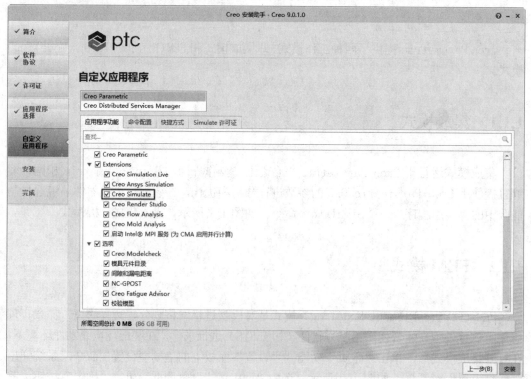

图 1-3　选中安装程序

　　Creo Parametric 9.0 需要 64 位的 Windows 操作系统。内存至少要求 4G 以上，若需要构建复杂曲面、大型组件、模具设计或生成 NC 加工程序，建议使用 8G 以上的内存。从 Creo 5.0 版本以后开始加入了 Creo Simulation Live，利用最新的图形处理器技术来提供计算和视觉体验，所以对独立显卡的配置提出了更高要求。并且需要满足以下条件：

　　（1）基于 Kepler、Maxwell 或 Pascal 架构的专业 NVIDIA 显卡（推荐 Quadro）。2013 年及以后生产的大多数专业 NVIDIA 显卡都基于上述架构之一。

　　（2）显卡至少有 4GB 显存（首选 8GB）。

　　Creo Parametric 9.0 安装完后，默认工作目录指向不合理，需要进行修改。右键单击桌面上的 Creo Parametric 图标，在右键菜单中选择"属性"命令，在"属性"对话框中"起始位置"文本框中键入需要设置的默认工作目录，如图 1-4 所示。单击"确定"按钮，默认工作目录修改完成。

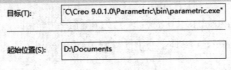

图 1-4　"属性"对话框

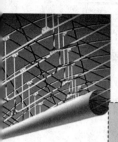

第**2**章

动力学分析

本章导读

　　动力学分析是针对在计算机上虚拟设计的机构。达到在虚拟环境中模拟现实机构运动的目的。对于提高设计效率、降低成本、缩短设计周期起了很大的作用。Creo Parametric 9.0 提供了专门进行运动学和动力学分析功能的"机构模块",即 Mechanism 模块。使用该模块,可对机构定义,模拟机构中的零件移动及对机构的运动进行分析研究。

重点与难点

- 机构模块介绍
- 机构工作界面
- 功能区介绍
- 工具栏
- 结构树

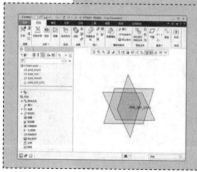

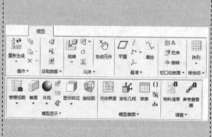

2.1　机构模块介绍

2.1.1　机构模块简介

在 Creo Parametric 9.0 中，运动仿真和动态分析功能集成于机构模块中，它包括机械设计和动态分析两方面的分析功能。运动仿真是使用机械设计功能创建机构，定义特定运动副，创建使其能够运动的伺服电动机，实现机构的运动模拟。它可以观察并记录分析，可以测量位置、速度、加速度等运动特征，可以通过图形直观地显示这些测量值，还可以创建轨迹曲线和运动包络，用物理方法描述运动。动态分析是使用机械动态功能在机构上定义重力、力和力矩、弹簧、阻尼等特征。可以对机构设置材料、密度等基本属性特征，使其更加接近现实中的机构，以达到真实模拟的目的。

如果对机构进行运动仿真分析，不涉及质量、重力等基本属性参数，只需要使用机械设计分析就能实现运动分析。如果还需要更进一步分析机构在受到重力、外力和力矩、阻尼等参数影响下的仿真运动，则必须使用机械设计功能进行静态分析，再使用动态分析功能进行动态分析。

2.1.2　运动学分析流程

运动学仅讨论与刚体运动本身有关的因素，而不讨论引起这些运动的因素（如重力、外力和摩擦力等）。运动学分析流程如图 2-1 所示。

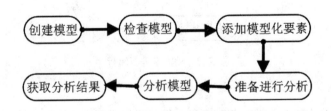

图 2-1　运动学分析流程

1. 创建模型

创建模型是设计运动仿真的基础步骤，只有机构模型建立正确合理，才能够顺利进行机构的模拟。在机构运动仿真功能中，创建模型主要包括定义机构中的主体、建立零件之间的连接，设置连接轴的属性，根据设计需要添加凸轮、槽轮、齿轮副等特殊连接。

2. 检查模型

在装配模型中，拖动可以移动的零部件，观察装配连接情况。

7

3．添加模型化要素

创建完模型以后，在机构中添加伺服电动机等运动分析要素。

4．准备进行分析

定义初始位置，建立测量方式。

5．创建分析模型

创建分析模型，对所创建的机构模型进行运动学分析。

6．获取分析结果

通过建立机构模型并分析，可以使用回放功能对分析结果回放，检查零件之间的干涉，观察测量结果，获取轨迹曲线和运动包络线，以利于设计者进行机构设计的合理性、可行性等工程分析。

2.1.3　动力学分析流程

动力学是运动学和力学的统称。力学是研究作用在物体上的力，此时，重力的影响就会被考虑。而机构动力学主要是讨论作用在机构上所有的力，包括重力、摩擦力和其他外力。动态分析就是机构动力学分析，即根据实际受力情况对机构添加多个建模图元，包括弹簧、阻尼器、力/力矩负荷和重力。可根据电动机所施加的力及其位置、速度和加速度来定义电动机。它不但可以分析重复装配和运动，而且还可以创建测量，以监测连接上的力以及点、定点和连接轴的速度或加速度。其分析流程与运动仿真分析流程基本上是一致的，只是设计流程中的内容不同。动力学分析流程如图 2-2 所示。

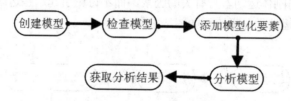

图 2-2　动力学分析流程

1．创建模型

创建模型是设计动态分析的基础步骤，只有机构模型建立正确合理，才能够顺利进行机构的模拟。在机构动态分析功能中，创建模型主要包括定义主体、指定质量属性、生成主体与附着原件之间的连接、定义连接轴、生成特殊连接。

2．检查模型

在装配模型中，拖动可以移动的零部件，观察装配连接情况。

3．添加建模图元

创建模型以后，在机构中添加动力源，即伺服电动机，并添加弹簧、阻尼器、执行电动机、力/力矩负荷和重力等影响运动的要素。

4. 创建分析模型

创建分析模型就是对前面创建的机构模型进行运动学分析、动力学分析、静态分析、力平衡、重复装配分析等。

5. 获取分析结果

通过前述对机构模型的建立及分析，可以使用回放功能对分析结果进行回放、检查干涉、查看测量和动态测量、获取轨迹曲线和运动包络线以及创建转移到 Simulate 结构负荷集，以利于设计者进行机构设计的合理性、可行性等工程分析。

2.2   机构工作界面

操作工作界面是集操作工具栏、功能区、界面于一体的可视化窗口。本节主要介绍如何进入机构设计的操作工作界面及操作工作界面中工具栏、功能区、结构树和其他工具栏的位置。

机构工作界面是建立在机构模型基础上的，Creo Parametric 9.0 中集成模式在启动 Creo Parametric 后进入装配工作界面，然后在功能区中快速切换到机构工作界面中。

1. 进入装配工作界面

（1）选取"文件"→"新建"命令，系统弹出"新建"对话框，如图 2-3 所示。

（2）在"类型"选择组中点选"装配"单选按钮，在"名称"文本框中输入文件名"DT0001"，取消对"使用默认模板"复选框的勾选，单击"确定"按钮，系统弹出"新文件选项"对话框，如图 2-4 所示。

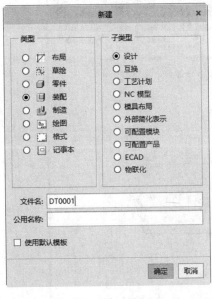

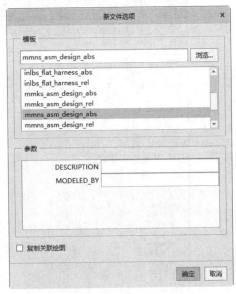

图 2-3   "新建"对话框   图 2-4   "新文件选项"对话框

（3）选择 mmns_asm_design_abs 模板，单击"确定"按钮，进入装配工作界面，如

图 2-5 所示。

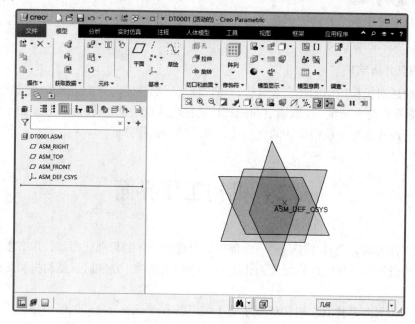

图 2-5 装配工作界面

2. 进入机构工作界面

在装配环境下定义机构的连接后，依次选择功能区中的"应用程序"→"机构"命令，系统自动进入机构工作界面，如图 2-6 所示，工作界面上加载了"机构"功能区，同时在结构树中增加了机构树。

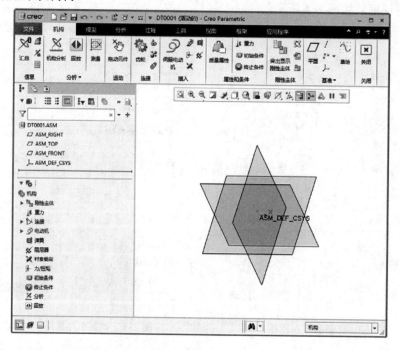

图 2-6 机构工作界面

装配工作界面是进行零部件装配，生成装配模型的设计平台。在装配过程中要定义机构的连接方式，而机构工作界面是对装配模型进行仿真和分析的设计平台。工作界面最上部分是功能区面板和功能区，中部是工具栏，下部左侧是结构树，下部中间部分为工作区，下部右侧是工具栏。这些内容会因模块不同而不同。

2.3　功能区面板介绍

功能区面板与其他软件相似位于用户界面上方，包含文件、模型、分析、注释、人体模型、工具、视图、框架、应用程序和公用。在选择功能区中的"应用程序"→"机构"命令时会弹出"机构"功能区面板，此时功能区面板为 10 个，如图 2-7 所示。

图 2-7　功能区面板

2.3.1　"文件"菜单

"文件"功能区面板如图 2-8 所示。提供各种处理文件的指令，如新建文件、打开文件、保存文件、打印文件、关闭文件、设置工作目录、重命名文件、删除文件、设置文件属性、拭除文件以及选项等命令。

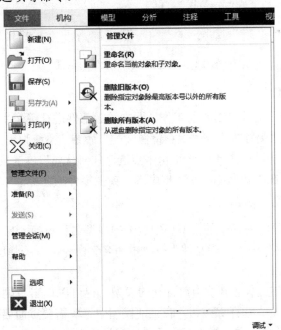

图 2-8　"文件"功能区面板

1. 设置工作目录

默认工作目录为软件安装时设置（一般为我的文档）的，默认工作目录不一定符合设计师的设计要求，往往需要将工作目录指向特定的位置。有时，设计师对不同的产品设计，给工作目录指向不同的位置，此时选择功能区中的"文件"→"管理会话"→"选择工作目录"命令，系统会弹出"选取工作目录"对话框，如图2-9所示，在该对话框中设置自己需要的工作目录。设置的工作目录只对本次启动有效，重新启动后工作目录又变为软件安装时设置的工作默认目录。

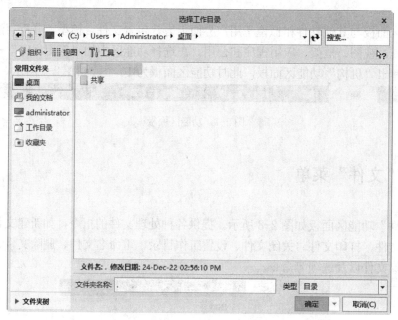

图2-9 "选择工作目录"对话框

2. 保存镜像装配

"保存镜像装配"命令是对当前工作界面中的零部件进行镜像生成新零部件。选择功能区中的"文件"→"另存为"→"保存镜像装配"命令，系统弹出"镜像装配"对话框，如图2-10所示。在"相关性控制"选项组中点选"几何从属"单选按钮，对装配安装几何从属关系进行镜像。在"新名称"文本框中键入镜像零件的名称。

3. 重命名

"重命名"命令是将内存中的模型和磁盘中的模型名称更换。该工具的操作步骤如下：

（1）选择"文件"→"管理文件"→"重命名"命令，系统弹出"重命名"对话框，如图2-11所示。

（2）在"模型"文本框显示当前打开的模型，也可以单击右侧选择按钮，系统弹出"悬浮"对话框，单击"选择"按钮，在当前模型中选取需要重命名的模型。

（3）在"新文件名"文本框中键入要更改模型的新名称。

（4）在"公用名称"文本框中键入需要更改模型的新公用名称，只有点选"在会话中重命名"单选按钮，该文本框才可用。

（5）点选"在磁盘上和会话中重命名"单选按钮，表示磁盘上和内存中的模型同时更换名称，点选"在会话中重命名"单选按钮，表示只更换内存中模型的名称。

（6）单击"确定"按钮，完成模型更名。

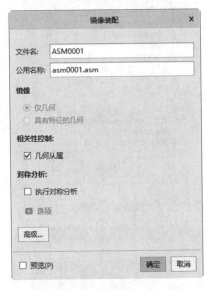

图 2-10　"镜像装配"对话框

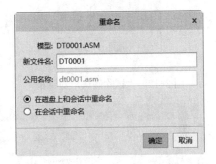

图 2-11　"重命名"对话框

4．拭除模型

在进行模型设计中，往往需要关闭文档，重新建立新的文档，关闭的文档在内存还将存在。

（1）通过选择功能区中的"文件"→"管理会话"→"拭除当前"命令，系统弹出"拭除确认"对话框，如图 2-12 所示，如果没有弹出该对话框，那就说明已经删除，省去这一步。

（2）选择功能区中的"文件"→"管理会话"→"拭除未显示的"命令，从会话中移除所有不在窗口中的对象。选择该命令，系统弹出"拭除未显示的"对话框，如图 2-13所示，在对话框列表中，显示当前未在窗口中的存在内存中的对象。

（3）选择功能区中的"文件"→"管理会话"→"拭除未用的模型表示"命令，表示从会话中移除未使用的简化表示的对象。该功能使用频率极少。

 注意

使用该命令前，确定当前窗口文档是否保持。如果文档未保持，使用该命令拭除后，文档不可恢复。

5．模型属性

选择功能区中的"文件"→"准备"→"模型属性"命令，系统弹出"模型属性"对话框，如图 2-14 所示，对话框中列出当前窗口中模型的材料、特征和几何、工具、模型界面及关系、参数和实例的信息参数等，单击每一项右侧的"更改"按钮，对其进行更改。

单击"确定"按钮，系统弹出对话框，显示该项更详细的信息。

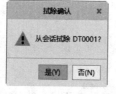

图 2-12　"拭除确认"对话框　　　　　图 2-13　"拭除未显示的"对话框

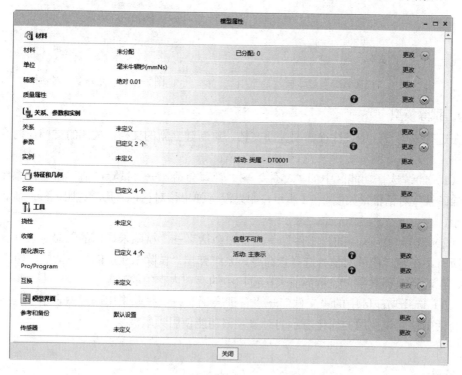

图 2-14　"模型属性"对话框

2.3.2　"模型"功能区面板

　　"模型"功能区面板是包含命令最多的功能区面板，它随进入的面板和选择的对象不同而可用的命令也不同，如图 2-15 所示。下面按照面板分类简单介绍。

图 2-15　"模型"功能区面板

1."操作"面板

选择"操作"面板，如图 2-16 所示。此面板主要用于对模型等进行编辑，如复制、粘贴、激活、替换、重新生成等，使模型的更改显示在当前窗口中。

2."获取数据"面板

选择"获取数据"面板，如图 2-17 所示。此面板主要用于创建用户定义特征、收缩包络、复制几何和导入外部数据等。

图 2-16　"操作"面板　　　　图 2-17　"获取数据"面板

3."元件"面板

选择"元件"面板，如图 2-18 所示。此面板主要用于处理装配元件。

4."基准"面板

选择"基准"面板，如图 2-19 所示。此面板主要用于单独创建基准，或创建其他特征的过程中临时创建基准特征。基准是特征的一种。

图 2-18 "元件"面板

图 2-19 "基准"面板

5. "切口和曲面"面板

选择"切口和曲面"面板,如图 2-20 所示。此面板主要用于创建各种实体及曲面特征,其大致分为形状、工程、曲面及造型 4 类。

图 2-20 "切口和曲面"面板

6. "修饰符"面板

选择"修饰符"面板,如图 2-21 所示。此面板主要用于对创建的特征进行编辑操作,使之符合用户的要求。常用命令如阵列、镜像、合并、延伸、实体化等。

7. "模型显示"面板

选择"模型显示"面板,如图 2-22 所示。此面板主要用于编辑模型及视图的显示形式,包括模型体的显示样式,装配体的分解显示及编辑,视图管理器的设置,模型着色渲染显示等。

8. "模型意图"面板

选择"模型意图"面板,如图 2-23 所示。此面板主要用于特征的参数化设计,可以通过关系、参数及程序等命令进行特征创建或修改。

9. "调查"面板

选择"调查"面板,如图 2-24 所示。此面板主要用于生成装配模型的物料清单、参考查看器等。

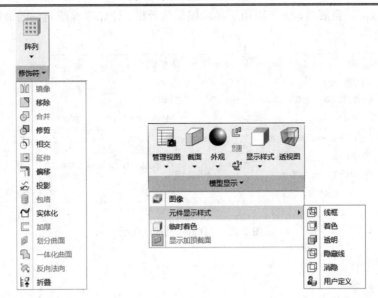

图 2-21　"修饰符"面板　　　　图 2-22　"模型显示"面板

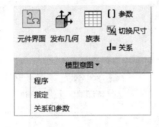

图 2-23　"模型意图"面板　　　　图 2-24　"调查"面板

2.3.3　"分析"功能区面板

"分析"功能区面板，用于测量绘制图元的长度、距离、面积和直径等，还可以用于分析模型的属性、曲线的属性，以及进行 Excel 分析等，如图 2-25 所示。下面按照面板分类简单介绍。

1.　"管理"面板

选择"管理"面板，如图 2-26 所示。此面板主要用于插入分析特征、检索已保存的分析、查看性能、隐藏已保存的分析、删除一些特征分析等操作。

2.　"自定义"面板

选择"自定义"面板，如图 2-27 所示。此面板主要用于执行用户自定义分析、外部分析及 Excel 分析等操作。

3.　"模型报告"面板

选择"模型报告"面板，如图 2-28 所示。此面板主要用于分析零件、组件、主体质量属性及横截面质量属性，还可以用于显示模型边界框、计算零件或元件的最短边长度等。

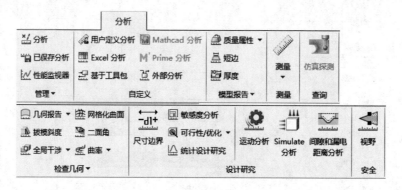

图 2-25 "分析"功能区面板

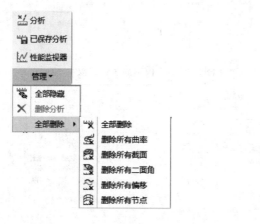

图 2-26 "管理"面板

图 2-27 "自定义"面板

4. "测量"面板

选择"测量"面板，如图 2-29 所示。此面板主要用于测量绘制图元的长度、距离、面积和直径等。

图 2-28 "模型报告"面板

图 2-29 "测量"面板

5. "检查几何"面板

选择"检查几何"面板，如图 2-30 所示。此面板主要用于检查拔模、干涉、曲率等；显示节点、斜率、偏差等。

6．"设计研究"面板

选择"设计研究"面板，如图 2-31 所示。此面板主要用于尺寸边界分析、敏感度分析、运动分析、Simulate 分析等。

图 2-30 "检查几何"面板   图 2-31 "设计研究"面板

2.3.4 "注释"功能区面板

"注释"功能区面板，用于插入及创建注释特征，定义用于参考的模型栅格及新组合状态，显示或取消拭除注释等，如图 2-32 所示。下面按照面板分类简单介绍。

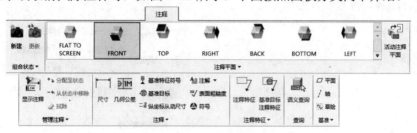

图 2-32 "注释"功能区面板

1．"组合状态"面板

选择"组合状态"面板，如图 2-33 所示。此面板用来定义用于参考的模型栅格、创建新组合状态及保存组合状态方向等。

2．"注释平面"面板

选择"注释平面"面板，如图 2-34 所示。此面板主要用于创建与模型基准面方向相平行的注释、显示用于新注释的活动注释方向。

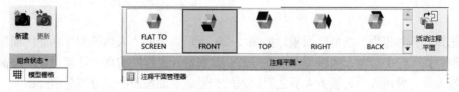

图 2-33 "组合状态"面板   图 2-34 "注释平面"面板

3. "管理注释"面板

选择"管理注释"面板，如图 2-35 所示。此面板主要用于在活动组合状态下转换、分配和取消拭除注释；添加或者移除选定注释等。

4. "注释特征"面板

选择"注释特征"面板，如图 2-36 所示。此面板主要用于创建注释特征、创建基准目标注释特征以定义基准框、检查并更新制造模板。

图 2-35 "管理注释"面板

图 2-36 "注释特征"面板

5. "基准"面板

选择"基准"面板，如图 2-37 所示。此面板主要用于创建各种基准参考并根据平整参考创建草绘图形。

6. "注释"面板

选择"注释"面板，如图 2-38 所示。此面板主要用于插入各种尺寸、几何公差、表面粗糙度、注解、符号及参考尺寸等。

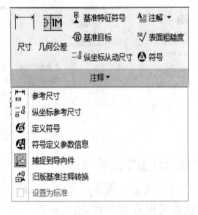

图 2-37 "基准"面板

图 2-38 "注释"面板

2.3.5 "人体模型"功能区面板

选择"人体模型"功能区面板，如图 2-39 所示。借助"人体模型"功能区面板可以在模型中插入一个数字人体模型并调整姿态。其在设计过程的前期能够就设计的产品实现与制造人员、使用人员、服务人员之间深入的交互。下面按照面板分类简单介绍。

图 2-39　"人体模型"功能区面板

1．"人体模型放置"面板

选择"人体模型放置"面板，如图 2-40 所示。此面板用于插入人体模型并编辑放置位置。

2．"运动"面板

选择"运动"面板，如图 2-41 所示。此面板用于调整人体模型姿势、定义人体模型到达位置并保存定义的人体模型姿势。

图 2-40　"人体模型放置"面板　　　　图 2-41　"运动"面板

3．"视觉"面板

选择"视觉"面板，如图 2-42 所示。此面板用于定义人体模型外观、显示第一个人的视点、显示或隐藏视野。

4．"人机工程学分析"面板

选择"人机工程学分析"面板，如图 2-43 所示。此面板用于显示或隐藏重心、执行材料处理分析（RULA 分析）。

图 2-42　"视觉"面板　　　　图 2-43　"人机工程学分析"面板

5．"任务分析"面板

选择"任务分析"面板，如图 2-44 所示。此面板用于提举或放下、搬运、推或拉分析等。

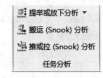

图 2-44　"任务分析"面板

2.3.6 "工具"功能区面板

"工具"功能区面板如图 2-45 所示,用于改变系统各项参数值,如设置关系式、参数、编辑器;查看和载入文件等。

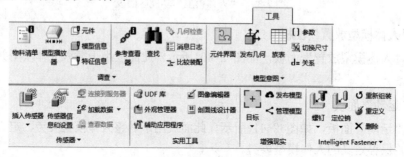

图 2-45 "工具"功能区面板

1."调查"面板

选择"调查"面板,如图 2-46 所示。此面板可以查看特征、特性、物料清单、父子关系、消息日志及更改等,并且可以在模型中按规则搜索、过滤和选择项。此面板中的一些命令与"模型"功能区"调查"面板中的命令相同。

2."模型意图"面板

选择"模型意图"面板,如图 2-47 所示。此面板的功能与"模型"功能区"模型意图"面板相同。

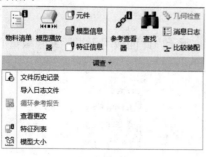

图 2-46 "调查"面板

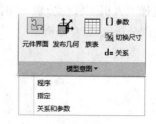

图 2-47 "模型意图"面板

3."实用工具"面板

选择"实用工具"面板,如图 2-48 所示。此面板可用于设置外观及图像编辑器;访问创建 UDF 库或修改库中现有的 UDF 特征,创建或编辑导入文件。

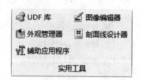

图 2-48 "实用工具"面板

2.3.7　"视图"功能区面板

"视图"功能区面板如图 2-49 所示，用于设置图层的可见性；设置视图的显示方向及大小；设置视图基准；设置窗口等。下面按照面板分类简单介绍。

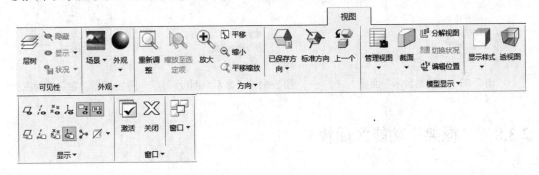

图 2-49　"视图"功能区面板

1．"可见性"面板

选择"可见性"面板，如图 2-50 所示。此面板可用于设置图层及可见性。

2．"外观"面板

选择"外观"面板，如图 2-51 所示。此面板用于设置模型的外观和场景。

3．"方向"面板

选择"方向"面板，如图 2-52 所示。此面板可用于调整、缩放视图；创建及设定视图方向。

图 2-50　"可见性"面板　　图 2-51　"外观"面板　　　　图 2-52　"方向"面板

4．"模型显示"面板

选择"模型显示"面板，如图 2-53 所示。此面板的功能与"模型"功能区"模型显示"面板相同。

5．"显示"面板

选择"显示"面板，如图 2-54 所示。此面板可用于显示或隐藏基准、注释、标记及旋转中心。

6．"窗口"面板

选择"窗口"面板，如图 2-55 所示。此面板可用于激活某个窗口、新建窗口、关闭窗口、更改窗口的大小以及切换至进程中的另一窗口等。

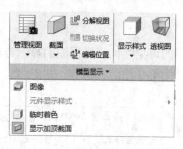

图 2-53 "模型显示"面板

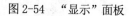

图 2-54 "显示"面板

图 2-55 "窗口"面板

2.3.8 "框架"功能区面板

"框架"功能区面板，如图 2-56 所示。使用"框架"功能区面板可设计带有钢梁、T 形槽铝截面梁或其他类型的自定义截面梁的框架组件。在 Creo Parametric 装配模式下，创建或导入标准的 Creo Parametric 曲线骨架。

图 2-56 "框架"功能区面板

1. "项目"面板

选择"项目"面板，如图 2-57 所示。此面板可用于定义新项目、定义项目参数、重命名项目、导入或导出项目，或者定义排序信息。

2. "截面梁"面板

选择"截面梁"面板，如图 2-58 所示。此面板用于组装、修改或移动截面梁。

3. "子装配"面板

选择"子装配"面板，如图 2-59 所示。此面板可用于创建、移动或修改项目子装配。

图 2-57 "项目"面板

图 2-58 "截面梁"面板

图 2-59 "子装配"面板

4. "元件"面板

选择"元件"面板，如图 2-60 所示。用于组装新连接器元素，用于组装新的设备元素，或单击该功能区组中的任何其他命令可重用、替换或修改连接器或设备元素。

5. "接头"面板

选择"接头"面板，如图 2-61 所示。此面板可用于创建基本拐角、T 形或锥形接头和在两个截面梁之间创建高级接头。

6. "自动 UDF"面板

选择"自动 UDF"面板，如图 2-62 所示。此面板用于使用 UDF 自动创建孔。

图 2-60 "元件"面板　　图 2-61 "接头"面板　图 2-62 "自动 UDF"面板

7. "实用工具"面板

选择"实用工具"面板，如图 2-63 所示。此面板用于删除元素、访问自动化的绘图工具、使用简化表示、定义螺钉连接的点或孔阵列、将钢框架装配分割为焊件组。

8. "信息"面板

选择"信息"面板，如图 2-64 所示。此面板用于访问帮助以及编辑安装或配置。

图 2-63 "实用工具"面板　　　　　图 2-64 "信息"面板

2.3.9 "应用程序"功能区面板

"应用程序"功能区面板，如图 2-65 所示。它是在不同模块之间切换的快捷菜单。有利于在不同模块之间切换，进行不同类型的混合设计，如电缆设计、管道设计、焊接设计、Simulate 设计、机构设计、模具设计等。

❑ 当前打开的界面为 Creo Parametric 9.0 中最基础的零部件设计模块界面。

❑ 选择功能区中的"应用程序"→"焊接"命令，可以进入焊接设计模块界面。

❑ 选择功能区中的"应用程序"→"缆"命令，可以进入电线、电缆设计模块界面。

❑ 选择功能区中的"应用程序"→"管道"命令，可以进入管路模块设计界面，进行管道、管路等设计。

❑ 选择功能区中的"应用程序"→"模具布局"命令，就进入模具模块设计界面，可以进行各种模具的设计。

❏ 选择功能区中的"应用程序"→"ECAD 协作"命令，就进入模具模块设计界面，可以进行各种模具的设计。

❏ 选择功能区中的"应用程序"→"线束制造"命令，就进入线束制造模块界面，可以进行各种模具的设计。

❏ 选择功能区中的"应用程序"→"机构"命令，就进入动力学分析模块界面，可以对机构进行运动学和动力学分析。

❏ 选择功能区中的"应用程序"→"动画"命令，可以进入动画设计模块界面，进行机构的动画模型设计。

❏ 选择功能区中的"应用程序"→"Simulate"命令，可以进入"集成工作模式"下的机构分析模块或热力学分析模块。单击"主页"功能区"设置"面板上的"模型设置"命令，系统弹出"模型设置"对话框，如图 2-66 所示。在模型类型下拉列表框中选择 FEM 模式，单击"确定"按钮，进入"FEM(Finite Element Modeling)模式"下的机构分析模块或热力学分析模块。两种模式都可以进行结构和热力学分析。

❏ 选择功能区中的"应用程序"→"Simulate 结果"命令，系统弹出"Simulate 结果"窗口，如图 2-67 所示，可以对结构和热力学分析结果进行编辑。

图 2-65　"应用程序"功能区面板

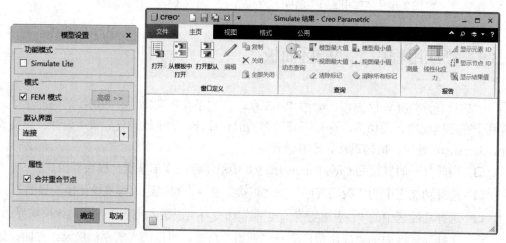

图 2-66　"模型设置"对话框　　　　　图 2-67　"Simulate 结果"对话框

2.3.10 "机构"功能区面板

选择功能区中的"应用程序"→"机构"命令，弹出"机构"功能区面板，如图 2-68 所示。利用此面板中的命令可以使设计人员理解、分析、评估、优化装配设计的动力学性能，进行灵敏度分析。下面按照面板分类简单介绍。

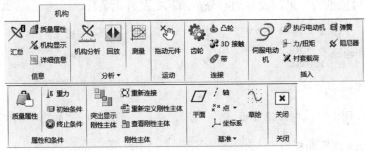

图 2-68 "机构"功能区面板

1. "信息"面板

选择"信息"面板，如图 2-69 所示。此面板可用于显示机构图元详细信息、汇总信息、质量属性信息，还可以显示或隐藏机构图标。

2. "分析"面板

选择"分析"面板，如图 2-70 所示。此面板可用于生成测量结果，设置分析定义并回放机构运动分析等。

图 2-69 "信息"面板

图 2-70 "分析"面板

3. "运动"面板

选择"运动"面板，如图 2-71 所示。此面板可用于在允许的运动范围内移动装配元件以查看装配在特定配置下的工作情况。

4. "连接"面板

选择"连接"面板，如图 2-72 所示。此面板可用于选取连接类型，包括齿轮、凸轮、3D 接触及带 4 种方式。

图 2-71 "运动"面板

图 2-72 "连接"面板

5. "插入"面板

选择"插入"面板，如图 2-73 所示。此面板可用于在模型中插入各种机构，以驱动模型运动。

6. "属性和条件"面板

选择"属性和条件"面板，如图 2-74 所示。此面板可用于定义质量属性、重力及其方向和大小以模拟重力效果，设置动态分析的起始及终止条件。

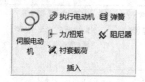

图 2-73 "插入"面板 　　　　　　　　　图 2-74 "属性和条件"面板

7. "刚性主体"面板

选择"刚性主体"面板，如图 2-75 所示。此面板可用于突出显示、重新连接、查看主体等。

8. "基准"面板

选择"基准"面板，如图 2-76 所示。此面板功能与"模型"功能区"基准"面板相同。

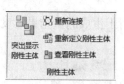

图 2-75 "主体"面板 　　　　　　　　　图 2-76 "基准"面板

2.4 工具栏

工具栏是各软件中最常见的命令快捷键，Creo Parametric 9.0 对常用的命令按照分类进行了工具栏的设置。在机构模块中常用到的工具栏有快速访问工具栏、视图快速访问工具栏，下面简单介绍一下各工具栏的作用。

2.4.1 快速访问工具栏

快速访问工具栏位于工作界面的左上方，如图 2-77 所示。它把 Creo Parametric 9.0 操作中经常用到的一些命令用图标的形式显示出来。工具栏上部分图标按钮的功能在菜单栏的选项中都可以找到。当执行某个常用操作时，可以不必去翻烦琐的多级菜单，只需单击工具栏上的相应图标就可以了。用户可以单击"自定义快速访问工具栏"下拉按钮,如图 2-78 所示,自行设计工具栏的内容。

图 2-77 快速访问工具栏 　　　图 2-78 "自定义快速访问工具栏"下拉按钮

2.4.2 视图快速访问工具栏

视图工具栏中的各种命令是用来控制模型的显示视角的。它包含了"重新调整""放大""缩小""重画""渲染选项""显示样式""已保存方向""视图管理器""透视图""基准显示过滤器""注释显示""旋转中心""仿真""暂停仿真""动画选项"共 16 个命令按钮,如图 2-79 所示。

图 2-79 视图快速访问工具栏

2.5 结构树

结构树是三维设计中自动生成的一种对三维特征以及创建过程进行管理的树形结构,它是模型文件中的一部分。在机构模块设计界面中,Creo Parametric 9.0 包含模型树、机构树两种结构树,分别对机构模型特征和动力学分析特征进行管理。在结构树中,可以使用右键菜单对模型特征进行更改、查询等操作。

2.5.1 模型树

模型树如图 2-80 所示,在模型树上列出了所有创建的特征,并且结构树自动以子树关系表示特征之间的父子关系。在模型树上单击某个特征,则对应的图形平台上的特征被选中并高亮显示。右键单击该特征,系统弹出快捷菜单,如图 2-81 所示。根据选中的对象不同，快捷菜单的内容也不同。

2.5.2　机构树

　　机构树是机构界面中特有的一种管理机构动力学分析所创建的各种环境的结构树，如图 2-82 所示。它包含主体、重心、连接、电动机、弹簧、阻尼器、衬套载荷、力/扭矩、初始条件、终止条件、分析、回放共 12 种机构特征。

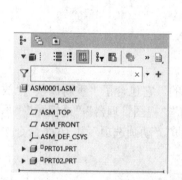

图 2-80　模型树　　　　　　图 2-81　快捷菜单　　　　　　图 2-82　机构树

第3章

建立运动模型及设置运动环境

本章导读

　　本章主要介绍如何建立动力学分析的机构模型和运动环境。既然组件要运动，组件进行组装时就不能被锁死，即需要不完全约束。根据组件的运动型态及它们之间的相对运动情况，对机构设定合理的连接，限制组件的自由度。根据机构的受力情况和运动状况，建立机构的运动环境。通过这些运动模型的建立和运动环境的设置，就可以对机构进行动力学分析。模型的建立和运动环境的设置越接近实际情况，分析的结果就越符合实际。

重点与难点

- 一般连接的创建
- 特殊连接的创建
- 调节连接方式
- 设置运动环境
- 定义质量属性

3.1　建立连接

连接是建立装配的基本操作，主要是定义系统在模型中组装零件时采用的放置约束。约束主体间的相对运动，减少系统可能的总自由度（DOF）。定义一个零件在机构中，可能具有的运动类型。因此，在选择连接前，应先了解系统在定义运动时，是如何使用放置约束和自由度的。正确限制主体的自由度，保留所需的自由度，以产生机构所需的运动类型。Creo Parametric 9.0 提供了丰富的连接定义，主要是刚性连接、销连接、滑块连接、圆柱连接、平面连接、球连接、焊缝、轴承、常规、6DOF、方向、槽。连接在"装配"模块中建立，但是连接与装配中的约束不同，连接具有一定的自由度，可以进行一定的运动。通常采用将约束放置在模型中的元件上，限制与主体之间的相对运动，减少系统总自由度（DOF），从而定义一个元件在机构中可能具有的运动类型。连接的建立过程需要配合"约束"去限制主体的某些自由度，如图 3-1 所示。

这里讲解的连接与组装中的约束有所不同。主要区别如下：

❏　允许放置约束类型受所创建的连接类型约束。

❏　将多个放置约束组合在一起来定义单一连接。

❏　定义的放置约束不会完全约束模型，除非连接副的类型为刚性连接。

❏　可以在一个零件中添加多个连接。

图 3-1　连接与约束

机构连接与约束连接可相互转换。在"信息提示栏"中，约束列表右侧有一个"约束转换"按钮。使用此按钮可在任何时候根据需要将机构连接转换为约束连接，或将约束连接转换为机构连接。在转换时，系统根据现有约束及其对象的性质自动选取最相配的新类型。如对系统自动选取的结果不满意，可再进行编辑。

3.1.1　刚性连接

"刚性连接"工具，使用一个或多个基本约束，将元件与装配连接到一起。连接后，元件与装配成为一个主体，相互之间不再有自由度。如果刚性连接没有将自由度完全消除，则元件将在当前位置被"粘"在装配上。如果将一个子装配与装配用刚性连接，子装配内各零件也将一起被"粘"住，其原有自由度不起作用，总自由度为 0。

3.1.2 销连接

"销连接"工具 ，是由一个轴对齐约束和一个与轴垂直的平移约束组成。元件可以绕轴旋转，具有 1 个旋转自由度，总自由度为 1。轴对齐约束可选择直边或轴线或圆柱面，可反向；平移约束可以是两个点对齐，也可以是两个平面的对齐/配对，平面对齐/配对时，可以设置偏移量。

下面以图 3-2 所示的元件创建销连接为例，讲解"销连接"工具的使用方法。

（1）选择功能区中的"模型"→"元件"→"组装"命令 ，在系统弹出"打开"对话框中选择 DT001.PRT 将其加载到当前工作台中。

（2）选择连接类型为"用户定义"，然后在"当前约束"下拉列表框中选择"固定"选项，或者单击"放置"下滑按钮，在弹出的如图 3-3 所示的"放置"下滑面板中"约束类型"下拉列表框中选择"固定"选项。

（3）单击"确定"按钮，完成主体的固定。

（4）选择功能区中的"模型"→"元件"→"组装"命令 ，在系统弹出的"打开"对话框中选择 DT002.PRT，将其加载到当前工作台中。

（5）选择连接类型为"销"，单击"放置"下滑按钮，在弹出的"放置"下滑面板中已经添加了"轴对齐"和"平移"约束，如图 3-4 所示。

图 3-2 销连接对象　　　　　　　　　　图 3-3 "放置"下滑面板

（6）在 3D 图中选择元件的轴线，系统自动转换到平移约束编辑状态，选择两元件端面，在"约束类型"下拉列表框中选择"距离"选项，在其后的文本框中键入 25。

（7）在操控面板的显示"完成连接定义"，单击"确定"按钮，销连接创建完成，效果如图 3-5 所示。

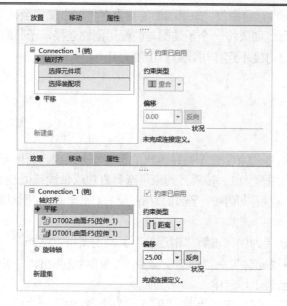

图 3-4　销连接约束放置对话框　　　　图 3-5　销连接

3.1.3　滑块连接

　　"滑块连接"工具![图标]是由一个轴对齐约束和一个旋转约束（实际上就是一个与轴平行的平移约束）组成。元件可沿轴平移，具有 1 个平移自由度，总自由度为 1。轴对齐约束可选择直边或轴线或圆柱面，可反向。旋转约束选择两个平面，偏移量根据元件所处位置自动计算，可反向。

　　下面以图 3-6 所示的元件创建滑块连接为例，讲解"滑块连接"工具的使用方法。

　　（1）选择功能区中的"模型"→"元件"→"组装"命令![图标]，在系统弹出的"打开"对话框中选择 DT001.PRT，将其加载到当前工作台中。

　　（2）选择连接类型为"用户定义"，然后在"当前约束"下拉列表框中选择"固定"选项，或者单击"放置"下滑按钮，在弹出的"放置"下滑面板中"约束类型"下拉列表框中选择"固定"选项。

　　（3）单击"确定"按钮，完成主体的固定。

　　（4）选择功能区中的"模型"→"元件"→"组装"命令![图标]，在系统弹出的"打开"对话框中选择 DT002.PRT，将其加载到当前工作台中。

　　（5）选择连接类型为"滑块"，单击"放置"下滑按钮，在系统弹出的"放置"下滑面板中已经添加了"轴对齐"和"旋转"约束，如图 3-7 所示。

　　（6）在 3D 图中选择元件的轴线，系统自动转换到旋转约束编辑状态，选择两元件 RIGHT 平面。

　　（7）在操控面板的"状况"栏显示"完成连接定义"，单击"确定"按钮，滑块连接创建完成，效果如图 3-8 所示。

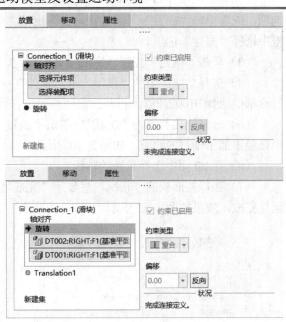

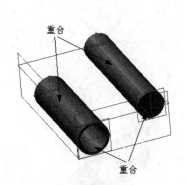

图 3-6　滑块连接约束

图 3-7　"放置"下滑面板

3.1.4　圆柱连接

"圆柱连接"工具 由一个轴对齐约束组成。比销约束少了一个平移约束，因此元件可绕轴旋转同时可沿轴向平移，具有 1 个旋转自由度和 1 个平移自由度，总自由度为 2。轴对齐约束可选择直边或轴线或圆柱面，可反向。

下面以图 3-9 所示的元件创建圆柱连接为例，讲解"圆柱连接"工具的使用方法。

图 3-8　滑块连接

图 3-9　圆柱连接对象

（1）选择功能区中的"模型"→"元件"→"组装"命令 ，在系统弹出的"打开"对话框中选择 DT001.PRT，将其加载到当前工作台中。

（2）选择连接类型为"用户定义"，然后在"当前约束"下拉列表框中选择"固定"

选项，或者单击"放置"下滑按钮，在弹出的"放置"下滑面板中"约束类型"下拉列表框中选择"固定"选项。

（3）单击"确定"按钮，完成主体的固定。

（4）选择功能区中的"模型"→"元件"→"组装"命令，在系统弹出的"打开"对话框中选择 DT002.PRT，将其加载到当前工作台中。

（5）选择连接类型为"圆柱"，单击"放置"下滑按钮，在弹出的"放置"下滑面板中已经添加了轴对齐约束，如图 3-10 所示。

（6）在 3D 图中选择元件的轴线。

（7）在操控面板的"状况"栏显示"完成连接定义"，单击"确定"按钮，圆柱连接创建完成，效果如图 3-11 所示。

图 3-10　圆柱连接约束放置对话框

图 3-11　圆柱连接

3.1.5　平面连接

"平面连接"工具由一个平面约束组成，也就是确定了元件上某平面与装配上某平面之间的距离（或重合）。元件可绕垂直于平面的轴旋转并在平行于平面的两个方向上平移，具有 1 个旋转自由度和 2 个平移自由度，总自由度为 3，可指定偏移量，可反向。

下面以图 3-12 所示元件创建平面连接为例，讲解"平面连接"工具的使用方法。

（1）选择功能区中的"模型"→"元件"→"组装"命令，在系统弹出的"打开"对话框中选择 DT01.PRT，将其加载到当前工作台中。

（2）选择连接类型为"用户定义"，然后在"当前约束"下拉列表框中选择"固定"选项，或者单击"放置"下滑按钮，在弹出的"放置"下滑面板中"约束类型"下拉列表框中选择"固定"选项。

（3）单击"确定"按钮，完成主体的固定。

（4）选择功能区中的"模型"→"元件"→"组装"命令，在系统弹出的"打开"对话框中选择 DT02.PRT，将其加载到当前工作台中。

（5）选择连接类型为"平面"，单击"放置"下滑按钮，在弹出的"放置"下滑面板中已经添加了重合约束，如图 3-13 所示。

（6）在 3D 图中选择元件的相匹配面，可单击"反向"按钮调整配合方向。

（7）在操控面板的"状况"栏显示"完成连接定义"，单击"确定"按钮，平面连接创建完成，效果如图 3-14 所示。

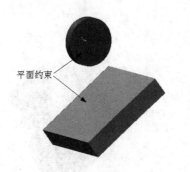

图 3-12　平面连接对象　　　　　　　图 3-13　平面连接约束放置对话框

3.1.6　球连接

"球连接"工具由一个点对齐约束组成。元件上的一个点对齐到装配上的一个点，比轴承连接少了一个平移自由度。它可以绕着对齐点任意旋转，具有 3 个旋转自由度，总自由度为 3。

下面以图 3-15 所示的元件创建球连接，讲解"球连接"工具的使用方法。

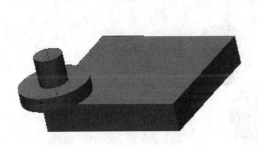

图 3-14　平面连接

图 3-15　球连接对象

（1）选择功能区中的"模型"→"元件"→"组装"命令，在系统弹出的"打开"对话框中选择 3-1.PRT，将其加载到当前工作台中。

（2）选择连接类型为"用户定义"，然后在"当前约束"下拉列表框中选择"固定"选项，或者单击"放置"下滑按钮，在弹出的"放置"下滑面板中"约束类型"下拉列表框中选择"固定"选项。

（3）单击"确定"按钮，完成主体的固定。

（4）选择功能区中的"模型"→"元件"→"组装"命令，在系统弹出的"打开"对话框中选择 3-2.PRT，将其加载到当前工作台中。

（5）选择连接类型为"球"，单击"放置"下滑按钮，在弹出的"放置"下滑面板中已经添加了点对齐约束，如图 3-16 所示。

（6）在 3D 图中选择两元件的球心点。

（7）在操控面板的"状况"栏显示"完成连接定义"，单击"确定"按钮，球连接创建完成，效果如图 3-17 所示。

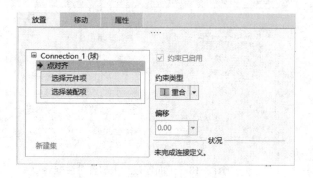

图 3-16　球连接约束放置对话框　　　　　　　　图 3-17　球连接

3.1.7　轴承连接

"轴承连接"工具 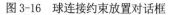 由一个点对齐约束组成。它与机械上的轴承不同，它是元件（或装配）上的一个点对齐到装配（或元件）上的一条直边或轴线上。此元件可沿轴线平移并任意方向旋转，具有 1 个平移自由度和 3 个旋转自由度，总自由度为 4。

下面以图 3-18 所示的元件创建轴承连接为例，讲解"轴承连接"工具的使用方法。

图 3-18　轴承连接

（1）选择功能区中的"模型"→"元件"→"组装"命令 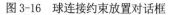，在系统弹出的"打开"对话框中选择 3-1.PRT，将其加载到当前工作台中。

（2）选择连接类型为"用户定义"，然后在"当前约束"下拉列表框中选择"固定"选项，或者单击"放置"下滑按钮，在弹出的"放置"下滑面板的"约束类型"下拉列表框中选择"固定"选项。

（3）单击"确定"按钮，完成主体的固定。

（4）选择功能区中的"模型"→"元件"→"组装"命令 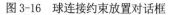，在系统弹出的"打开"对话框中选择 3-2.PRT，将其加载到当前工作台中。

（5）选择连接类型为"轴承"，单击"放置"下滑按钮，在弹出的"放置"下滑面板中已经添加了点对齐约束，如图 3-19 所示。

（6）在 3D 图中选择元件的点和附着件的轴线。

（7）在操控面板的"状况"栏显示"完成连接定义"，单击"确定"按钮，轴承连接创建完成，效果如图 3-20 所示。

图 3-19　轴承连接约束放置对话框

图 3-20　轴承连接

3.1.8　焊缝连接

"焊缝连接"工具 使两个坐标系对齐，元件自由度被完全消除。连接后，元件与装配成为一个主体，相互之间不再有自由度。如果将一个子装配与装配用焊接连接，子装配内各零件将参考装配坐标系按其原有自由度的作用，总自由度为 0。它与刚性连接一样没有自由度，但是与刚性连接有着本质区别：

❑　刚性连接接头允许任何有效的装配约束组聚合到一个接头类型。这些约束可以是装配元件得到固定的完全约束集或部分约束集。

❑　装配零件、不包含连接的子装配或连接不同主体的元件时，可使用刚性接头。焊缝接头的作用方式与其他接头类型类似，但是零件或子装配的放置是通过坐标系对齐固定的。

❑　当装配包含连接的元件与同一主体之间需要多个连接时，可使用焊缝接头。焊缝连接允许根据开放的自由度调整元件与主装配匹配。

❑　如果使用刚性接头将带有"机械设计"连接的子装配装配到主装配，子装配连接将不能运动。如果使用焊缝连接将带有"机械设计"连接的子装配装配到主装配，子装配将参考与主装配相同的坐标系，且子装配的运动始终处于活动状态。

下面以两块钢板为例，讲解"焊缝连接"工具的使用方法。

（1）选择功能区中的"模型"→"元件"→"组装"命令 ，在系统弹出的"打开"对话框中选择 PRT01.PRT，将其加载到当前工作台中。

（2）选择连接类型为"用户定义"，然后在"当前约束"下拉列表框中选择"固定"选项，或者单击"放置"下滑按钮，在弹出的"放置"下滑面板中"约束类型"下拉列表框中选择"固定"选项。

（3）单击"确定"按钮，完成主体的固定。

（4）选择功能区中的"模型"→"元件"→"组装"命令，在系统弹出的"打开"对话框中选择 PRT02. PRT，将其加载到当前工作台中。

（5）选择连接类型为"焊缝"，单击"放置"下滑按钮，在弹出的"放置"下滑面板中已经添加了坐标系约束，如图 3-21 所示。

（6）在 3D 图中选择元件 PRT01. PRT 和元件 PRT02. PRT 的坐标系。

（7）在操控面板的"状况"栏显示"完成连接定义"，单击"确定"按钮，焊缝连接创建完成，效果如图 3-22 所示。

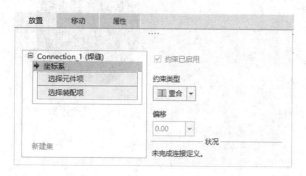 

图 3-21　焊缝连接约束放置对话框　　　　　　　图 3-22　焊缝连接

3.1.9　常规连接

"常规连接"工具由自定义组合约束，根据需要指定一个或多个基本约束，形成一个新的组合约束，其自由度的多少因所用的基本约束种类及数量的不同而不同。可用的基本约束有：距离、重合、平行、自动 4 种。在定义的时候，可根据需要选择一种，也可先不选取类型，直接选取要使用的对象，此时在类型那里开始显示为"自动"，然后系统根据所选择的对象自动确定一个合适的基本约束类型。

下面以两块钢板为例，讲解"常规连接"工具的使用方法。

（1）选择功能区中的"模型"→"元件"→"组装"命令，在系统弹出的"打开"对话框中，选择 PRT01. PRT 将其加载到当前工作台中。

（2）选择连接类型为"用户定义"，然后在"当前约束"下拉列表框中选择"固定"选项，或者单击"放置"下滑按钮，在弹出的"放置"下滑面板中"约束类型"下拉列表框中选择"固定"选项。

（3）单击"确定"按钮，完成主体的固定。

（4）选择功能区中的"模型"→"元件"→"组装"命令，在系统弹出的"打开"对话框中，选择 PRT02. PRT 将其加载到当前工作台中。

（5）选择连接类型为"常规"，单击"放置"下滑按钮，在 3D 图中选择 PRT01 元件的上表面和 PRT02 元件的一个下表面，系统生成重合约束。

（6）在 3D 图中选择元件 PRT01.PRT 的 RIGHT 基准面和元件 PRT02.PRT 的 RIGHT 基准面，在"放置"下滑面板中"约束类型"下拉列表框中选择"重合"选项，系统添加对齐约束和平移轴连接。

（7）选中平移轴连接，在 3D 图中选择元件 PRT01.PRT 和元件 PRT02.PRT 的侧面，在"放置"下滑面板右侧的当前位置文本框中键入 50，如图 3-23 所示。

图 3-23　常规连接"放置"下滑面板

（8）选择"平移轴"选项后单击"动态属性"按钮，展开"扩展"面板，如图 3-24 所示，可在此面板上设置还原系数和摩擦系数。

（9）在操控面板的"状态"栏中显示"完成连接定义"，单击"确定"按钮，常规连接创建完成，效果如图 3-25 所示。

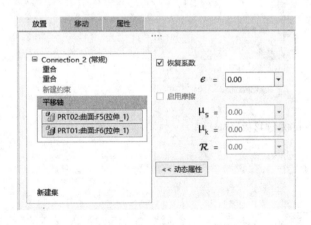
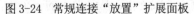
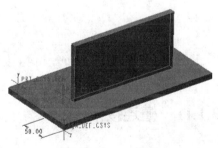

图 3-24　常规连接"放置"扩展面板　　　　图 3-25　常规连接

3.1.10　6DOF 连接

"6DOF"工具 是对元件不作任何约束，保持 6 自由度，仅用一个元件坐标系和一个装配坐标系重合使元件与装配发生关联。元件可任意旋转和平移，具有 3 个旋转自由度和

3个平移自由度，总自由度为6。

下面以两块钢板为例，讲解"6DOF"工具的使用方法。

（1）选择功能区中的"模型"→"元件"→"组装"命令，在系统弹出的"打开"对话框中，选择PRT01.PRT将其加载到当前工作台中。

（2）选择连接类型为"用户定义"，然后在"当前约束"下拉列表框中选择"固定"选项，或者单击"放置"下滑按钮，在弹出的"放置"下滑面板中"约束类型"下拉列表框中选择"固定"选项。

（3）单击"确定"按钮，完成主体的固定。

（4）选择功能区中的"模型"→"元件"→"组装"命令，在系统弹出的"打开"对话框中，选择PRT02.PRT将其加载到当前工作台中。

（5）选择连接类型为"6DOF"，单击"放置"下滑按钮，在弹出的"放置"下滑面板中已经添加了坐标系对齐约束，如图3-26所示。

（6）在3D图中选择元件PRT01.PRT和元件PRT02.PRT的坐标系。

（7）选择"Translation1"选项，单击"动态属性"按钮，展开"扩展"面板，在其中设置还原系数和摩擦系数。

（8）使用同样的方法设置平移轴2和平移轴3的还原系数和摩擦系数。

（9）在操控面板的"状态"显示"完成连接定义"，单击"确定"按钮，6DOF连接创建完成。

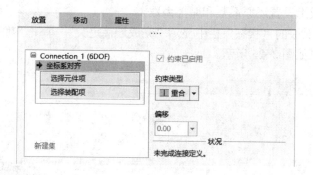

图3-26　6DOF连接放置对话框

3.1.11　槽连接

"槽连接"工具是两个主体之间的一个点—曲线连接。从动件上的一个点，始终在主动件上的一根曲线（3D）上运动。槽连接只使两个主体按所指定的要求运动，不检查两个主体之间是否干涉。点和曲线甚至可以是零件实体以外的基准点和基准曲线，当然也可以在实体内部。

下面以图3-27所示图形为例，讲解"槽连接"工具的使用方法。

（1）选择功能区中的"模型"→"元件"→"组装"命令，在系统弹出的"打开"对话框中，选择3-01.PRT将其加载到当前工作台中。

（2）选择连接类型为"用户定义"，然后在"当前约束"下拉列表框中选择"固定"选项，或者单击"放置"下滑按钮，在弹出的"放置"下滑面板中"约束类型"下拉列表框中选择"固定"选项。

（3）单击"确定"按钮，完成主体的固定。

（4）选择功能区中的"模型"→"元件"→"组装"命令 ，在系统弹出的"打开"对话框中，选择 3-02.PRT 将其加载到当前工作台中。

（5）选择连接类型为"槽"，单击"放置"下滑按钮，在弹出的"放置"下滑面板中已经添加了直线上的点约束和槽轴连接，如图 3-28 所示。

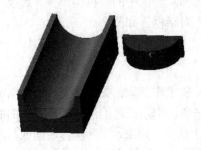

图 3-27　槽连接对象　　　　　　　　　　图 3-28　槽连接放置对话框

（6）在 3D 图中选择元件 3-01.PRT 的边线和元件 3-02.PRT 的一顶点，如图 3-29 所示。

（7）单击新建集，在 3D 图中选择元件 3-01.PRT 的边线和元件 3-02.PRT 的在同一直线上另一端的顶点。

（8）选中槽轴，在对话框中设置当前位置和再生值的最大限制、最小限制，在槽轴当前位置输入框输入 30。单击"动态属性"按钮，展开"扩展"对话框，在"扩展"对话框中设置还原系数和摩擦系数。单击回车。

（9）在操控面板的"状态"栏中显示"完成连接定义"，单击"确定"按钮，槽连接创建完成，效果如图 3-30 所示。

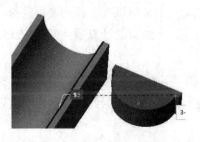

图 3-29　选择边线和点　　　　　　　　　图 3-30　槽连接

3.2　建立特殊连接

在 Creo Parametric 9.0 中有 4 种特殊的连接，可以设置特殊连接后进行各种分析，这 4 种连接分别是凸轮连接、3D 接触连接、齿轮连接、传动带连接。它们也是常见的典型机构。特殊连接是在机构工作台中进行定义的，选择功能区中"应用程序"→"机构"命令，切换到机构工作台。

3.2.1 凸轮连接

"凸轮"工具是用凸轮的轮廓去控制从动件的运动规律。凸轮连接只需要指定两个主体上的各一个（或一组）曲面或曲线就可以了。选择功能区中的"机构"→"连接"→"凸轮"命令，系统弹出"凸轮从动机构连接定义"对话框，如图 3-31 所示。

1. "凸轮 1"选项卡定义第一个凸轮

（1）用"曲面/曲线"选项组定义凸轮工作面。

单击"箭头"按钮，选取曲面/曲线定义凸轮的工作面。如果选取开放的曲面或曲线，会出现一个红色箭头，从相互作用的一侧开始延伸，指示凸轮的法向。选取的曲面或曲线是直的，"机械设计模块"会提示选取同一主体上的点、定点、平面实体表面或基准平面以定义凸轮的工作面。所选的点不能在所选的线上。工作面中会出现一个红色箭头，指示凸轮法向。

在选取曲面时，当勾选"自动选取"复选框后，系统自动选取与所选曲面相邻的任何曲面，凸轮与另一个凸轮相互作用的一侧由凸轮的法线方向指示。

"反向"按钮用来反向凸轮曲面的法线。如果选取的曲面在体积块上，则默认的法线向外，"方向"按钮不可用。

（2）"深度显示设置"选项组，Mechanism 会将所创建的凸轮在延伸方向的深度上当作是无限长。如果选取凸轮的弯曲曲面，那么就要以适当的深度来显示它；如果为一个或多个凸轮选取了平坦曲面，就必须使用"深度显示设置"部分参考来定义凸轮方向；如果为其中一个凸轮选取一个直边或直曲线，就必须选取点、顶点、平面曲面或基准平面来定义工作平面，而且使用深度参考来变更凸轮的视觉显示。可以在下拉列表框选择：

❑ "Automatic"选项。根据所选的凸轮曲面，系统自动计算适当的凸轮深度。如果选取平坦表面作为参考，则该选项不可用。

❑ "Front&Back"选项。单击"前参考"和"后参考"文本框前箭头，选取两个点或端点作为深度参考。这些参考也可以为凸轮定向。系统会据此确定凸轮深度等于所选参考之间的距离。

❑ "Front.Back&Depth"选项。单击"前参考"和"后参考"文本框前箭头，选取两个点或端点作为深度参考，并输入"深度"值。

❑ "Center&Depth"选项。单击"中心参考"文本框前箭头，选取一个点或顶点，并输入"深度"值。

2. "凸轮 2"选项卡定义第二个凸轮

"凸轮 2"选项卡的设置与"凸轮 1"选项卡的设置相似。

3."属性"选项卡定义凸轮机构之间连接条件（即升离系数和摩擦系数）

单击"属性"选项卡，"凸轮从动机构连接定义"对话框更新为如图 3-32 所示。

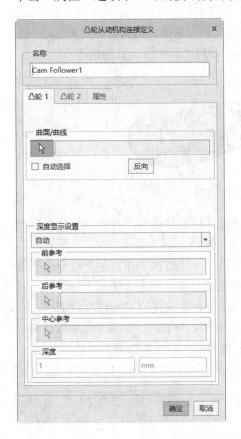

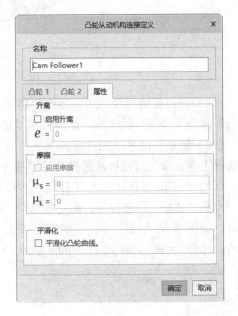

图 3-31　"凸轮从动机构连接定义"对话框　　　图 3-32　"属性"选项卡

（1）"升离"选项组：用于设置启动升离，允许凸轮从动机构在拖动或分析运行期间分离。如果要仿真凸轮从动件连接、槽从动连接或连接处的冲击力，就需指定碰撞系数，即恢复因子；其物理定义为两物体碰撞后的相对速度（v2-v1）与碰撞前的相对速度（v10-v20）的比值，即 e=(v2-v1)/(v10-v20)，它的值介于 0～1 之间。碰撞系数取决于材料属性、主体几何以及碰撞速度等因素。在机械中应用碰撞系数，是在硬性计算中仿真非硬性属性的一种方法。例如，完全弹性碰撞的碰撞系数为 1；完全非弹性碰撞的碰撞系数为 0；橡皮球的碰撞系数相对较高；而湿土的碰撞系数就非常接近 0。勾选"启动升离"复选框，在文本框中定义碰撞系数 e＝0～1。

（2）"摩擦"选项组：用于定义凸轮之间的摩擦系数，摩擦系数取决于接触材料的类型及实验条件。一般可在物理或工程书籍中找到各种典型的摩擦系数表。两个表面的静摩擦系数要大于相同的两个表面的动摩擦系数。勾选"启动摩擦"复选框，在文本框中定义凸轮之间的静摩擦系数 μ_s 和动摩擦系数 μ_k。

必须将摩擦用于凸轮从动件连接副才能在力平衡分析中计算凸轮滑动测量。

下面以图 3-33 所示最简单的凸轮机构为例，讲解"凸轮"工具的使用方法。

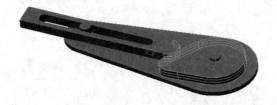

图 3-33　凸轮机构

（1）分析机构连接方式。该凸轮机构是将旋转运动传递给滑杆做直线往返运动，所以凸轮部分需要进行销连接，而滑杆需要进行圆柱连接。

（2）选择功能区中的"文件"→"管理会话"→"选择工作目录"命令，系统弹出"选择工作目录"对话框，选择凸轮零部件所在的文件夹，单击"确定"按钮。

（3）选择功能区中的"文件"→"新建"命令，系统弹出"新建"对话框，在对话框中点选"装配"单选按钮，在"名称"文本框中键入"凸轮"，取消"使用默认模板"复选框，如图 3-34 所示，单击"确定"按钮，系统弹出"新文件选项"对话框，如图 3-35 所示，选中"mmns_asm_design_abs_abs"模板选项，单击"确定"按钮，装配工作平台。

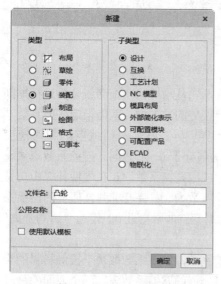
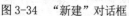

图 3-34　"新建"对话框　　　　　　　图 3-35　"新文件选项"对话框

（4）选择功能区中的"模型"→"元件"→"组装"命令，系统弹出"打开"对话框，选择 a.prt 加载到当前工作台中。

（5）选择连接类型为"用户定义"，然后在"当前约束"下拉列表框中选择"固定"选项，或者单击"放置"下滑按钮，系统弹出的"放置"下滑面板，如图 3-36 所示，在"约束类型"下拉列表框中选择"固定"选项。

（6）单击"确定"按钮，完成主体的固定。

（7）选择功能区中的"模型"→"元件"→"组装"命令 ，系统弹出"打开"对话框，选择 c.prt 加载到当前工作台中。

（8）选择连接类型为"销"，单击"放置"下滑按钮，系统弹出的"放置"下滑面板，如图 3-37 所示，在销连接下自动添加"轴对齐""平移"选项。

（9）选中"轴对齐"约束选项，在 3D 模型中选择元件 a.prt 上销轴的轴线和元件 c.prt 的孔的轴线，如图 3-38 所示。

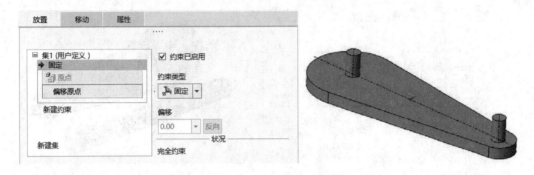

图 3-36　"放置"下滑面板和固定元件

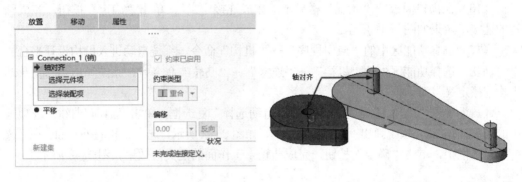

图 3-37　"放置"下滑面板　　　　　图 3-38　轴对齐约束

（10）选中"平移"选项，在 3D 模型中选择元件 a.prt 和元件 c.prt 的结合面。

（11）在操控面板的"状况"栏显示"完成连接定义"，单击"确定"按钮，完成销连接。

（12）选择功能区中的"模型"→"元件"→"组装"命令 ，系统弹出"打开"对话框，选择 b.prt 加载到当前工作台中。

（13）选择连接类型为"滑块"，单击"放置"下滑按钮，系统弹出的"放置"下滑面板，如图 3-39 所示，在滑块连接下自动添加"轴对齐""旋转"选项。

（14）选中"轴对齐"约束选项，在 3D 模型中选择元件 b.prt 在元件 a.prt 上滑动的轴线（在零件建函数类型时，创建滑动轴线）和元件 b.prt 的轴线。

（15）选中"轴对齐"约束选项，在 3D 模型中选择元件 b.prt 元件的 RIGHT 基准平面和 a.prt 元件的 RIGHT 基准平面，如图 3-40 所示。

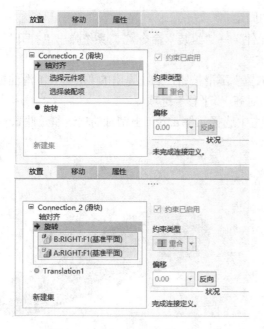

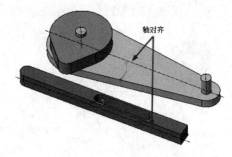

图 3-39 "放置"下滑面板   图 3-40 轴对齐

（16）在操控面板的"状况"栏显示"完成连接定义"，单击"确定"按钮，完成圆柱的连接，效果如图 3-41 所示。

（17）选择功能区中的"应用程序"→"机构"命令，系统自动进入机构设计平台。

（18）选择功能区中的"机构"→"连接"→"凸轮"命令 ，系统弹出"凸轮从动机构连接定义"对话框。

（19）单击"凸轮 1"选项卡，勾选"自动选择"复选框，单击"曲面/曲线"选项组中的箭头按钮 ，系统弹出"选择"对话框，如图 3-42 所示，选中凸轮的外侧面，在"选择"对话框中，单击"确定"按钮，完成凸轮 1 工作面的定义，效果如图 3-43 所示。

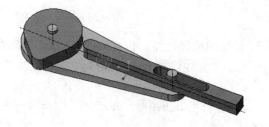

图 3-41 连接后的凸轮机构   图 3-42 "选择"对话框

（20）单击"凸轮 2"选项卡，单击"曲面/曲线"选项组中的箭头按钮 ，系统弹出"选择"对话框，选中滑块的外侧边缘，如图 3-44 所示，在"选取"对话框中，单击"确定"按钮，完成滑块工作面的定义。

（21）在"凸轮从动机构连接定义"对话框中，单击"确定"按钮，完成凸轮机构的连接定义。

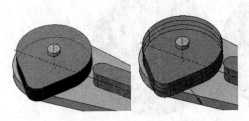 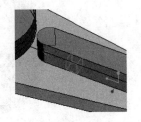

图 3-43　选取前和选取后的凸轮的工作面　　　　图 3-44　选取的滑块工作面

3.2.2　3D 接触连接

"3D 接触"工具对元件不作任何约束，只对 3D 模型进行空间点重合来使元件与装配发生关联。元件可任意旋转和平移，具有 3 个旋转自由度和 3 个平移自由度，总自由度为 6。

下面以两球为例，讲解"3D 接触"工具的使用方法。

（1）选择功能区中的"文件"→"新建"命令，系统弹出"新建"对话框。在对话框中点选"装配"单选按钮，在"名称"文本框中键入"球"，取消"使用默认模板"复选框，单击"确定"按钮，系统弹出"新文件选项"对话框，选中"mmns_asm_design_abs"模板选项，单击"确定"按钮，装配工作平台。

（2）选择功能区中的"模型"→"元件"→"组装"命令，在系统弹出的"打开"对话框中，选择 q01.PRT 将其加载到当前工作台中。

（3）选择连接类型为"用户定义"，然后在"当前约束"下拉列表框中选择"固定"选项，或者单击"放置"下滑按钮，在弹出的"放置"下滑面板的"约束类型"下拉列表框中选择"固定"选项，单击"确定"按钮，完成球的放置。

（4）利用"组装"命令再加载一个球到当前工作台中。

（5）选择功能区中的"应用程序"→"机构"命令，系统自动进入机构设计平台。

（6）选择功能区中的"机构"→"连接"→"3D 接触"命令，系统弹出"3D 接触"操控面板，如图 3-45 所示。

图 3-45　"3D 接触"操控面板

（7）在 3D 模型中，分别选择两球，单击"确定"按钮，完成 3D 接触连接，3D 接触连接添加到模型树和机构树中，两球 3D 接触连接最终效果如图 3-46 所示。

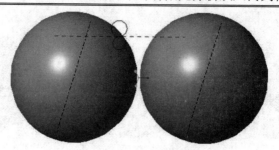

图 3-46 两球的 3D 接触连接

3.2.3 齿轮连接

"齿轮"工具🌣用来控制两个旋转轴之间的速度关系。在 Creo Parametric 9.0 中齿轮连接分为标准齿轮和齿轮齿条两种类型。标准齿轮需定义两个齿轮；齿轮齿条需定义一个齿轮和一个齿条。一个齿轮（或齿条）由两个主体和这两个主体之间的一个旋转轴构成。因此在定义齿轮前，需先定义含有旋转轴的机构连接（如销）。选择功能区中的"机构"→"连接"→"齿轮"命令🌣，系统弹出"齿轮副定义"对话框，如图 3-47 所示。

1．"名称"选项组

"名称"文本框是对设计的齿轮副连接进行命名的，系统默认为 GearPair1、GearPair2、GearPair3，依次递增，也可以键入自己喜欢的名称。

2．"类型"选项组

"类型"下拉列表框中列出齿轮副的连接类型：一般、正、锥、蜗轮、齿条和小齿轮 5 种类型，如图 3-48 所示。下面分别介绍每种连接类型的设置方法。

（1）"一般"选项：在"类型"下拉列表框中选择"一般"选项，用于定义直齿圆柱齿轮连接。需要设置"齿轮 1""齿轮 2""属性"3 个选项卡。

❑ "齿轮 1"选项卡：用于设置齿轮 1 连接轴，单击文本框前的箭头按钮🖑，选择齿轮 1 的连接轴。

注意

必须在装配平台中添加具有旋转轴的连接类型，如销连接，否则无法选择连接轴。

"主体"选项组用于定义主体和托架，只需选定由机构连接定义出来的与齿轮本体相关的旋转轴，系统自动将产生这根轴的两个主体设定为"齿轮"（或"小齿轮""齿条"）和"托架"。"托架"一般就是用来安装齿轮的主体，一般是静止的，如果系统选反了，可用"反向"按钮🔀将齿轮与托架主体交换。

"节圆"选项组用于定义齿轮节圆，定义齿轮时将齿轮的实际节圆直径输入到直径文本框中。

"图标位置"选项组用于显示节圆和连接轴零点参考。定义齿轮后，每一个齿轮都有一个图标，以显示这里定义了一个齿轮。一条虚线把两个图标的中心连起来。默认情况下，齿轮图标在所选连接轴的零点。图标位置也可自定义，单击"图标位置"文本框前的箭头按钮 点选一个点，图标将平移到那个点所在平面上。图标的位置只是视觉效果，不会对分析产生影响。

❑　"齿轮 2"选项卡：同"齿轮 1"选项卡的设置，只是在"运动轴"文本后多了一个调整两齿轮间相对旋转方向按钮 。

❑　"属性"选项卡：单击"属性"选项卡，"齿轮副定义"对话框更新为如图 3-49 所示。

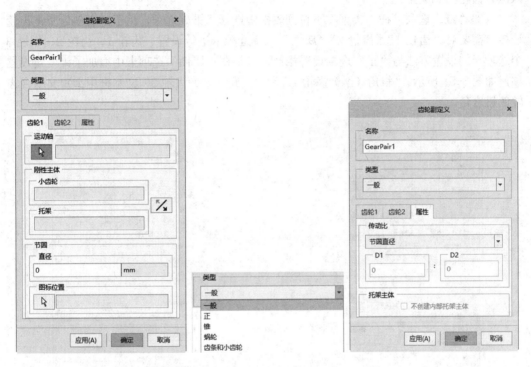

图 3-47　"齿轮副定义"对话框　　　图 3-48　类型选项　　　图 3-49　"属性"选项卡

在"齿轮 1""齿轮 2""节圆"选项组中定义齿轮啮合时齿轮的实际节圆直径。在"属性"选项卡中，齿轮比有两种定义方式：节圆直径和用户定义。

在"齿轮比"下拉列表框中选择"节圆直径"选项，D1、D2 由系统自动根据前两个页面里的数值计算出来，不可改动。在"齿轮比"下拉列表框中选择"用户定义的"选项，在 D1、D2 文本框中键入 D1、D2 数值，齿轮转速比由此处输入的 D1、D2 确定，前两个选项卡中键入的节圆直径不起作用。转速比为节圆直径比的倒数，即：齿轮 1 转速/齿轮 2 转速=齿轮 2 节圆直径/齿轮 1 节圆直径=D2/D1。

 注意

Creo Parametric 9.0 里的齿轮连接，只需要指定一个旋转轴和节圆参数就可以了。

因此，齿轮的具体形状可以不用做出来。即使是两个圆柱，也可以在它们之间定义一个齿轮连接。两个齿轮应使用公共的托架主体，如果没有公共的托架主体，分析时系统将创建一个不可见的内部主体作为公共托架主体，此主体的质量等于最小主体质量的千分之一。并且在运行与力相关的分析（动态、力平衡、静态）时，会提示指出没有公共托架主体。

（2）"正"选项：在"类型"下拉列表框中选择"正"选项，用于定义斜齿圆柱齿轮连接。需要对"齿轮1""齿轮2""属性"3个选项卡进行设置。三个选项卡的设置方法与"一般"选项设置相似，只是在"属性"选项卡中增加了压力角和螺旋角设置项，如图3-50所示，只需在"压力角α"文本框中键入啮合齿轮的压力角，在"螺旋角β"文本框中键入啮合齿轮的螺旋角。

（3）"锥"选项：在"类型"下拉列表框中选择"锥"选项，用于定义斜齿圆锥齿轮连接。需要对"齿轮1""齿轮2""属性"三个选项卡进行设置。齿轮1、齿轮2、属性3个选项卡的设置方法与"正"选项设置相似，只是在"属性"选项卡中增加了锥度角设置项，如图3-51所示。"斜角（γ）齿轮1"和"斜角（γ）齿轮2"文本框用于定义啮合齿轮的锥度角。

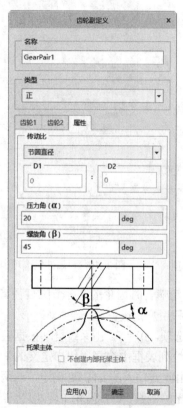

图3-50　"属性"选项卡

图3-51　"属性"选项卡

（4）"蜗轮"选项：在"类型"下拉列表框中选择"蜗轮"选项，"齿轮副"对话框更新如图3-52所示，该对话框用于定义蜗轮蜗杆连接，需要对蜗轮、轮盘、属性3个选项卡进行设置。三个选项卡的设置方法与"一般"选项设置相似，只是在"属性"选项卡中增加了压力角、螺旋角设置项，如图3-53所示。"压力角α"文本框用于定义啮合蜗轮的压力角;"螺旋角 β"文本框用于定义轮盘的螺旋角。

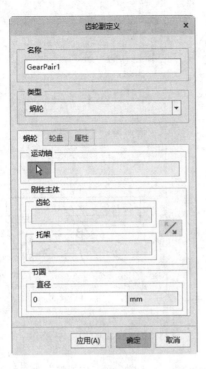

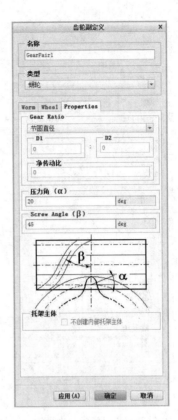

图 3-52　"蜗轮选项"对话框　　　　　　　图 3-53　"属性"选项卡

（5）"齿条与小齿轮"选项：在"类型"下拉列表框中选择"齿条与小齿轮"选项，"齿轮副定义"对话框更新为图 3-54 所示。该对话框用于定义齿轮连接，需要对小齿轮、齿条、属性 3 个选项卡进行设置。小齿轮、齿条、属性三个选项卡的设置方法与"一般"选项设置相似，只是在"小齿轮"选项卡中减少"节圆"选项组的设置；"属性"选项卡中增加压力角、螺旋角设置项，如图 3-55 所示。"压力角 α"文本框用于定义啮合齿轮的压力角，在"螺旋角 β"文本框中键入啮合齿条的螺旋角。

下面以图 3-56 所示的两个直齿圆柱齿轮连接为例，讲解"齿轮"工具的使用方法。

（1）分析机构连接方式。该齿轮机构是将旋转运动方式改变成反向，所以两齿轮需要进行销连接。

（2）选择功能区中的"文件"→"管理会话"→"选择工作目录"命令，系统弹出"选择工作目录"对话框，选择齿轮零部件所在的文件夹，单击"确定"按钮。

（3）选择功能区中的"文件"→"新建"命令，系统弹出"新建"对话框，在对话框中点选"装配"单选按钮，在"名称"文本框中键入"CL"，取消"使用默认模板"复选框，单击"确定"按钮，系统弹出"新文件选项"对话框，选中"mmns_asm_design_abs"模板选项，单击"确定"按钮，装配工作平台。

（4）选择功能区中的"模型"→"元件"→"组装"命令，系统弹出"打开"对话框，选择元件 a1.prt 加载到当前工作台中。

图 3-54 "齿条与小齿轮"选项

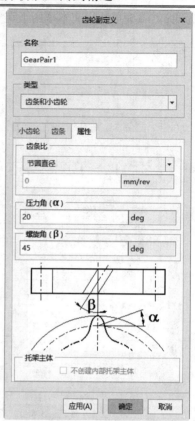

图 3-55 "属性"选项卡

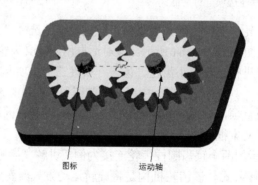

图 3-56 齿轮连接

（5）选择连接类型为"用户定义"，然后在"当前约束"下拉列表框中选择"固定"选项，或者单击"放置"下滑按钮，系统弹出"放置"下滑面板，在"约束类型"下拉列表框中选择"固定"选项。

（6）单击"确定"按钮，完成主体的固定，效果如图 3-57 所示。

（7）选择功能区中的"模型"→"元件"→"组装"命令，系统弹出"打开"对话框，选择元件 b1.prt 加载到当前工作台中。

（8）选择连接类型为"销"，单击"放置"下滑按钮，系统弹出的 "放置"下滑面板，如图 3-58 所示，在销连接下自动添加"轴对齐""平移""旋转轴"选项。

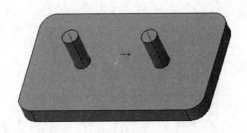

图 3-57　主体

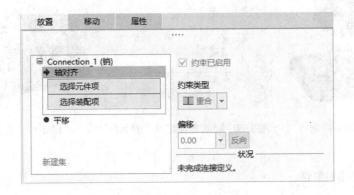

图 3-58　"放置"下滑面板

（9）选中"轴对齐"约束选项，在 3D 模型中选择元件 a1.prt 上销轴的轴线和元件 b1.prt 的孔的轴线，如图 3-59 所示。

（10）选中"平移"选项，在 3D 模型中选择元件 a1.prt 和元件 b1.prt 的结合面。

（11）在操控面板的"状况"栏显示"完成连接定义"，单击"确定"按钮，完成销连接。

（12）使用同样的方法再加载元件 b1.prt 并且与元件 a1.prt 建立销连接。

（13）选择功能区中的"应用程序"→"机构"命令，系统自动进入机构设计平台。

（14）选择功能区中的"机构"→"连接"→"齿轮"命令🔧，系统弹出"齿轮副定义"对话框。

（15）单击"齿轮 1"选项卡，单击"运动轴"选项组中的箭头按钮🔩，系统弹出"选择"对话框，在 3D 模型中选择在装配平台中建立的销连接。

（16）在"节圆"选项组中"直径"文本框中键入 12.5mm。

（17）单击"图标位置"选项组中的箭头按钮🔩，系统弹出"选取"对话框，在 3D 模型中选取 PNT0 点，"齿轮副定义"对话框如图 3-60 所示。完成齿轮 1 的连接定义。

（18）单击"齿轮 2"选项卡，使用同样的方法连接齿轮 2，完成齿轮副的连接，如图 3-61 所示。

对齐轴线

图 3-59　轴对齐约束　　　图 3-60　"齿轮副定义"对话框　　　图 3-61　齿轮副连接

3.2.4　传动带连接

"传动带"工具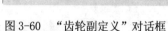是通过带轮曲面与带平面重合连接的工具。带传动是由两个带轮和一根紧绕在两轮上的传动带组成，靠带与带轮接触面之间的摩擦力来传递运动和动力的一种挠性摩擦传动。

下面以图 3-62 所示传动带系统为例，讲解"传动带"工具的使用方法。

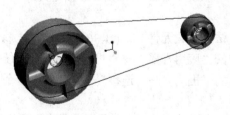

图 3-62　传动带

（1）分析图中机构连接方式。该带传动机构是将旋转运动从输入轴传递到输出轴上，可以适用于远距离传递，所以两带轮在装配中进行销连接。

（2）选择功能区中的"文件"→"管理会话"→"选择工作目录"命令，系统弹出"选择工作目录"对话框，选择带轮零部件所在的文件夹，单击"确定"按钮。

（3）选择功能区中的"文件"→"新建"命令，系统弹出"新建"对话框，在对话框中点选"装配"单选按钮，在"名称"文本框中键入"带轮"，取消"使用默认模板"复选框，单击"确定"按钮，系统弹出"新文件选项"对话框，选中"mmns_asm_design_abs"模板选项，单击"确定"按钮，装配工作平台。

（4）选择功能区中的"模型"→"元件"→"创建"命令 ，系统弹出"元件创建"对话框，如图 3-63 所示。

（5）点选"骨架模型"单选按钮，接受默认名称，单击"确定"按钮，系统弹出"创建选项"对话框，如图 3-64 所示。

图 3-63　"元件创建"对话框　　　　图 3-64　"创建选项"对话框

（6）点选"创建特征"单选按钮，单击"确定"按钮，进入带传动骨架的设计界面。

（7）单击"模型树"中的"树过滤器"按钮 ，弹出"树过滤器"对话框。勾选"常规项"选项组的"特征"复选框，单击确定，关闭对话框。

（8）选择功能区中的"模型"→"基准"→"轴"命令 ，系统弹出"基准轴"对话框。

（9）在工作区选择基准平面 ASM_RIGHT，按 Ctrl 键在工作区选择基准平面 ASM_TOP，把该基准平面添加到基准轴参考列表框中，如图 3-65 所示，单击"确定"按钮，完成基准轴 1 的创建。

（10）选择功能区中的"模型"→"基准"→"轴"命令 ，系统弹出"基准轴"对话框。

（11）在工作区选择基准平面 ASM_FRONT，效果如图 3-66 所示，分别拖动图中两个绿色方块到基准平面 ASM_RIGHT 和基准平面 ASM_TOP。

（12）此时，在创建的基准轴与参考平面之间出现数值，双击更改数值为 0 和 100，单击基准轴对话框中的"确定"按钮，完成基准轴 2 的创建，最终效果如图 3-67 所示。

（13）选择功能区中的"视图"→"窗口"→"激活"命令 ，激活当前工作模块，进入装配工作台。

（14）选择功能区中的"模型"→"元件"→"组装"命令 ，系统弹出"打开"对话框，选择元件 a2.prt 加载到当前工作台中。

（15）选择连接类型为"销"，单击"放置"下滑按钮，系统弹出的"放置"下滑面板，在销连接下自动添加"轴对齐""平移"选项。

图 3-65 "基准轴"对话框

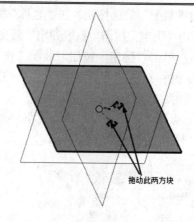

图 3-66 选择基准平面

图 3-67 创建的基准轴

（16）选中"轴对齐"约束选项，在 3D 模型中选择元件 a2.prt 孔的轴线和基准轴 A_1，如图 3-68 所示。

（17）选中"平移"连接选项，在 3D 模型中选择元件 a2.prt 的端面和基准平面 ASM_FRONT，如图 3-69 所示。

（18）在操控面板的"状况"栏显示"完成连接定义"，单击"确定"按钮，完成大带轮销连接。

图 3-68 轴对齐约束

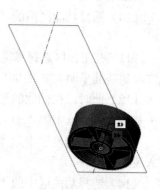

图 3-69 平移

（19）使用同样的销连接方式将元件 b2.prt 与基准轴 A_2 进行轴对齐，元件 b2.prt

的端面和基准平面 ASM_FRONT 偏移-5mm。

（20）选择功能区中的"应用程序"→"机构"命令，系统自动进入机构设计平台。

（21）选择功能区中的"机构"→"连接"→"带"命令 ⊘，系统弹出"带"操控面板，如图 3-70 所示。

（22）按 Ctrl 键，在 3D 图中选择两带轮的曲面，如图 3-71 所示。

图 3-70　"带"操控面板

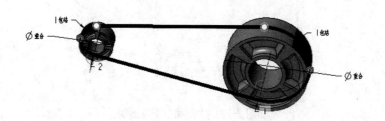

图 3-71　选择的带轮的曲面

（23）在"参考"下滑面板中单击"带平面"文本框，在 3D 图中选择小带轮的 FRONT 基准面。

（24）单击"确定"按钮，完成了带传动的设计，带传动连接添加到模型树和机构树中，如图 3-72 所示。

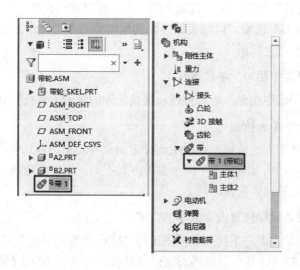

图 3-72　模型树

3.3 调节连接方式

在机构进行连接的过程中，常常会出现元件位置放置不合理现象，使得连接设置无法快速定位。此时可通过手动方式直接移动或旋转元件到一个比较合适的位置。该过程主要是通过元件"移动"下滑面板中的"运动类型"下拉列表框完成元件的调整，如图 3-73 所示。

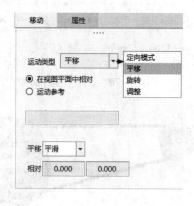

图 3-73 "移动"下滑面板

1. "运动类型"下拉列表框

"运动类型"下拉列表框用于选择手动调整元件的方式。

（1）选择"定向函数类型式"选项，可相对于特定几何重定向视图，并可更改视图重定向样式，可以提供除标准的旋转、平移、缩放之外的更多查看功能。

（2）选择"平移"选项，单击机构上的一点，可以平行移动元件。

（3）选择"旋转"选项，单击机构上的一点，可以旋转元件。

（4）选择"调整"选项，可以根据后面的运动参考类型，选择元件上的曲面调整到参考面、参考边、参考坐标系等。

2. "在视图平面中相对"单选按钮

点选"在视图平面中相对"单选按钮，调整元件的参考为系统默认参考坐标系。

3. "运动参考"单选按钮

点选"运动参考"单选按钮，在图中选择运动参考对象。其几何特征可以是点、线、面、基准等，根据选择的运动参考不同，参考方式不同。例如，选择平面，其后就会出现法向和平行两个单选按钮供选择。

4. 运动增量设置运动位置改变大小的方式

（1）当在"运动类型"下拉列表框中选择"定向函数类型式""平移"选项时，运动增量方式为平移方式。"平移"下拉列表框列出平滑、1、5 及 10 四个选项，也可以自定义键入数值。选择"平滑"选项，一次可以移动任意长度的距离。其余是按所选的长度每次移动相应的距离。

（2）当在"运动类型"下拉列表框中选择"旋转"选项时，运动增量方式为旋转方式，"选转"下拉框列出平滑、5、10、30、45 及 90 六个选项，也可以自定义键入数值。如图 3-74 所示。其中"平滑"选项为每次旋转任意角度，其余选项是按所选的角度每次旋转相应的角度。

（3）当在"运动类型"下拉列表框中选择"调整"选项时，对话框中添加"调整参考"选项组，单击文本框，选择曲面（只能选择曲面）。如果点选"运动参考"单选按钮，并且选择参考对象，则"匹配""对齐"单选按钮和"偏移"文本框可用。可以使用这些选项定义调整量。如图 3-75 所示。

5. "相对"文本框

"相对"文本框用于显示使用鼠标移动元件的距离。

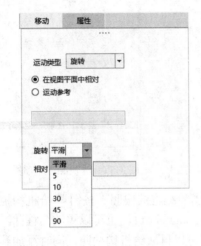 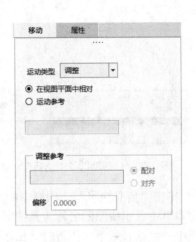

图 3-74　"旋转"选项　　　　　　　　图 3-75　"调整"选项

3.4　拖动和快照

定义完连接后，可以使用拖动功能查看定义是否正确，连接轴是否可以按设想的方式运动。可使用快照创建分析的起始点，或将装配放置到特定的配置中；可使用接头禁用和主体锁定功能研究整个机构或部分机构的运动。选择功能区中的"模型"→"元件"→"拖动元件"命令　或选择功能区中的"机构"→"运动"→"拖动元件"命令　，系统弹出"拖动"及"选择"对话框，如图 3-76 所示。

1. "点拖动"按钮

单击"点拖动"按钮　，系统弹出"选择"对话框，在主体上选取某一点，该点会突出显示并随光标移动，同时保持连接。该点不能为基础主体上的点。

2. "主体拖动"按钮

单击"主体拖动"按钮　，系统弹出"选择"对话框，该主体突出显示并随光标移动，同时保持连接。

基础主体不能拖动。所谓的基础主体，就是在装配中添加元件或新建装配时，按"固定"  约束条件定义的基础主体。

3. "快照"选项栏

单击"快照"左侧三角，展开"快照"选项栏，如图 3-77 所示。

图 3-76 "拖动"及"选择"对话框　　　图 3-77 "快照"选项栏

（1）单击"当前快照"选项栏中的"拍下当前配置的快照"按钮 ![] 给机构拍照，在其后的文本框中显示快照的名称，系统默认它为 Snapshot1。也可以更改名称并添加到快照列表框中。拖动到一个新位置时，单击此按钮可以再次给机构拍照，同时添加到快照列表中。

（2）"快照"选项卡用于编辑快照。选中列表中的快照，单击左侧工具进行快照编辑，或者右键单击选中的快照，系统弹出快捷菜单，如图 3-78 所示，快捷菜单中的工具命令和左侧工具栏中的命令在使用方法与作用上完全相同。内容如下：

❑ "显示选定快照"按钮 ⑥⑥：在列表中选定快照后单击此按钮可以显示该快照中机构的具体位置。

❑ "从其他快照中借用零件位置"按钮 ✐：在列表框中选中需要借用其他快照中零件位置的快照，单击该按钮，系统弹出"快照构建"对话框，如图 3-79 所示，在对话框列表中选取其他快照零件位置用于新快照，单击"确定"按钮完成快照的借用。

❑ "将选定快照更新为屏幕上的当前位置"按钮 ⚠：在列表框中选中将变为当前屏幕上当前位置的快照，单击该按钮，系统弹出"选择"对话框，在 3D 模型中选择一特征后单击"确定"按钮完成快照的改变。该工具相当于改变列表框中快照的名称。

❑ "使选定快照可用于绘图"按钮 ![]：可用于 Creo Parametric 9.0 分解状态，分解状态可用于 Creo Parametric 9.0 绘图视图中。单击此按钮时，在列表上的快照旁添加一个图标![]。

❑　"删除选定快照"按钮✕：将选定快照从列表中删除。

（3）"约束"选项卡，如图 3-80 所示，通过选中或清除列表中所选约束旁的复选框，可打开和关闭约束。也可使用左侧按钮进行临时约束。

❑　"对齐两个图元"按钮▤：通过选取两个点、两条线或两个平面对元件进行对齐约束。这些图元将在拖动操作期间保持对齐。

❑　"配对两个图元"按钮▙：通过选取两个平面，创建配对约束。两平面在拖动操作期间将保持相互配对。

图 3-78　快捷菜单　　　图 3-79　"快照构建"对话框　　　图 3-80　"约束"选项卡

❑　"定向两个曲面"按钮▥▥：通过选择两个平面，在"偏移"文本框中定义两屏幕夹角，使其互成一定角度。

❑　"运动轴约束"按钮：通过选取连接轴以指定连接轴的位置，指定后主体将不能拖动。

❑　"启用/禁用凸轮升离"按钮：可设定是否允许凸轮分离。

❑　"主体－主体锁定约束"按钮：通过选取主体，可以锁定主体。

❑　"启用/禁用连接"按钮：通过选取连接，该连接被禁用。

❑　"删除选定约束"按钮✕：从列表中删除选定临时约束。

❑　"仅基于约束重新连接"按钮：使用所应用的临时约束来装配模型。

（4）单击"高级拖动选项"右侧三角，展开"高级拖动选项"选项栏，如图 3-81 所示，该对话框的内容如下：

❑　"封装移动"按钮：允许进行封装移动，单击该按钮，系统弹出"移动"对话框，如图 3-82 所示，该对话框的使用方法参见 3.3 节（调节连接方式）。

❑　"选择当前坐标系"按钮：指定当前坐标系。通过选择主体来选取一个坐标系，所选主体的默认坐标系是要使用的坐标系。

图 3-81 "高级拖动选项"选项栏　　　　　图 3-82 "移动"对话框

- ❑ "X 向平移"按钮 ：指定沿当前坐标系的 X 方向平移。
- ❑ "Y 向移动"按钮 ：指定沿当前坐标系的 Y 方向平移。
- ❑ "Z 向移动"按钮 ：指定沿当前坐标系的 Z 方向平移。
- ❑ "绕 X 旋转"按钮 ：指定绕当前坐标系的 X 轴旋转。
- ❑ "绕 Y 旋转"按钮 ：指定绕当前坐标系的 Y 轴旋转。
- ❑ "绕 Z 旋转"按钮 ：指定绕当前坐标系的 Z 轴旋转。
- ❑ "参考坐标系"选项组：用于指定当前模型中的坐标系，单击选取箭头按钮 ，在当前 3D 模型中选取坐标系。
- ❑ "拖动点位置"选项组：用于实时显示拖动点相对于选定坐标系的 X、Y 和 Z 坐标。

3.5　定义伺服电动机

定义完连接后就需要给机构添加伺服电动机才能驱使机构运动。选择功能区中的"机构"→"插入"→"伺服电动机"命令 ，系统弹出"电动机"操控面板，如图 3-83 所示。

图 3-83 "电动机"操控面板

1. "参考"下滑面板（见图 3-84）

（1）从动图元：用于定义伺服电动机要驱动的图元类型：连接轴、点和面等几何参数。在 3D 模型中选取在"装配设计"模块中添加的连接轴，文本框中显示选取的连接轴，并在其后显示"编辑运动轴设置"按钮，如图 3-85 所示。选定的连接轴将以红色箭头表示，同时高亮显示主体，如图 3-86 所示。

图 3-84　"参考"下滑面板　　　　图 3-85　"参考"下滑面板

单击"编辑运动轴设置"按钮，弹出"运动轴"对话框，如图 3-87 所示。该对话框用于对旋转轴进行编辑。

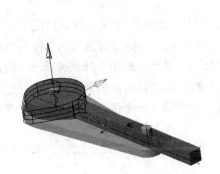

图 3-86　连接轴位置　　　　图 3-87　"运动轴"对话框

（2）运动类型：选项组用于指定伺服电动机的运动方式。根据选定的运动轴，可以创建 "平移"(Translational)、 "旋转"(Rotational)或 "槽"(Slot)电动机。

（3）"反向"按钮：用于改变伺服电动机的运动方向，单击该按钮则机构中伺服电动机黄色箭头指向相反的方向。

2. "配置文件详情"下滑面板（见图 3-88）

（1）驱动数量：

1）角位置：根据选定图元的位置定义伺服电动机运动。

2）角速度：根据伺服电动机的速度对其运动进行定义。勾选"使用当前位置作为初始值"复选框，机构以当前位置为准。要设置其他起点，则要取消勾选"使用当前位置作为初始值"复选框。输入一个角度后按"预览位置"按钮，使机构的零位置变为数字所指示的位置，如图 3-89 所示。要更改单位，可从列表中选择一个选项。

图 3-88　"配置文件详情"下滑面板　　　　　图 3-89　"角速度"选项

3）角加速度：根据伺服电动机的加速度对其运动进行定义。默认情况下，当开始运动时，将使用伺服电动机的当前位置。要设置其他起点，则要取消勾选"使用当前位置作为初始值"复选框。此时，对话框如图 3-90 所示。从"初始角"列表选择一个值，或在框中键入一个值。要查看新的初始位置，可单击 60 。该位置将在图形窗口中进行更新。要设置"初始角速度"，可从列表选择一个值，或在框中键入一个值。要更改初始位置或速度单位，可从适用列表选择一个选项。

4）扭矩：定义执行电动机，力或扭矩。执行电动机可驱动运动轴、单个基准点或顶点、一对基准点/顶点，或整个刚性主体。

（2）函数类型：用于定义电动机的运动方程式。在下拉组框中有常量、余弦、斜坡、余弦、SCCA、摆线、抛物线、多项式、表、用户定义的等 9 种类型，选择每一种类型都有对应的对话框弹出。这几种类型如下：

1）"常量"：轮廓为恒定。只需在"A"文本框中键入数值，机构就以该数值建立的方程式 $q=A$（其中 A 为常量）为机构运动方程式。

2）"斜坡"：如图 3-91 所示，轮廓随时间做线性变化。只需在"A""B"文本框中键入数值，机构就以该数值建立的方程式 $q=A+B\times X$（其中 A 为常量，B 为斜率）为机构运动方程式。

3）"余弦"：如图 3-92 所示，轮廓为余弦曲线。只需在"A""B""C""T"文本框中键入数值，机构就以该数值建立的方程式 $q=A\times\cos(360\times X/T+B)+C$（其中 A 为振幅，B 为相位，C 为偏移量，T 为周期）为机构运动方程式。

4）"摆线"：如图 3-93 所示，函数类型拟凸轮轮廓输出。只需在"L""T"文本框中键入数值，机构就以该数值建立的摆线方程式 $q=L\times X/T-L\times\sin(2\times\pi\times X/T)/2\times\pi$（其中 L 为总高度，T 为周期)为机构运动方程式。

图 3-90　"角加速度"选项

图 3-91　"斜坡"选项

图 3-92　"余弦"选项

5)"抛物线"：如图 3-94 所示，函数类型拟电动机的轨迹为抛物线。只需在"A""B"文本框中键入数值，机构就以该数值建立的抛物线方程式 q＝A×X＋1/2BX2(其中 A 为线性系数，B 为二次项系数)为机构运动方程式。

图 3-93　"摆线"选项　　　　　图 3-94　"抛物线"选项

6）"多项式"：如图 3-95 所示，用于一般电动机轮廓。只需在"A""B""C""D"文本框中键入数值，机构就以该数值建立的多项式方程 $q=A+B\times X+C\times X2+D\times X3$（其中 A 为常量，B 为线性项系数，C 为二次项系数，D 为 3 次项系数）为机构运动方程式。

7）"表"：如图 3-96 所示。

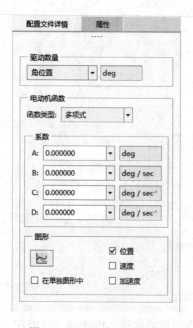

图 3-95　"多项式"选项　　　　　图 3-96　"表"选项

①"向表中添加行"按钮：用于在表中添加一行。

"从表中删除行"按钮  ：用于从表中删除选中的行。

②单击"打开"按钮 ，选择扩展名为"*.tab"的机械表数据文件。该文件包括"时间"栏和"函数类型"栏，时间是电动机运行的时间段，在"函数类型"栏中是电动机的参数，包括位置、速度、加速度等。用图 3-97 所示的记事本编辑后保存成扩展名为".tab"的文件。

③单击"从外部文件导入表格内容"按钮 ，系统将打开的机械数据表文件加载到列表框中，单击"将表格内容导出至外部文件"按钮 ，系统将列表框中的表导出到机械数据表文件中。

8)"用户定义"：如图 3-98 所示，用于自定义轮廓。

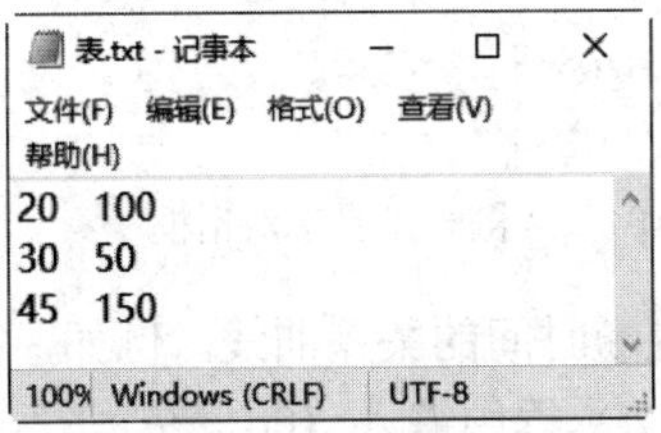

图 3-97　编辑

图 3-98　"用户定义"选项

① "向表格添加表达式段"按钮 用于在列表框中添加表达式。

② "删除选定的表达式段"按钮 用于删除列表框中选中的表达式。

③ "编辑选定的表达式段"按钮 用于编辑选中列表中的表达式段。单击该按钮，系统弹出"表达式定义"对话框，如图 3-99 所示。

3. "图形"选项栏

"图形"选项栏，如图 3-100 所示，它以图形形式表示轮廓，使查看更加直观。

"绘制选定数量相对于时间或其他变量的图形"按钮 用于显示"图表工具"对话框，如图 3-101 所示。

图 3-99 "表达式定义"对话框

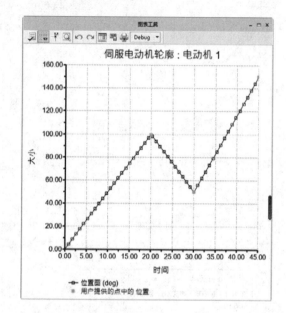

图 3-100 "图形"选项栏　　　　图 3-101 "图表工具"对话框

（1）"位置"复选框：用于在图形中只显示出位置随时间的关系曲线。例如，在"函数类型"下拉列表框中选择"抛物线"选项，在"A"文本框中键入 100，在"B"文本框中键入 50，勾选"位置"复选框，单击"绘制选定数量相对于时间或其他变量的图形"按钮，系统弹出"图表工具"对话框，效果如图 3-102 所示。

（2）"速度"复选框：用于在图形中只显示出转速随时间的关系曲线。例如，在"函数类型"下拉列表框中选择"抛物线"选项，在"A"文本框中键入 100，在"B"文本框中键入 50，勾选"速度"复选框，单击"绘制选定数量相对于时间或其他变量的图形"按钮，系统弹出"图表工具"对话框，效果如图 3-103 所示。

（3）"加速度"复选框：用于在图形中只显示出随时间的关系曲线，例如，在"函数类型"下拉列表框中选择"抛物线"选项，在"A"文本框中键入 100，在"B"文本框中键入 50，勾选"加速度"复选框，单击"绘制选定数量相对于时间或其他变量的图形"按钮，系统弹出"图表工具"对话框，效果如图 3-104 所示。

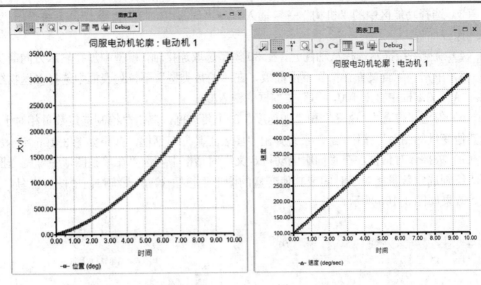

图 3-102　抛物线位置轮廓　　　　　　　图 3-103　抛物线速度轮廓

（4）"在单独图形中"复选框：用于 3 种曲线在单独的图形中显示，取消可以在一个坐标系中显示。

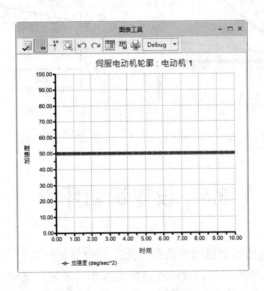

图 3-104　抛物线加速度轮廓

4. "属性"下滑面板

"名称"选项组用于定义机构伺服电动机名称，系统默认为电动机 1，也可以更改为其他。

下面以函数类型为抛物线为例讲解"在单独图形中"复选框与"位置""速度""加速度"复选框的组合使用效果。

（1）打开凸轮例子凸轮.asm。

（2）选择功能区中的"应用程序"→"机构"命令，切换到机构工作台。

71

（3）选择功能区中的"机构"→"插入"→"伺服电动机"命令 ，系统弹出"电动机"操控面板。

（4）根据系统提示选择从动图元，在3D模型选取连接轴，模型中加亮显示方向箭头。

（5）单击"配置文件详情"下滑面板，在"函数类型"下拉列表框中选择"抛物线"选项，"A"文本框中键入100，"B"文本框中键入50。

（6）勾选"位置""速度"和"加速度"3个复选框，单击"绘制选定数量相对于时间或其他变量的图形"按钮 ，系统弹出"图表工具"对话框，效果如图3-105所示。

（7）关掉该对话框，在"伺服电动机定义"对话框中勾选"在单独图形中"复选框，单击"绘制选定数量相对于时间或其他变量的图形"按钮 ，系统弹出"图表工具"对话框，效果如图3-106所示。

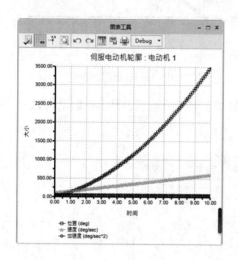

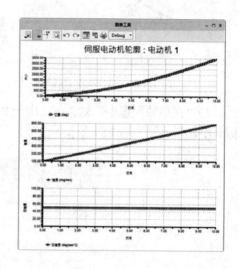

图3-105　抛物线位置－速度－加速度轮廓1　　　图3-106　抛物线位置－速度－加速度轮廓2

3.6　设置运动环境

机械动力学分析包括多个建函数类型图元，其中包括弹簧、阻尼器、力/扭矩负荷以及重力。可根据电动机所施加的力及位置、转速或加转速来定义电动机。除重复装配和运动分析外，还可运行动态、静态和力平衡分析。也可创建测量，以监测连接上的力以及点、顶点或连接轴的转速或加转速。

3.6.1　定义重力

"重力"工具 用于对当前视图中的机构定义重力。选择功能区中的"机构"→"属性和条件"→"重力"命令 ，系统弹出"重力"对话框，如图3-107所示，3D图中添加了紫色箭头，指向重力方向，如图3-108所示。

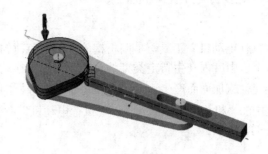

图 3-107　"重力"对话框　　　　　　图 3-108　3D 中重力表示方法

1. "大小"文本框

"大小"文本框用于定义机构重力加速度大小。重力大小是以"距离/时间的平方"为单位，必须给重力加速度的大小输入一个正值，国际单位为 mm/s^2。距离单位取决于为装配所选的单位，在"装配设计"模块下选择功能区中的"文件"→"准备"→"模型属性"命令，系统弹出"模型属性"对话框。单击"单位"文本框后的"更改"按钮，系统弹出"单位管理器"对话框，如图 3-109 所示，选择更改后的单位，单击"关闭"按钮，完成单位的更改。

2. "方向"选项组

"方向"选项组用于定义重力方向。可以输入 X、Y、和 Z 坐标，以定义重力加转速力的向量。重力加转速的默认方向是"全局坐标系（WCS）"的 Y 轴负方向。重力定义完后，模型中会出现指示重力加转速方向的 WCS 图标和箭头。在进行动态、静态或力平衡分析时，如果要使计算过程中包括重力，需要勾选"分析定义"对话框中"外部载荷"选项卡中的"启用重力"复选框，如图 3-110 所示。

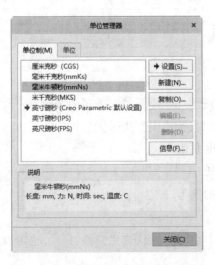

图 3-109　"单位管理器"对话框　　　　　图 3-110　"分析定义"对话框

3.6.2 定义执行电动机

"执行电动机"工具 ✐ 是向机构施加特定负荷的工具。执行电动机引起在两个主体之间、单个自由度内产生特定类型的负荷，一般用在动态分析中。执行电动机通过对平移或旋转连接轴施加力而产生运动。可在每个动态分析的定义中打开和关闭执行电动机。选择功能区中的"机构"→"插入"→"执行电动机"命令 ✐，系统弹出"电动机"操控面板，如图 3-111 所示。

图 3-111 "电动机"操控面板

该操控板中的各选项含义参见 3.5 节。

3.6.3 定义弹簧

"弹簧"工具 ▤ 是使机构产生线性弹力的工具。选择功能区中的"机构"→"插入"→"弹簧"命令 ▤，系统弹出"弹簧"操控面板，如图 3-112 所示，该对话框的内容如下：

图 3-112 "弹簧"操控面板

- ❑ "延伸"按钮 ⊣：用于在机构中两点之间添加压缩或拉伸弹簧的按钮。
- ❑ "扭转"按钮 ↺：用于在连接轴上添加对机构产生扭矩弹簧的按钮。
- ❑ "K 因子"文本框：用于定义弹簧的刚度系数。
- ❑ "未拉伸"文本框：用于定义弹簧的原长。
- ❑ "参考"下滑面板：用于选取定义弹簧的参考。
- ❑ "选项"下滑面板：用于调整弹簧直径。
- ❑ "属性"下滑面板：用于定义添加弹簧的名称，默认式"弹簧_1"，也可以更改为其他。

1. 创建两点之间弹簧

下面以建立两点之间弹簧和扭转弹簧为例，讲解弹簧的创建过程。

（1）选择功能区中的"文件"→"新建"命令，系统弹出"新建"对话框，在对话框中点选"装配"单选按钮，在"名称"文本框中键入"弹簧1"，取消"使用默认模板"复选框，单击"确定"按钮，系统弹出"新文件选项"对话框，选中"mmns_asm_design_abs"模板选项，单击"确定"按钮，进入装配工作平台。

（2）选择功能区中的"模型"→"元件"→"组装"命令 ，系统弹出"打开"对话框，选择 a3.prt 加载到当前工作台中。

（3）选择连接类型为"用户定义"，然后在"当前约束"下拉列表框中选择"固定"选项，或者单击"放置"下滑按钮，系统弹出"放置"下滑面板，在"约束类型"下拉列表框中选择"固定"选项。

（4）单击"确定"按钮，完成主体的固定。

（5）选择功能区中的"模型"→"元件"→"组装"命令 ，系统弹出"打开"对话框，选择 c3.prt 加载到当前工作台中。

（6）选择连接类型为"用户定义"，然后在"当前约束"下拉列表框中选择"重合"选项，或者单击"放置"下滑按钮，系统弹出的"放置"下滑面板，在"约束类型"下拉列表框中选择"重合"选项。

（7）在 3D 模型中选择元件 a3.prt 的上表面和元件 c3.prt 的下表面。

（8）单击"移动"下滑面板中选择运动类型为"平移"，其他选项为默认值，单击并拖动元件 c3.prt 到元件 a3.prt 合适位置。

（9）使用同样方法再添加一个元件 c3.prt 到机构模型，如图 3-113 所示。

（10）选择功能区中的"应用程序"→"机构"→"插入"→"弹簧"命令 ，系统弹出"弹簧"操控面板。

（11）单击"延伸或压缩弹簧"按钮 ，单击"参考"下滑按钮，弹出"参考"下滑面板，按 Ctrl 键，在 3D 模型中选择元件 c3.prt 的两个顶点，如图 3-114 所示。

（12）单击"选项"下滑面板，勾选"调整图标直径"复选框，在"直径"文本框中键入 15。

（13）在"K"文本框中键入 50，"未拉伸"文本框中键入 60。

（14）单击"确定"按钮，完成弹簧的创建。

（15）使用同样的方法，再在元件 c3.prt 另外两顶点之间添加弹簧，最终效果如图 3-115 所示。

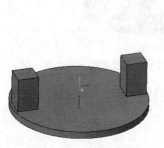
图 3-113　装配元件

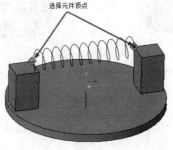
图 3-114　添加弹簧的机构

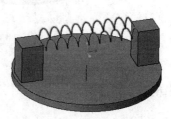
图 3-115　添加弹簧

2. 创建扭转弹簧

下面以如图 3-116 所示图形为例，讲解扭转弹簧的创建过程。

（1）选择功能区中的"文件"→"新建"命令，系统弹出"新建"对话框，在对话框中点选"装配"单选按钮，在"名称"文本框中键入"弹簧 2"，取消"使用默认模板"复选框，单击"确定"按钮，系统弹出"新文件选项"对话框，选中"mmns_asm_design_abs"模板选项，单击"确定"按钮，进入装配工作平台。

（2）选择功能区中的"模型"→"元件"→"组装"命令，系统弹出"打开"对话框，选择 a3.prt 加载到当前工作台中。

（3）选择连接类型为"用户定义"，然后在"当前约束"下拉列表框中选择"固定"选项，或者单击"放置"下滑按钮，系统弹出"放置"下滑面板，在"约束类型"下拉列表框中选择"固定"选项。

（4）单击"确定"按钮，完成主体的固定。

（5）选择功能区中的"模型"→"元件"→"组装"命令，系统弹出"打开"对话框，选择 b4.prt 加载到当前工作台中。

（6）选择连接类型为"圆柱"。

（7）在 3D 模型中选择元件 a3.prt 的圆柱侧表面和元件 b4.prt 的半球面。

（8）单击"移动"下滑面板中选择运动类型为"平移"，其他选项为默认值，单击并拖动元件 b4.prt 到元件 a3.prt 合适位置。

（9）选择功能区中的"应用程序"→"机构"→"插入"→"弹簧"命令，系统弹出"弹簧"操控面板。

（10）单击"扭转弹簧"按钮，单击"参考"选项卡，在 3D 模型中选择"装配设计"模块中创建的连接轴。

（11）在"K"文本框中键入 100，"未拉伸"文本框中键入 300。

（12）单击"确定"按钮，完成弹簧的创建，最终效果如图 3-117 所示。

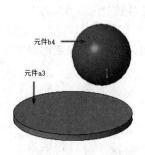

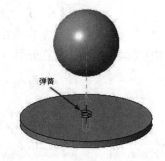

图 3-116　装配元件　　　　　　　图 3-117　添加的弹簧机构

3.6.4　创建阻尼器

"阻尼器"工具是作用于连接轴、两主体之间的具有耗散力的工具。选择功能区中的"机构"→"插入"→"阻尼器"命令，系统弹出"阻尼器"操控面板，如图 3-118 所示。

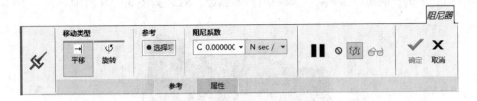

图 3-118　"阻尼器"操控面板

- ❑　"平移"按钮：用于在机构中两点之间添加平移阻尼器的按钮。
- ❑　"旋转"按钮：用于在连接轴上添加对机构产生旋转阻尼的按钮。
- ❑　"阻尼系数"文本框：用于定义阻尼器系数。
- ❑　"参考"下滑面板：用于选取定义阻尼器的参考。
- ❑　"属性"下滑面板：用于定义添加弹簧的名称，默认是"阻尼器_1"，也可以更改为其他。

下面以两点之间创建平移阻尼器为例，讲解阻尼器的创建过程。

（1）选择功能区中的"文件"→"新建"命令，系统弹出"新建"对话框，在对话框中点选"装配"单选按钮，在"名称"文本框中键入"阻尼"，取消"使用默认模板"复选框，单击"确定"按钮，系统弹出"新文件选项"对话框，选中"mmns_asm_design_abs"模板选项，单击"确定"按钮，进入装配工作平台。

（2）选择功能区中的"模型"→"元件"→"组装"命令，系统弹出"打开"对话框，选择 a3.prt 加载到当前工作台中。

（3）选择连接类型为"用户定义"，然后在"当前约束"下拉列表框中选择"固定"选项，或者单击"放置"下滑按钮，系统弹出"放置"下滑面板，在"约束类型"下拉列表框中选择"固定"选项。

（4）单击"确定"按钮，完成主体的固定。

（5）选择功能区中的"模型"→"元件"→"组装"命令，系统弹出"打开"对话框，选择 c3.prt 加载到当前工作台中。

（6）选择连接类型为"用户定义"，然后在"当前约束"下拉列表框中选择"重合"选项，或者单击"放置"下滑按钮，系统弹出的"放置"下滑面板，在"约束类型"下拉列表框中选择"重合"选项。

（7）在 3D 模型中选择元件 a3.prt 的表面和元件 c3.prt 的下表面。

（8）单击"移动"下滑面板中选择运动类型为"平移"，其他选项为默认值，单击并拖动元件 c3.prt 到元件 a3.prt 合适位置。

（9）使用同样方法再添加一个元件 c3.prt 到机构模型。

（10）选择功能区中的"应用程序"→"机构"→"插入"→"阻尼器"命令，系统弹出"阻尼器"操控面板。

（11）单击"阻尼器平移运动"按钮，单击"参考"下滑按钮，弹出"参考"下滑面板，按 Ctrl 键，在 3D 模型中选择元件 c3.prt 的两个顶点。

（12）在"阻尼系数"文本框中键入 100。

（13）单击"确定"按钮，完成阻尼器的创建，效果如图 3-119 所示。

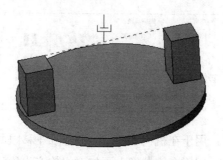

图 3-119　创建的阻尼器

3.6.5　创建力/扭矩

"力/扭矩"工具 是在机构中应用来自外部的力和力矩，仿真外部力/扭矩对机构运动影响的工具。选择功能区中的"机构"→"插入"→"力/扭矩（Q）"命令 ，系统弹出"电动机"操控面板，如图 3-120 所示。

图 3-120　"电动机"操控面板

该操控面板中部分选项含义如下（其他各选项含义参见 3.5 节）：

选择从动图元，如图 3-121 所示。此时，"参考"下滑面板如图 3-122 所示。

（1）"运动方向"：

1）"显式矢量"：该选项组用于定义坐标系确定力/扭矩的方向，为矢量选择"参考系"。"参考系"用于选择要使用的全局坐标系。在 3D 模型中选择 X、Y、Z 方向，或者在"X、Y、Z"文本框中键入方向向量。

2）"直线或平面法线"：该选项组用于定义力/扭矩的方向。选择该项，下滑面板如图 3-123 所示。在 3D 模型中选择力/扭矩的方向；单击"反向"按钮，改变力/扭矩的方向。

3）"点对点"：该选项组用于通过两点定义力/扭矩的方向。在 3D 模型中选择决定力/扭矩的方向的点，单击"反向"按钮，改变力/扭矩的方向。

（2）"方向相对于"：该选项组用于定义力/扭矩的方向是与机构中基础相关，还是与从动刚性主体相关。

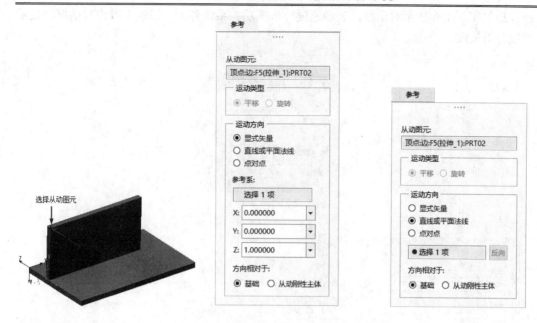

图 3-121 施加的点力　　　图 3-122 "参考"下滑面板　　　图 3-123 "直线或平面法线"选项

3.6.6　定义初始条件

"初始条件"工具 是定义机构动力学分析的初始条件，包括位置初始条件和速度初始条件。单击该按钮，系统弹出"初始条件定义"对话框，如图 3-124 所示，该对话框的内容如下：

□　"名称"文本框用于显示当前定义的初始条件，系统默认为 InitCond1，也可以自定义。

□　"快照"下拉列表框用于通过选择主体的定位方式来确定装配模型中所有体的位置初始条件。

□　"速度条件"选项组用于根据相应命令按钮，建立相应的速度初始条件。命令按钮如下：

（1）"定义点的速度"按钮 用于定义机构模型中某点的线速度。单击该按钮，选择一个点作为参考图元，对话框更新为图 3-125 所示。使用"大小"和"方向"选项组定义该点速度的大小和方向。

（2）"定义运动轴速度"按钮 用于定义机构模型中连接轴的速度。单击该按钮，在 3D 模型中选择连接轴，在"大小"文本框中键入连接轴速度。

（3）"定义角速度"按钮 用于定义主体的角速度。单击该按钮，选择一个主体作为参考图元，并使用"大小"和"方向"选项组定义该点速度的大小和方向。

（4）"定义切相槽速度"按钮 用于定义动点相对于槽曲线的初始速度。

（5）"用速度条件评估模型"按钮 ，使用速度约束条件估算模型。单击该按钮，系统弹出如图 3-126 所示对话框，表示速度分析成功；系统弹出"错误"报告对话框，表示速度分析失败。

图 3-124 "初始条件定义"　　图 3-125 "初始条件定义"　　图 3-126 "速度分析成功"
　　　对话框　　　　　　　　　　对话框　　　　　　　　　　对话框

（6）"删除突出显示的条件"按钮 ✖ 用于删除"速度条件"列表框中选中的高亮显示的速度条件。

3.7　定义质量属性

在机构动力学中，要执行动力和静力分析，必须在机构中对模型分配质量属性。质量属性用于确定在力的作用下引起模型位置或转速变化时，机构的承受能力。机构的质量属性包括密度、体积、质量、重心和转动惯量。

选择功能区中的"机构"→"属性和条件"→"质量属性"命令 ，系统弹出"质量属性"对话框,如图 3-127 所示。使用该对话框可对零件或顶级布局模型、装配模型或主体进行质量属性的添加或检查。

对于零件或顶级布局模型,可以定义该模型的质量、重心和转动惯量,如果该模型具有非零的体积,那么就可以定义其密度。对于装配模型,只能定义密度。对于主体,仅能检查体的质量属性,不能对其进行编辑。

图 3-127　"质量属性"对话框

(1)"参考类型"下拉列表框用于选择定义质量属性的类型对象。

❑　在"参考类型"下拉列表框中选择"零件或顶级布局"选项,可以选择装配模型中任一零件模型,定义其质量、重心以及惯性,其他项不可选。

❑　在"参考类型"下拉列表框中选择"装配"选项,可选择子装配模型或顶级装配模型,只能对其进行质量块密度的计算。

❑　在"参考类型"下拉列表框中选择"主体"选项,选择装配模型中的主体,则只能查看其质量属性,不能对其进行编辑。

(2)"定义属性"下拉列表框用于选择定义质量属性的方法。

❑　在"定义属性"下拉列表框选择"默认"选项,系统默认选项,选择该选项,所有可以输入数值的区域均呈现灰色不可以状态。

❑ 在"定义属性"下拉列表框选择"密度"选项，用于定义模型密度，定义模型的质量属性，该选项仅适用于对零件模型或装配模型定义质量属性。

❑ 在"定义属性"下拉列表框选择"质量属性"选项，直接定义质量属性，该方法仅适用于零件模型。可定义模型的质量、重心位置和转动惯量。

（3）"坐标系"选项组用于定义零件模型质量属性的参考。在 3D 模型中选择某个零件模型的坐标系作为定义零件质量属性的参考。

（4）"基本属性"选项组用于设定零件模型的密度、体积和质量。

（5）"重心"选项组通过输入 X、Y、Z 坐标值，以定义零件的重心位置。

（6）"惯量"选项组用于设定零件模型的转动惯量，可以设定两种类型的转动惯量。点选"在坐标系原点"单选按钮，查看关于坐标原点的转动惯量。点选"在重心"单选按钮，查看关于重心的转动惯量。

3.8　术语表

主体（Body）：一个元件或彼此无相对运动的一组元件，主体内 DOF=0。

连接（Connections）：定义并约束相对运动的主体之间的关系。

自由度（Degrees of Freedom）：允许的机械系统运动。连接的作用是约束主体之间的相对运动，减少系统可能的总自由度。

拖动（Dragging）：在屏幕上用鼠标拾取并移动机构。

动态（Dynamics）：研究机构在受力后的运动。

执行电动机（Force Motor）：作用于旋转轴或平移轴上(引起运动)的力。

齿轮副连接（Gear Pair Connection）：应用到两连接轴的转速约束。

基础（Ground）：不移动的主体。其他主体相对于基础运动。

机构（Joints）：特定的连接类型（例如销机构、滑块机构和球机构）。

运动（Kinematics）：不考虑移动机构所需力的运动。

环连接（Loop Connection）：添加到运动环中的最后一个连接。

动作（Motion）：主体受电动机或负荷作用时的移动方式。

放置约束（Placement Constraint）：装配中放置元件并限制该元件在装配中运动的图元。

回放（Playback）：记录并重放分析运行的结果。

伺服电动机（Servo Motor）：定义一个主体相对于另一个主体运动的方式。可在机构或几何图元上放置电动机，并可指定主体间的位置、转速或加转速运动。

LCS：与主体相关的局部坐标系。LCS 是与主体中定义的第一个零件相关的默认坐标系。

UCS：用户坐标系。

WCS：全局坐标系。装配的全局坐标系，它包括用于装配及该装配内所有主体的全局坐标系。

　　运动分析的定义：在满足伺服电动机轮廓和机构连接、凸轮从动机构、槽从动机构或齿轮副连接的要求的情况下，函数类型拟机构的运动。运动分析不考虑受力，它函数类型拟除质量和力之外的运动的所有方面。因此，运动分析不能使用执行电动机，也不必为机构指定质量属性。运动分析忽略模型中的所有动态图元，如弹簧、阻尼器、重力、力/扭矩以及执行电动机等，所有动态图元都不影响运动分析结果。如果伺服电动机具有不连续轮廓，在运行运动分析前软件会尝试使其轮廓连续，如果不能使其轮廓连续，则此伺服电动机将不能用于分析。

第**4**章

运动分析

本章导读

给机构添加相应的要素（如伺服电动机、力/力矩、质量属性等）后，就可以对机构进行相应的分析。对于同一机构模型，通过施加不同的要素，以及对机构中的主体锁定或临时改变约束条件等，可以对机构的多种工作状况进行分析研究。本章主要讲述机构的位置、运动学、动态、静态以及力平衡等分析。

重点与难点

- 机构分析
- 分析结果
- 常规机构仿真

4.1　机构分析

在对设计的机构添加相应要素（如伺服电动机、力/扭矩、质量属性等）后，选择功能区中的"机构"→"分析"→"机构分析"命令 ⚒，系统弹出"分析定义"对话框，如图 4-1 所示。

（1）在"名称"文本框可以自定义分析名称，也可以接受系统默认名称。

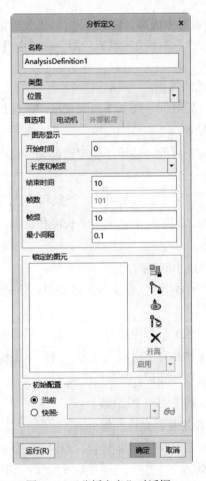

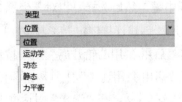

图 4-1　"分析定义"对话框　　　　　　　　图 4-2　类型选项

（2）在"类型"下拉列表中选择分析类型：位置、运动学、动态、静态、力平衡等，如图 4-2 所示。

❑　"位置"分析：通过伺服电动机带动机构运动，对主体的运动位置进行分析。

❑　"运动学"分析：通过伺服电动机带动机构运动，对其进行运动分析。

❑　"动态"分析（即动力学分析）：对机构中具有质量属性的主体施加转动惯量、外力，对其进行运动分析研究。

❑ "静态"分析（即静力学分析）：研究稳定状态，力对主体的作用。

❑ "力平衡"分析：研究分析使机构保持特定形态时的力。

（3）"首选项"选项卡用于进行图形显示设置以及初始配置。

（4）"电动机"选项卡用于添加、删除电动机。

（5）"外部载荷"选项卡用于添加、删除外部载荷以及重力和摩擦力的启动设置。

4.1.1 位置分析

在"分析定义"对话框的"类型"下拉列表框中选择"位置"选项，"分析定义"对话框如图 4-3 所示。对于位置分析，需要对"首选项"和"电动机"两个选项卡进行设置，具体设置内容如下：

（1）"图形显示"选项组用于设置机构运动的显示。

❑ "开始时间"文本框定义机构运动的开始时间。在其下拉列表框中选择机构运动设置选项：长度和帧频、长度和帧数、帧频和帧数。

❑ "结束时间"文本框定义机构运动的终止时间，适用于长度和帧频、长度和帧数两个选项。

❑ "帧数"文本框定义机构运动的帧数。适用于长度和帧数、帧频和帧数两选项。

❑ "帧频"文本框定义机构运动的帧与帧之间的时间。适用于长度和帧频、帧频和帧数两选项。

❑ "最小间隔"文本框定义帧之间显示的最小间隔时间。

（2）"锁定的图元"选项组用于锁定不必要的自由度。定义分析过程中被锁定的主体，其名称显示在该列表框中。

❑ 单击"创建主体锁定"工具按钮🔲，在 3D 模型中选择一个主体，然后再选择一个或多个主体，使其相对第一个主体锁定。若主体相对于坐标系锁定，只需单击该按钮，单击鼠标中键，然后选择要相对于坐标系锁定的主体即可。

❑ 用"创建连接锁定"工具按钮🔧锁定机构中的一个连接。

❑ "启用/禁用凸轮升离"工具按钮👌可设定是否允许凸轮分离。

❑ "启用/禁用连接"工具按钮👍用于启动或锁定机构中的连接。单击该工具按钮，在 3D 模型中选择连接，在"选择"对话框中单击"确定"按钮，该连接就添加到列表框中。

❑ "删除图元"工具按钮✖用于在锁定对象列表中，删除选定的锁定对象。

（3）"初始配置"选项组明确分析开始时机构的初始形态或初始条件。

❑ 点选"当前"单选按钮，表示以当前屏幕显示的形态作为分析的初始条件。

❑ 点选"快照"单选按钮，表示选择一个快照作为分析的初始条件。

（4）"电动机"选项卡，如图 4-4 所示，该选项卡用来控制在分析过程中使用哪个电动机。

❑ "添加新行"工具按钮🔳用于在电动机列表中添加一个已经定义的电动机。

❑　"删除突出显示的行"工具按钮 用于在电动机列表中删除选中加亮的电动机。

❑　"添加所有电动机"工具按钮 用于将定义的所有电动机添加到电动机列表中，系统默认设置。

図 4-3　"分析定义"对话框　　　　　　　图 4-4　"电动机"选项卡

以下面以 3.2.1 节中创建的凸轮连接为例，讲解位置分析功能的使用方法。

（1）打开装配文件"凸轮.asm"。

（2）选择功能区中的"应用程序"→"机构"命令，系统自动进入机构设计平台。

（3）选择功能区中的"机构"→"分析"→"机构分析"命令 ，系统弹出"分析定义"对话框。

（4）在"分析定义"对话框的"类型"下拉列表框中选择"位置"选项，在"结束时间"文本框中键入 20，"帧频"文本框中键入 15。

（5）单击"运行"按钮，效果参见凸轮目录下的视频文件"凸轮.avi"。

4.1.2　运动学分析

在不考虑力、质量、惯量的情况下，仅对机构进行运动分析时，可以使用运动学和位置的类型。由于仅考虑机构的运动，所以这两种类型不需要指定质量属性、弹簧、阻尼器、重力、力/扭矩以及执行电动机等外部载荷。"外部载荷"选项卡为灰色不可用状态。

位置分析和运动学分析使用方法相同，分析结果有所不同，见表 4-1。

表 4-1　位置分析和运动学分析比较表

	运动学分析	位置分析
位置	√	√
速度、加速度	√	×
运动干涉	√	√
轨迹曲线	√	√
运动包络	√	√

下面以 3.2.3 节中创建的齿轮连接为例，讲解运动分析功能的使用方法。

（1）打开装配文件"齿轮.asm"。

（2）选择功能区中的"应用程序"→"机构"命令，系统自动进入机构设计平台。

（3）选择功能区中的"机构"→"分析"→"机构分析"命令，系统弹出"分析定义"对话框。

（4）在"分析定义"对话框的"类型"下拉列表框中选择"运动学"选项，在"结束时间"文本框中键入 20，"帧频"文本框中键入 15。

（5）单击"运行"按钮，效果参见凸轮目录下的视频文件"齿轮.avi"。

4.1.3　动态分析

在考虑力、质量、惯量等外力作用的情况下，对机构进行分析可以使用"动态"选项。在"分析定义"对话框的"类型"下拉列表框中选择"动态"选项，对话框下方的"初始配置"选项组中的"快照"单选按钮变为"初始条件状态"单选按钮，可以直接选取已设置好的初始条件，而不是像运动学和位置采用快照作为初始状态，如图 4-5 所示。

注意

动态分析类型中，不能为伺服电动机指定起止时间，只能指定运行时间。

在动态分析时还需要设置"外部载荷"选项组，如图 4-6 所示。

❑　"添加新行"工具按钮用于在外部载荷列表中添加一个已经定义的外部载荷。

❑　"删除突出显示的行"工具按钮用于在外部载荷列表中删除选中加亮的外部载荷。

❑　"添加所有外部载荷"工具按钮用于将定义的所有外部载荷添加到列表中，系统默认设置。点选"启用重力"单选按钮，重力在机构分析过程中起重力作用。点选"启动所有摩擦"单选按钮，分析机构过程中，所有摩擦力不可忽略。

定义完成后单击"运行"按钮，系统就会根据运动模型和运动环境作用于机构，并将结果用*.pbk 的文件放置在内存中，以便用其输出分析结果。

图 4-5　"初始配置"选项组　　　　　　　图 4-6　"外部载荷"选项卡

下面以钟摆为例，讲解动态分析的过程。

（1）选择功能区中的"文件"→"管理会话"→"选择工作目录"命令，系统弹出"选择工作目录"对话框，选择摆钟零部件所在的文件夹，单击"确定"按钮。

（2）选择功能区中的"文件"→"新建"命令，系统弹出"新建"对话框。在对话框中点选"装配"单选按钮，在"名称"文本框中键入"钟摆"，取消"使用默认模板"复选框，单击"确定"按钮，系统弹出"新文件选项"对话框，选中"mmns_asm_design_abs"模板选项，单击"确定"按钮装配工作平台。

（3）选择功能区中的"模型"→"元件"→"创建"命令，系统弹出"创建元件"对话框，如图 4-7 所示。

（4）点选"骨架模型"单选按钮，接受默认名称。单击"确定"按钮，系统弹出"创建选项"对话框，如图 4-8 所示。

图 4-7　"创建元件"对话框　　　　　　　图 4-8　"创建选项"对话框

（5）点选"创建特征"单选按钮，单击"确定"按钮，完成摆钟骨架的设计。

（6）选择功能区中的"模型"→"基准"→"轴"命令✦，系统弹出"基准轴"对话框。

（7）在工作区选择基准平面 ASM_RIGHT，按 Ctrl 键在工作区选择基准平面 ASM_TOP，该基准平面添加到基准轴参考列表框中，如图 4-9 所示。单击"确定"按钮，完成基准轴的创建。

（8）选择功能区中的"视图"→"窗口"→"激活"命令☑，激活当前工作模块进入装配工作台。

（9）选择功能区中的"模型"→"元件"→"组装"命令🗗，系统弹出"打开"对话框，选择元件 a.prt 加载到当前工作台中。

（10）在"连接类型"下拉列表框中选择"销"选项，单击"放置"下滑按钮，系统弹出的"放置"下滑面板，在销连接下自动添加"轴对齐""平移"选项。

（11）选中"轴对齐"约束选项，在 3D 模型中选择元件 a.prt 孔的轴线和基准轴 A_1，如图 4-10 所示。

图 4-9 "基准轴"对话框

图 4-10 轴对齐

（12）选中"平移"连接选项，在 3D 模型中选择元件 a.prt 的 TOP 面和基准平面 ASM_FRONT。

（13）"状况"栏显示"完成连接定义"，单击"确定"按钮，完成中摆钟杆销连接。

（14）选择功能区中的"模型"→"元件"→"组装"命令🗗，系统弹出"打开"对话框，选择元件 b.prt 加载到当前工作台中。

（15）在 3D 模型中选择摆钟杆轴和元件 b.prt 上孔的中心，约束类型为"重合"，如图 4-11 所示。

（16）单击"新建约束"按钮，"约束类型"选择"相切"，然后在 3D 模型中选择摆钟杆台阶端面和摆钟盘外周圆面，相切约束创建完成，如图 4-12 所示。

（17）单击"新建约束"按钮，"约束类型"选择选中"平行"，将摆钟杆上圆环端面与摆钟盘端面平行，如图 4-13 所示。

（18）选择功能区中的"应用程序"→"机构"命令，系统自动进入机构设计平台。

（19）选择功能区中的"机构"→"属性和条件"→"质量属性"命令🖱，系统弹出

"质量属性"对话框，在"参考类型"下拉列表框中选择"零件或顶层布局"选项。

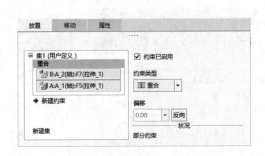

图 4-11　重合约束

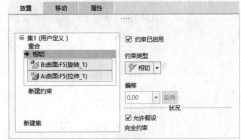

图 4-12　相切约束

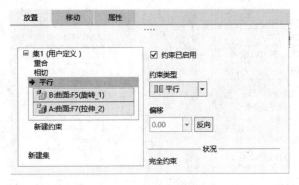

图 4-13　平行约束

（20）在 3D 模型中选择元件 b.prt。

（21）在 3D 模型中选择元件 b.prt 的坐标系 PRT_CSYS_DEF。

（22）在"定义属性"选项栏中选取类型为"密度"，在"密度"文本框中键入 7.85，如图 4-14 所示。

（23）在"质量属性"对话框中，单击"确定"按钮，完成零件 B 质量属性的设置；

（24）使用同样的方法，对装配进行质量属性的设置，"质量属性"对话框如图 4-15 所示。

（25）选择功能区中的"机构"→"运动"→"拖动元件"命令 ，系统弹出"拖动"对话框，如图 4-16 所示。单击"快照"下拉箭头，展开"快照"选项卡。

（26）在对话框中单击"约束"选项卡，然后单击"运动轴约束"按钮 ，系统弹出"选择"对话框，在 3D 模型中选择"建模模块"中设置的连接轴，单击"选择"对话框中的"确定"按钮，该轴添加到列表中。

（27）选中列表框中的"Connection_1.axis_1 轴位置"复选框，并使其高亮显示，在列表框下边"值"文本框中键入 80，按下 Enter 键，效果如图 4-17 所示。

（28）在"拖动"对话框中，单击"关闭"按钮完成拖动的设置。

（29）选择功能区中的"机构"→"分析"→"机构分析"命令 ，系统弹出"分析定义"对话框。

（30）在对话框中"类型"下拉列表框中选择"动态"选项，在"持续时间"文本框中键入 20，在"帧频"文本框中键入 100。

图 4-14　"质量属性"对话框

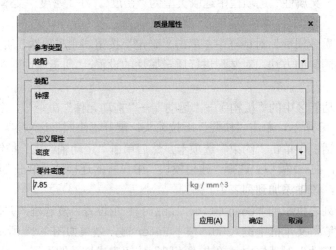

图 4-15　"质量属性"对话框

（31）单击对话框中的"外部载荷"选项卡，勾选"启用重力"复选框。

（32）单击"运行"按钮，效果见目录下的"钟摆.avi"视频文件。

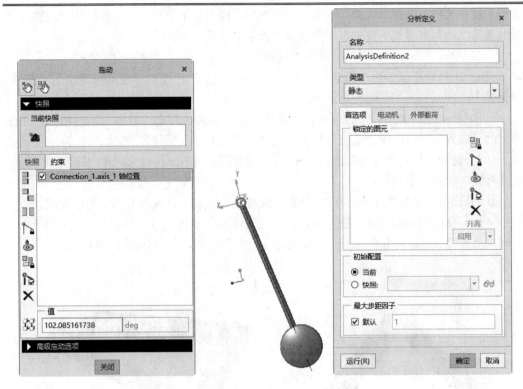

图 4-16　"拖动"对话框　　图 4-17　拖动后的摆钟　图 4-18　"分析定义"对话框

4.1.4　静态分析

　　静态分析主要用于研究机构主体平衡时的受力情况。由于静态分析中不考虑速度及惯性，所以能比动态更快地找到平衡状态。因此定义对话框中也无需设置起止时间，"分析定义"对话框如图 4-18 所示。该对话框中大部分内容参见前面介绍，这里只讲解前面没有提及到的内容。

　　在"最大步距因子"选项组用于改变静态分析中的默认步长，它是大于 0 且小于 1 的常数，在分析具有较大加速度的机构时，推荐减少此值。

　　下面以四连杆为例，讲解静态分析过程。

　　（1）选择功能区中的"文件"→"管理会话"→"选择工作目录"命令，系统弹出"选择工作目录"对话框，选择四连杆零部件所在的文件夹，单击"确定"按钮。

　　（2）选择功能区中的"文件"→"新建"命令，系统弹出"新建"对话框，在对话框中点选"装配"单选按钮，在"名称"文本框中键入"LG4"，取消"使用默认模板"复选框，单击"确定"按钮，系统弹出"新文件选项"对话框，选中"mmns_asm_design_abs"模板选项，单击"确定"按钮装配工作平台。

　　（3）选择功能区中的"模型"→"元件"→"组装"命令 🔩，在系统弹出的"打开"对话框中选择 a.PRT 加载到当前工作台中。

　　（4）在"连接类型"下拉列表框中选择"用户定义"选项，然后在其后的"当前约束"下拉列表框中选择"固定"选项，或者单击"放置"下滑按钮，在弹出的"放置"下滑面板的"约束类型"下拉列表框中选择"固定"选项。

（5）单击"确定"按钮，完成主体的固定。

（6）选择功能区中的"模型"→"元件"→"组装"命令🔗，在系统弹出的"打开"对话框中选择 b.PRT 加载到当前工作台中。

（7）在"连接类型"下拉列表框中选择"销"选项，单击"放置"下滑按钮，系统弹出的"放置"下滑面板，在销连接下自动添加"轴对齐""平移"选项。

（8）选中"轴对齐"约束选项，在 3D 模型中选择元件 a.prt 的孔轴线和元件 b.prt 的孔轴线，如图 4-19 所示。

（9）选中"平移"选项，在 3D 模型中选择元件 a.prt 和元件 b.prt 的结合面。

（10）使用同样的方法，在元件 c.prt 与元件 b.prt 之间、元件 d.prt 与元件 c.prt 之间以及元件 d.prt 与元件 a.prt 之间均建立"销"连接，效果如图 4-20 所示。

图 4-19　元件销连接

图 4-20　四连杆机构

（11）选择功能区中的"应用程序"→"机构"命令，系统自动进入机构设计平台。

（12）选择功能区中的"机构"→"属性和条件"→"质量属性"命令🔊，系统弹出"质量属性"对话框，在"参考类型"下拉列表框中选择"装配"选项。

（13）在 3D 模型中选择装配文件"LG4.asm"。

（14）在"质量属性"对话框的"定义属性"下拉列表框中选择"密度"选项，在"零件密度"文本框中键入 7.85，如图 4-21 所示，单击"确定"按钮，完成质量属性的设置。

（15）选择功能区中的"机构"→"属性和条件"→"重力"命令⬛，系统弹出"重力"对话框，在"方向"选项组中"X"文本框中键入 1，"Y"文本框中键入 0，"Z"文本框中键入 0，单击"确定"按钮，完成机构重力方向的设置，如图 4-22 所示紫色箭头。

（16）选择功能区中的"机构"→"分析"→"机构分析"命令✕，系统弹出"分析定义"对话框。

（17）在"分析定义"对话框中，"类型"下拉列表框中选择"静态"选项。

（18）单击"外部载荷"选项卡，勾选"启用重力"复选框，单击"运行"按钮，效果见目录下的"连杆 4.avi"视频文件，同时系统弹出静态分析进程曲线，如图 4-23 所示。

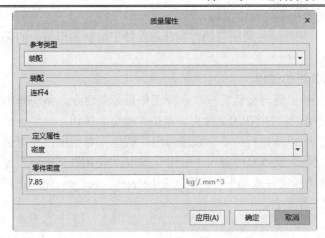

图 4-21 "质量属性"对话框

图 4-22 重力方向

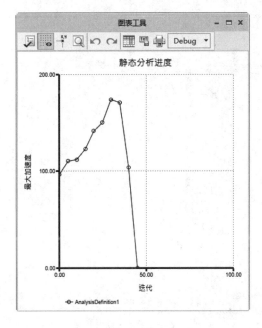

图 4-23 静态分析进程曲线

4.1.5 力平衡分析

力平衡分析用于分析机构处于某一形态时，为保证其静平衡所需施加的外力。在"分析定义"对话框的"类型"下拉列表框中选择"力平衡"选项，如图 4-24 所示。

单击"创建测力计锁定"按钮 ，系统弹出"选择"对话框，在 3D 模型中选择点作为对象，随后系统弹出"测力计矢量"文本框，如图 4-25 所示。通过对话框中 X、Y、Z 3 个分量方式指出力的方向。

"自由度"选项组用于对机构自由度进行自由度检测。单击"评估"按钮 进行分析评估，并在"DOF"文本框中显示当前模型的自由度数。

机构设置完成，经过运行分析系统就能按照所需的方向计算保持平衡状态所需力的大小。

下面以吊钩为例，讲解力平衡分析的过程。

（1）选择功能区中的"文件"→"管理会话"→"选择工作目录"命令，系统弹出"选择工作目录"对话框，选择吊钩零部件所在的文件夹，单击"确定"按钮。

（2）选择功能区中的"文件"→"新建"命令，系统弹出"新建"对话框，在对话框中点选"装配"单选按钮，在"名称"文本框中键入"吊钩"，取消"使用默认模板"复选框，单击"确定"按钮，系统弹出"新文件选项"对话框，选中"mmns_asm_design_abs"模板选项，单击"确定"按钮装配工作平台。

图 4-24　"力平衡"选项　　　　图 4-25　"测力计矢量"文本框

（3）选择功能区中的"模型"→"元件"→"创建"命令，系统弹出"创建元件"对话框。

（4）在"创建元件"对话框中，点选"骨架模型"单选按钮，接受默认名称，单击"确定"按钮，系统弹出"创建选项"对话框。

（5）在"创建选项"对话框中，点选"创建特征"单选按钮，单击"确定"按钮，完成带传动骨架的设计。

（6）选择功能区中的"模型"→"基准"→"轴"命令，系统弹出"基准轴"对话框。

（7）在工作区选择基准平面 ASM_RIGHT，按 Ctrl 键，在工作区选择基准平面 ASM_TOP，该基准平面添加到基准轴参考列表框中，单击"确定"按钮，完成基准轴的创建。

（8）选择功能区中的"视图"→"窗口"→"激活"命令☑，激活当前工作模块，进入装配工作台。

（9）选择功能区中的"模型"→"元件"→"组装"命令，在系统弹出的"打开"对话框中选择 DG.PRT 加载到当前工作台中。

（10）在下拉列表框中选择"销"选项，单击"放置"下滑按钮，系统弹出"放置"下滑面板，在销连接下自动添加"轴对齐""平移"选项。

（11）在"放置"下滑面板中，选中"轴对齐"约束选项，在 3D 模型中选择元件 DG.prt 的孔轴线和 A_1 轴线。

（12）在"放置"下滑面板中，选中"平移"选项，在 3D 模型中选择元件 DG.prt 的端面和 ASM_FRONT 面。

（13）在操控面板"状况"栏显示"完成连接定义"，单击"确定"按钮，完成吊钩销连接。

（14）选择功能区中的"应用程序"→"机构"命令，系统自动进入机构设计平台。

（15）选择功能区中的"机构"→"属性和条件"→"质量属性"命令，系统弹出"质量属性"对话框，在"参考类型"下拉列表框中选择"装配"选项。

（16）在 3D 模型中选择装配文件"吊钩.ASM"。

（17）在"零件密度"文本框中键入 7.85，单击"确定"按钮，完成质量属性的设置。

（18）选择功能区中的"机构"→"属性和条件"→"重力"命令，系统弹出"重力"对话框，在"方向"选项组的"X"文本框中键入 1，"Y"文本框中键入-1"Z"文本框中键入 0，单击"确定"按钮，完成机构重力方向的设置。

（19）选择功能区中的"机构"→"分析"→"机构分析"命令，系统弹出"分析定义"对话框。

（20）在"分析定义"对话框的"类型"下拉列表框中选择"力平衡"，单击"创建测力计锁定"按钮，系统弹出"选择"对话框，在 3D 模型中选择图 4-26 所示的点作为对象，随后系统弹出"测力计矢量的 X 分量"文本输入框，输入矢量为 1；随后系统弹出"测力计矢量的 Y 分量"文本输入框，输入矢量为 2；随后系统弹出"测力计矢量的 Z 分量"文本输入框，输入矢量为 3；通过对话框中三个分量方式指出力的方向，效果如图 4-27 所示。

（21）单击"外部载荷"选项卡，勾选"启用重力"复选框，单击"运行"按钮，系统弹出"力平衡反作用负荷"对话框，如图 4-28 所示，对话框中显示测力计约束处的反作用力大小。

  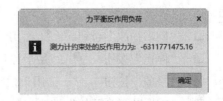

图 4-26 选择点　　图 4-27 测力计矢量　　图 4-28 "力平衡反作用负荷"对话框

4.2 分析结果

分析结果是机构分析的主要目的。通过使用"机械设计"模块和"机构"模块创建机构模型，使用机构分析工具对创建的模型进行分析，将分析结果保存在模型中。使用本节中的回放、测量、轨迹曲线等工具将分析结果表达出来，有利于对机构进行直观分析，对设计结果进行优化。

4.2.1 回放

"回放"工具，是对机构进行运动干涉检测，创建运动包络和动态影像捕捉等的工具。选择功能区的"机构"→"分析"→"回放"命令，系统弹出"回放"对话框，如图4-29所示。

（1）"播放当前结果集"工具按钮，用于对当前选中的分析结果集进行播放。单击该按钮，系统弹出"动画"对话框，如图4-30所示，该对话框中按钮用于控制动画播放。

图 4-29 "回放"对话框

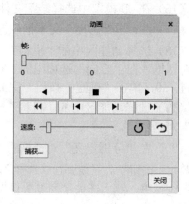

图 4-30 "动画"对话框

注意

回放功能是对内存中的分析运行结果进行分析，每次运行回放功能，必须先进行分析运行或者从磁盘中恢复结果集。

❑ "帧"选项组中滑块用于控制机构运动的位置。拖动滑块左右移动，机构随之而动。

❑ "向后播放"按钮 ◄ 用于控制动画向后连续播放。

❑ "停止"按钮 ■ 用于停止当前的动画播放。

❑ "播放"按钮 ► 用于控制动画向前连续播放。

❑ "重置动画到开始"按钮 ◄◄ 用于重新播放动画。

- ❏ "显示前一帧"按钮 ◄┃ 用于显示前一帧。
- ❏ "显示下一帧"按钮 ┃► 用于显示下一帧。
- ❏ "向前播放动画到结束"按钮 ►► 用于快进到结束。
- ❏ "重复播放动画"按钮 ↻ 用于循环播放。
- ❏ "在结束时反转方向"按钮 ↩ 用于在播放结尾反转继续播放。
- ❏ "速度"滑块用于控制动画播放速度。
- ❏ "捕获"按钮用于将当前动画捕获成图片或动态影像。单击该按钮,系统弹出"捕获"对话框,如图 4-31 所示。可以在对话框中定义捕获后文件名称以及设置保存路径;也可以设置捕捉类型 MPEG、JPEG、TIFF、BMP、AVI;还可以设置图像的大小和质量。

图 4-31　"捕获"对话框

（2）"从磁盘恢复结果集"按钮 📂 用于加载机构回放文件。

（3）"将当前结果集保存到磁盘"按钮 💾 将当前机构运行分析结果保存到磁盘中。

（4）"从会话中移除当前结果集"按钮 ✖ 用于从内存中将分析结果移除掉。

（5）"将结果导出到*.FRA 文件"按钮 📤 用于将当前内存中的分析运行结果保存到磁盘中,文件为*.FRA。

（6）"创建运动包络"按钮 🖐 用于将分析运行结果生成包络体,生成的输出格式有零件、STL、轻重量零件、VRML 等。单击该工具按钮,系统弹出"创建运动包络"对话框,如图 4-32 所示。

- ❏ "质量"选项组用于设置包络体质量高低,数值越高生成的包络体质量越高,要求计算机内存更大,调整微调按钮,系统弹出"运动包络块报警"对话框,如图 4-33 所示。
- ❏ "元件"选项组用于对生成包络体的机构中元件的选取,默认为全部机构中的元件。
- ❏ "特殊处理"选项组用于设置生成包络体是否忽略骨架和面组。
- ❏ "颠倒三角对"按钮用于在包络体表面生成三角形,如图 4-34 所示为凸轮包络体。

❑　"输出格式"选项组用于设置包络体输出的格式有零件、STL、轻重量零件、VRML四种，单击"创建"按钮，包络体就生成了。

（7）"结果集"选项组用于选择内存中的运动分析结果。

（8）"碰撞检测设置"按钮用于设置运动分析过程中碰撞检测设置，单击该按钮，系统弹出"碰撞检测设置"对话框，如图4-35所示。

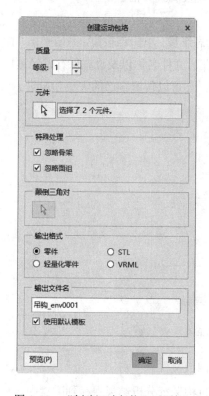

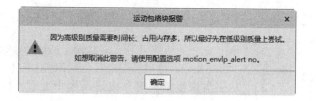

图4-32　"创建运动包络"对话框　　　图4-33　"运动包络块报警"对话框

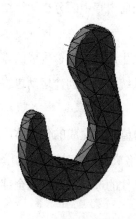

图4-34　添加颠倒三角对的包络体　　　图4-35　"碰撞检测设置"对话框

❑　"常规"选项组用于设置是否进行碰撞检测，检测全局碰撞还是部分碰撞。点选

"无碰撞检测"单选按钮，表示运动分析过程中不进行碰撞检测；点选"全局碰撞检测"单选按钮，表示运动分析过程中进行全部碰撞检测；点选"部分碰撞检测"单选按钮，表示运动分析过程中进行部分碰撞检测。按 Ctrl 键，在 3D 模型中选取需要进行碰撞检测的元件。勾选"包括面组"复选框，表示运动分析过程中碰撞检测的对象包括面组。

❑　"可选"选项组用于设置发生碰撞时进行的操作，勾选"碰撞时铃声警告"复选框，表示发生冲突时会发出消息铃声；勾选"碰撞时停止动画回放"复选框，表示发生碰撞时停止动画回放。

（9）"影片排定"选项卡用于设置影片播放是否显示时间以及设置进步表。

（10）"显示箭头"选项卡设置回放过程中显示测量、载荷等箭头。单击该选项卡，"回放"对话框更新为如图 4-36 所示。

❑　"测量"选项组用于设置在回放中显示的测量箭头，选中列表框中选项前的复选框，该测量项将在回放过程中显示。

❑　"输入载荷"选项组用于设置在回放中显示载荷箭头，选中列表框中选项前的复选框，该载荷将在回放过程中显示。

❑　"比例"选项组设置力、力矩、速度、加速度等运动参数在回放中箭头显示的大小比例，在列表框中选择选项，在其后的文本框中键入显示比例或用其后的调节轮盘调节。

❑　"注释"选项组设置是否在回放过程中显示名称和数值。

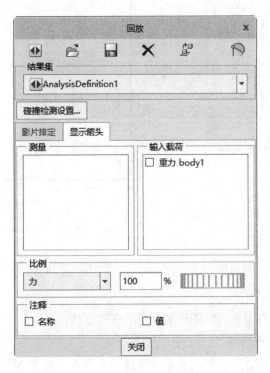

图 4-36　"回放"对话框

4.2.2 测量

"测量"工具用于精确测量机构运动过程中的参数。选择功能区中的"机构"→"分析"→"测量"命令，系统弹出"测量结果"对话框，如图 4-37 所示。

注意

测量功能是对内存中的分析运行结果进行测量分析。每次设置测量功能，必须先进行运行分析或者从磁盘中恢复结果集。

（1）"根据选定结果集绘制选定测量的图形"按钮：是将选定的结果集中的所选测量的结果以图形表达出来。在"结果集"列表框中选择运动分析结果，在"测量"列表框中选择测量（可以多选），单击该按钮，系统弹出"图形工具"对话框，如图 4-38 所示。

图 4-37 "测量结果"对话框

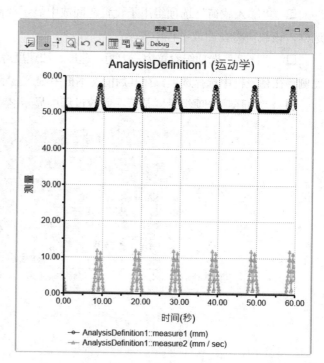

图 4-38 "图形工具"对话框

该对话框的内容如下：

：显示或隐藏查看和管理图形的命令所在的窗格。

：显示或隐藏栅格线。

：将光标放于数据点上时，显示或隐藏该数据点的 X 和 Y 坐标。

：重新调整图形。

：将数据导出到 Excel 文件。

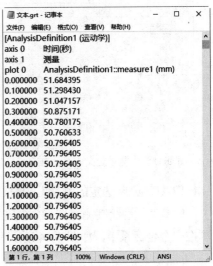

📄：将数据导出到.GRT 文本文件。

🖨：将图标发送至打印机。

单击"将数据导出到 Excel 文件"按钮 📊，在弹出的"导出至"对话框中选择保存的路径和文件名称，保存后的 Excel 文件效果如图 4-39 所示；单击"将数据导出到.GRT 文本文件"按钮 📄，在弹出的"导出至文本"对话框中选择保存的路径和文件名称，保存后的文本文件效果如图 4-40 所示。

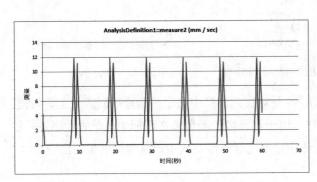

图 4-39　Excel 文件效果　　　　　　　　图 4-40　文本文件效果

（2）"从文件加载结果集"按钮 📂：用于加载机构回放文件*.pbk。

（3）"创建或更新与选定测量相对应的 Creo 参数"按钮 📊：用于更新当前选择的测量参数。

（4）"图形类型"下拉列表框：用于选择图形类型，包括测量对时间、测量对测量。

（5）"测量"选项组用于创建、修改测量项。列表框中显示创建的各测量项。

❑　"创建新测量"工具按钮 🗋：用于创建一个新的测量项。单击该按钮，系统弹出"测量定义"对话框，如图 4-41 所示。"名称"文本框用于定义新创建测量项的名称；"类型"选项组用于定义新创建测量项所测量的内容类型：位置、速度、加速度等，如图 4-42 所示；"点或运动轴"选项组用于定义新创建测量的目标，单击"选取"箭头按钮 ⭷，在 3D 模型中选择主体上的点或运动轴；"评估方法"选项组用于选择新创建测量项的评估方法：每个时间步长、最大、最小、整数等选项，如图 4-43 所示。

❑　"编辑选定的测量"工具按钮 ✏：是对选中列表框中的测量项进行编辑的工具按钮。选中所要编辑的测量项，单击该工具按钮，系统弹出"测量定义"对话框，使用该对话框就可以完成测量项的编辑修改。

❑　"复制选定的测量"工具按钮 📋：是对列表框中的测量项进行复制，生成新的测量项，然后"编辑选定的测量"工具对其进行编辑。使用该工具可以方便准确地对机构中的点进行测量分析，大大减少选点所用时间和选点的误差。

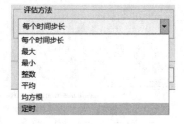

图 4-41 "测量定义"对话框　　　图 4-42 测量类型　　　图 4-43 评估方法

❑　"删除选定的测量"工具按钮✖：是对在列表框中选定的测量项删除的工具按钮。

❑　"分别绘制测量图形"复选框：用于设置多个测量项在图形中是单独绘制还是绘制在一个坐标系中，如图 4-44 所示为选中该复选框与没有选中该复选框效果的比较。

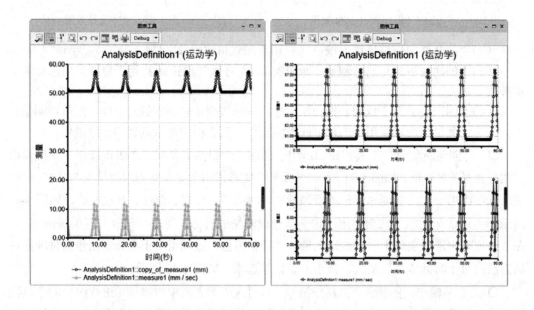

图 4-44 比较图

（6）"结果集"选项组用于显示内存中存在的运动分析结果。

下面以前面讲过的凸轮机构为例，讲解"测量"工具的使用步骤。

（1）打开目录下装配文件"凸轮.asm"。

（2）选择功能区中的"应用程序"→"机构"命令，系统自动进入机构设计平台。

（3）在机构树中，右键单击分析树下的 AnalysisDefinition1，在弹出的下拉菜单中选择"运行"按钮，如图 4-45 所示，凸轮机构就开始运行。

（4）等机构运行结束后，选择功能区中的"机构"→"分析"→"测量"命令，系统弹出"测量结果"对话框。

（5）单击"创建新测量"工具按钮，系统弹出"测量定义"对话框，在"类型"下拉列表框中选择"速度"选项。

（6）单击"点或运动轴"选项组中的"选取"箭头按钮，在 3D 模型中选取一点，其他选项为默认值，单击"确定"按钮，完成测量 1 的创建。

（7）在"测量"列表框中选中"measure1"选项使其高亮显示，单击"复制选定的测量"工具按钮，一个新的测量项创建完成。

（8）选中复制的测量项，单击"编辑选定的测量"工具按钮，系统弹出"测量定义"对话框，在"类型"下拉列表框中选择"位置"选项，其他选项为默认值，单击"确定"按钮，完成测量 2 的修改。

（9）在"结果集"列表框中选中"AnalysisDefinition1"运动分析结果。

（10）按 Ctrl 键，在"测量"列表框中选中 measure1 和 copy_of_measure1 测量项。

（11）单击"根据选定结果集绘制选定测量的图形"按钮，系统弹出"图形工具"对话框，如图 4-46 所示。

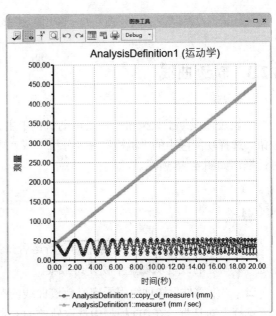

图 4-45   机构分析运行   图 4-46   图形工具

（12）单击"将数据导出到 Excel 文件"按钮，选择当前目录，在"文件名称"文本框中键入"凸轮"，单击"保存"按钮。

（13）打开"凸轮.xls"文件，效果如图 4-47 所示。

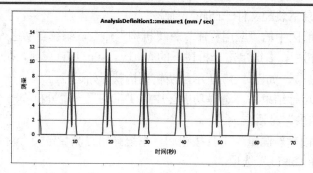

a）速度图

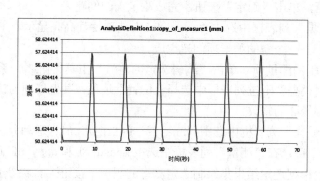

b）位置图

图 4-47 输出的为位置和速度曲线图

4.2.3 轨迹曲线

"轨迹曲线"工具按钮，是运动机构中主体上的点相对于零件生成运动曲线的工具按钮。选择功能区中的"机构"→"分析"→"轨迹曲线"命令，系统弹出"轨迹曲线"对话框，如图 4-48 所示。

 注意

> 轨迹曲线创建功能是对内存中的分析运行结果进行分析，每次创建轨迹曲线前，必须先进行分析运行或者从磁盘中恢复结果集。

❑ "纸零件"选项组用于定义轨迹曲线的参考。单击"选取"箭头按钮，系统弹出"选择"对话框，在 3D 模型中选取轨迹的参考元件。

❑ "轨迹"下拉列表框用于选择所要创建的轨迹曲线类型：轨迹曲线、凸轮合成曲线。

❑ "点、顶点或曲线端点"选项组用于选取创建轨迹曲线的对象。单击"选取"箭头按钮，系统弹出"选择"对话框，在 3D 模型中选取创建轨迹对象。

□　"曲线类型"选项组用于设置创建的轨迹曲线是 2D 曲线还是 3D 曲线。

□　"结果集"选项组用于选择所创建轨迹曲线是由哪个运动分析结果产生的。该列表框中显示所有内存中存在的运动分析结果。单击"从文件加载结果集"按钮，可以保存在磁盘中加载机构回放文件*.pbk。

图 4-48　"轨迹曲线"对话框

下面以图 4-49 所示的齿轮机构为例，讲解"轨迹曲线"命令的使用步骤。

（1）打开目录下装配文件"齿轮.asm"。

（2）选择功能区中的"应用程序"→"机构"命令，系统自动进入机构设计平台。

（3）在机构树中，右键单击分析树下的 AnalysisDefinition1，在弹出的下拉菜单中选择"运行"命令，如图 4-50 所示，齿轮机构就开始运行。

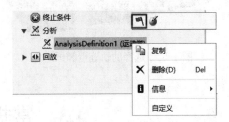

图 4-49　齿轮机构　　　　　　　　　图 4-50　机构树

（4）等机构运行结束后，选择功能区中的"机构"→"分析"→"轨迹曲线"命令，系统弹出"轨迹曲线"对话框。

（5）单击"纸零件"选项组中"选取"箭头按钮，系统弹出"选择"对话框，在

3D 模型中选取轨迹的参考元件 A.prt。

（6）单击"点、顶点或曲线端点"选项组中的"选取"箭头按钮 ，系统弹出"选择"对话框，在 3D 模型中选取元件 B.prt 的一个齿轮端点，如图 4-51 所示。

（7）在"结果集"列表框中选中"AnalysisDefinition1"选项，使其高亮显示，单击"确定"按钮，点的轨迹创建完成，效果如图 4-52 所示。

（8）选择功能区中的"机构"→"分析"→"轨迹曲线"命令 ，系统弹出"轨迹曲线"对话框。

（9）单击"纸零件"选项组中的"选取"箭头按钮 ，系统弹出"选择"对话框，在 3D 模型中选取第二个插入零件 B.prt 作为轨迹的参考元件，如图 4-53 所示。

（10）单击"点、顶点或曲线端点"选项组中的"选取"箭头按钮 ，系统弹出"选择"对话框，在 3D 模型中选取第一个插入的元件 B.prt 的一个齿轮端点，如图 4-53 所示。

（11）在"结果集"列表框中选中"AnalysisDefinition1"选项，使其高亮显示，单击"确定"按钮，点的轨迹创建完成，效果如图 4-54 所示。

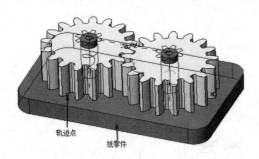

图 4-51　选择的轨迹点和纸零件

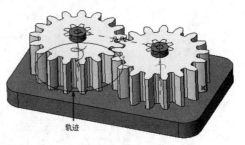

图 4-52　创建的轨迹

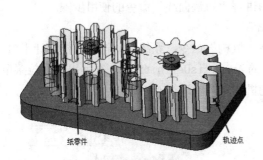

图 4-53　选择的轨迹点和纸零件

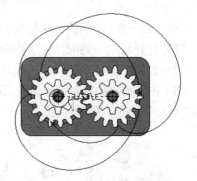

图 4-54　创建的轨迹

4.3　常规机构仿真

机构存在于常见的机械产品，如自行车、汽车、压面机、转椅等。这些机构按照原理可以分为连杆机构、齿轮机构、带传递机构等。本章中将详细介绍常见机构的仿真。

4.3.1　连杆机构

连杆机构利用一个转动的曲柄带动其他连杆旋转、摆动或往复运动。连杆机构具有以下功能：

❑ 由连续运动转变成另一种连续运动，其转速可为定值，也可随时间变化。

❑ 由连续运动转变为摆动或往复运动（或相反方向），其速度可能为定值或可变值。

❑ 由一种摆动方式转为另一种摆动方式，由一种往复运动转变成另一种往复运动，其速度可为定值或可变值。

连杆机构中最常见的，也是最简单的连杆结构就是四连杆机构。许多有用的机构均由四连杆机构改变而成。改变包括运动副的特征、连杆长度的比例等。较复杂的连杆机构则由两个或两个以上的这种机构组合而成。大部分的四连杆机构可以分为曲柄滑块机构和平行四边形机构两大类。

下面以图 4-55 所示的四连杆机构为例，讲解连杆机构运动分析过程。

1. 组装四连杆机构

（1）选择功能区中的"文件"→"管理会话"→"选择工作目录"命令，系统弹出"选择工作目录"对话框，选择四连杆零部件所在的文件夹，单击"确定"按钮。

（2）选择功能区中的"文件"→"新建"命令，系统弹出"新建"对话框，在对话框中点选"装配"单选按钮，在"名称"文本框中键入"四连杆"，取消"使用默认模板"复选框，单击"确定"按钮，系统弹出"新文件选项"对话框，选中"mmns_asm_design_abs"模板选项，单击"确定"按钮，装配工作平台。

（3）选择功能区中的"模型"→"元件"→"组装"命令，在系统弹出的"打开"对话框中，选择 a.PRT 加载到当前工作台中。

（4）在"连接类型"下拉列表框中选择"用户定义"选项，在其后的"当前约束"下拉列表框中选择"固定"选项，或者单击"放置"下滑按钮，在弹出的"放置"下滑面板的"约束类型"下拉列表框中选择"固定"选项。

（5）单击"确定"按钮，完成主体的固定。

（6）选择功能区中的"模型"→"元件"→"组装"命令，在系统弹出"打开"对话框中，选择 b.PRT 加载到当前工作台中。

（7）选择"连接类型"为"销"，单击"放置"下滑按钮，系统弹出的"放置"下滑面板，在销连接下自动添加"轴对齐""平移"选项。

（8）选中"轴对齐"约束选项，在 3D 模型中选择元件 a.prt 的孔轴线和元件 b.prt 的孔轴线，如图 4-56 所示。

（9）选中"平移"选项，在 3D 模型中选择元件 a.prt 和元件 b.prt 的结合面。

（10）使用同样的方法，在元件 c.prt 与元件 b.prt 之间，元件 d.prt 与元件 c.prt 之间，元件 d.prt 与元件 a.prt 之间均建立"销"连接。

2. 机构设置

（1）选择功能区中的"应用程序"→"机构"命令，系统自动进入机构设计平台。

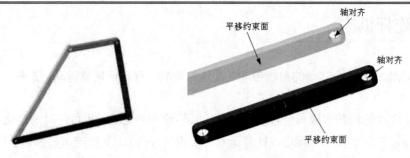

图 4-55　四连杆机构　　　　　　图 4-56　销约束元素

（2）选择功能区中的"机构"→"属性和条件"→"质量属性"命令 ，系统弹出"质量属性"对话框，在"参考类型"下拉列表框中选择"装配"选项，如图 4-57 所示。

（3）在 3D 模型中选择装配件"四连杆.asm"。

（4）在"质量属性"对话框的"定义属性"下拉列表框中选择"密度"选项，在"零件密度"文本框中键入 7.85，单击"确定"按钮，完成质量属性的设置。

（5）选择功能区中的"机构"→"属性和条件"→"重力"命令 ，系统弹出"重力"对话框，在"方向"选项组中的"X"文本框键入 1，"Y"文本框键入 0，"Z"文本框键入 0，单击"确定"按钮，完成机构重力方向的设置。

（6）选择功能区中的"机构"→"插入"→"伺服电动机"命令 ，系统弹出"电动机"操控面板，如图 4-58 所示。

（7）单击"参考"选项卡的"从动图元"列表框，在 3D 模型中选择运动轴，如图 4-59 所示。

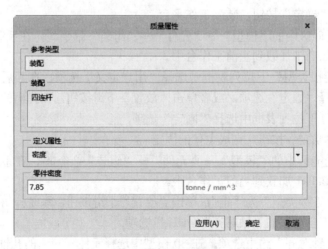

图 4-57　"质量属性"对话框

图 4-58　"电动机"操控面板

（8）单击"配置文件详情"选项卡，选择"驱动数量"下拉列表框中的"角速度"选项，选择"函数类型"下拉列表框中的"常量"选项，在"A"文本框中键入 360，对话框设置如图 4-60 所示，单击"确定"按钮，完成伺服电动机的创建。

图 4-59　选择运动轴　　　　　　　图 4-60　"配置文件详情"选项卡

3．运动分析

（1）自由度分析。

□　选择功能区中的"机构"→"分析"→"机构分析"命令，系统弹出"分析定义"对话框。

□　在"分析定义"对话框中，选择"类型"下拉列表框中的"力平衡"选项，单击"自由度"选项组中"DOF"右侧的"评估"按钮，在"DOF"文本框中显示为 0，表示模型系统的自由度为 0，如图 4-61 所示。

□　单击"确定"按钮，完成自由度分析。

注意

　　理论上，一个自由度代表只要确定机构中任意一个活动机构的位置，就可以确定机构中其他所有机构的位置。从数学意义来讲，整个机构只需要一个变量就可以确定下来。从实际应用的观点来看，可以认为一个有一个自由度的机构，只需一个伺服电动机就能驱动它。

（2）静态分析。

□　选择功能区中的"机构"→"分析"→"机构分析"命令，系统弹出"分析定义"对话框。

❑　在"分析定义"对话框中，"类型"下拉列表框中选择"静态"选项。

❑　单击"外部载荷"选项卡，勾选"启用重力"复选框，单击"运行"按钮，四连杆机构从初始状态运行到平衡状态停止，效果如图 4-62 所示。

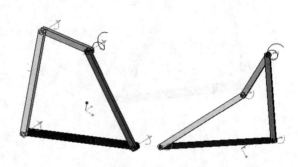

图 4-61　"分析定义"对话框　　　　　　　图 4-62　分析前后

❑　同时，系统弹出四连杆加速度曲线图，效果如图 4-63 所示。

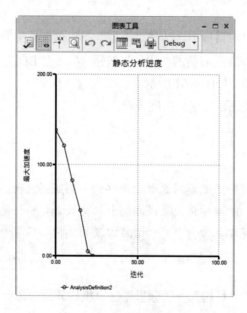

图 4-63　最大加速度曲线

❑　关闭"图形工具"对话框，返回"分析定义"对话框，单击"确定"按钮，完成四连杆机构的静态分析。

（3）动态分析（运动仿真）。

❑　选择功能区中的"机构"→"分析"→"机构分析"命令，系统弹出"分析定义"对话框。

❑　在"分析定义"对话框的"类型"下拉列表框中选择"动态"选项，在"持续时间"文本框中键入 10，其余参数默认。

❑　单击"外部载荷"选项卡，勾选"启用重力"复选框，单击"运行"按钮，模型就开始运动，效果参见目录下的"四连杆.avi"视频文件。

（4）包络分析。

❑　选择功能区中"机构"→"分析"→"回放"命令，系统弹出"回放"对话框。

❑　单击"创建运动包络"工具按钮，系统弹出"创建运动包络"对话框，单击"选取元件"选项组中"选取"按钮，在 3D 模型中选择连杆 C.prt，如图 4-64 所示，单击"预览"按钮，效果如图 4-65 所示。

图 4-64　选择的包络体对象　　　　　　　图 4-65　创建的包络体

❑　单击"确定"按钮，返回"回放"对话框，单击"关闭"按钮，完成包络分析。

（5）分析测量结果。

❑　选择功能区中"机构"→"分析"→"测量"命令，系统弹出"测量结果"对话框，单击"创建新测量"工具按钮，系统弹出"测量定义"对话框，如图 4-66 所示。

❑　在"测量定义"对话框中，选择"类型"下拉列表框中的"位置"选项，单击"点或运动轴"选项组中的"选取"按钮，在 3D 模型中选择旋转轴，如图 4-67 所示。

❑　在"测量定义"对话框中，单击"确定"按钮，返回"测量结果"对话框，选中"测量"列表框中的"measure1"选项，选中"结果集"列表框中的"AnalysisDefinition3"选项，单击工具栏中的"根据选定结果集绘制选定测量的图形"按钮，系统弹出"图形工具"对话框显示结果，如图 4-68 所示。

❑　退出图形工具窗口，保存分析结果，完成模型的分析。

❑　使用同样方法创建该旋转轴的速度曲线，如图 4-69 所示。

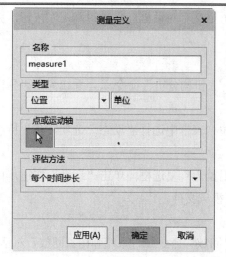

图 4-66　"测量定义"对话框

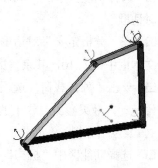

图 4-67　选择的测量轴

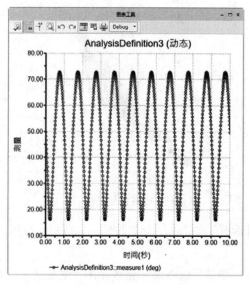

图 4-68　旋转轴的位置曲线

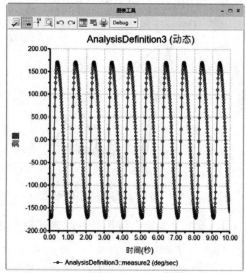

图 4-69　旋转轴的速度曲线

❏　使用同样方法创建该旋转轴的加速度曲线，如图 4-70 所示。

❏　使用同样方法创建该旋转轴的连接反作用力曲线，如图 4-71 所示。

❏　关闭图形工具窗口，返回测量结果窗口，单击"关闭"按钮，完成四连杆机构的运动分析。

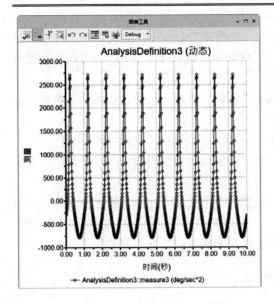
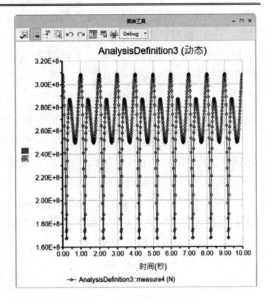

图 4-70 旋转轴的加速度曲线   图 4-71 旋转轴的连接反作用力曲线

4.3.2 凸轮机构

凸轮是一种相当重要的连杆件。因为其应用简单，又容易达到所需的运动目的，所以凸轮机构被广泛应用。

下面以图 4-72 所示的凸轮机构为例，讲解其仿真的步骤。

图 4-72 凸轮机构

1. 组装活塞

（1）选择功能区中的"文件"→"管理会话"→"选择工作目录"命令，系统弹出"选择工作目录"对话框，选择凸轮机构所在的文件夹，单击"确定"按钮，完成工作目录的设置。

（2）选择功能区中的"文件"→"新建"命令，系统弹出"新建"对话框，勾选"装配"复选框，在"名称"文本框中键入"凸轮机构"，取消"使用默认模板"复选框，单击"确定"按钮，系统弹出"新文件选项"对话框。

（3）在"文件选项"对话框中，选中"模板"列表框中的"mmns_asm_design_abs"

115

选项，单击"确定"按钮，进入装配设计模块。

（4）选择功能区中的"模型"→"元件"→"组装"命令，系统弹出"打开"对话框，选择元件 1.prt，单击"打开"按钮，元件就添加到当前模型中，同时在信息提示栏中显示元件装配操控面板。

（5）选择"当前约束"为"固定"，在操控面板的"状况"栏中显示"完全约束"选项，单击"确定"按钮，完成支架的装配约束。

（6）选择功能区中的"模型"→"元件"→"组装"命令，系统弹出"打开"对话框，选择元件 2.prt，单击"打开"按钮，元件就添加到当前模型中，同时在信息提示栏中显示元件装配操控面板。

（7）选择"连接类型"为"销"，单击"放置"下滑按钮，在弹出的"放置"下滑面板中已经添加了"轴对齐"和"平移"约束。单击"轴对齐"约束，在 3D 模型中选择图 4-72 所示的轴线，单击"平移"约束，在3D 模型中选择图 4-73 所示的侧面。

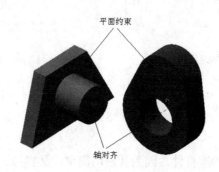

图 4-73　销约束元素

（8）在操控面板的"状况"栏中显示"完成连接定义"选项，单击"确定"按钮，完成基座的装配约束。

（9）选择功能区中的"模型"→"元件"→"组装"命令，系统弹出"打开"对话框，选择元件 5.prt，单击"打开"按钮，元件就添加到当前模型中，同时在信息提示栏中显示元件装配操控面板。

（10）选择"连接类型"为"用户定义"，在"放置"下滑面板中选择约束类型为"距离"，在 3D 模型中选择图 4-74 所示的约束平面 1，距离值输入 220。单击"新建约束"按钮，选择约束类型为"距离"，在 3D 模型中选择图 4-74 所示的约束平面 2，输入距离值为 75。单击"新建约束"按钮，选择约束类型为"重合"，在 3D 模型中选择元件 5.prt 的 FRONT 基准面及元件 1.prt 的 TOP 基准面。

（11）在操控面板的"状况"栏中显示"完全约束"选项，单击"确定"按钮，完成元件 5 的装配约束。

（12）选择功能区中的"模型"→"元件"→"组装"命令，系统弹出"打开"对话框，选择元件 6.asm，单击"打开"按钮，元件就添加到当前模型中，同时在信息提示栏中显示元件装配操控面板。

（13）选择"连接类型"为"用户定义"，在"放置"下滑面板中选择约束类型为"重合"，在 3D 模型中选择元件 4.prt 的 RIGHT 基准面及元件 5.prt 的 RIGHT 基准面。单击"新建约束"按钮，选择约束类型为"重合"，在 3D 模型中选择图 4-75 所示的轴。单击"移动"选项卡，在"运动类型"选择"平移"，在 3D 模型中移动元件 6.asm，使它与凸轮 2 接触。

（14）单击"确定"按钮，完成元件的装配约束。

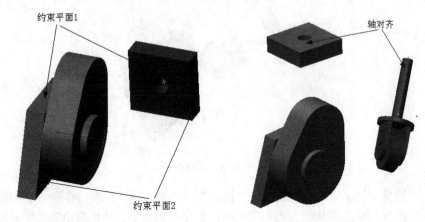

图 4-74　约束元素　　　　图 4-75　约束类型

2. 机构设置 z

（1）选择功能区中的"应用程序"→"机构"命令，系统自动进入机构工作界面。

（2）选择功能区中的"机构"→"连接"→"凸轮"命令，系统弹出"凸轮从动机构连接定义"对话框。

（3）单击"凸轮 1"选项卡中"曲面/曲线"选项组中"选取"按钮，弹出"选择"对话框，勾选"自动选择"复选框，在 3D 模型中选择凸轮的工作面，如图 4-76 所示。单击"选择"对话框中的"确定"按钮。

（4）单击"凸轮 2"选项卡中"曲面/曲线"选项组中"选取"按钮，弹出"选择"对话框，勾选"自动选择"复选框，在 3D 模型中选择凸轮的工作面，如图 4-77 所示。单击"选择"对话框中的"确定"按钮。

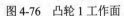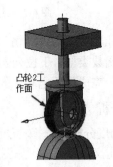

图 4-76　凸轮 1 工作面　　　　图 4-77　凸轮 2 工作面

（5）其他选项为系统默认值，单击"确定"按钮，完成凸轮的定义。

（6）选择功能区中的"机构"→"运动"→"拖动元件"命令，系统弹出"拖动"对话框和"选择"对话框。

（7）在 3D 模型中，单击任意位置选择拖动点，如图 4-78 所示。

（8）在"选择"对话框中，单击"确定"按钮，移动鼠标，模型运动如图 4-79 所示。

（9）单击"拖动"对话框中的"关闭"按钮，完成模型的拖动。

图 4-78　拖动点

（10）选择功能区中的"机构"→"插入"→"伺服电动机"命令，系统弹出"电动机"操控面板，单击"从动图元"列表框，在 3D 模型中选择伺服电动机旋转轴，如图 4-80 所示。

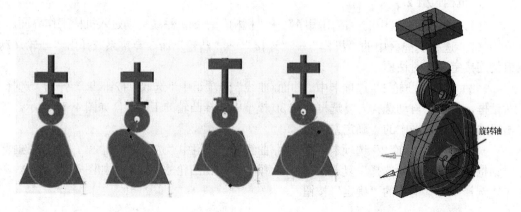

图 4-79　运动图　　　　　　　　　　图 4-80　伺服电动机轴线

（11）单击"配置文件详情"选项卡，选择"驱动数量"下拉列表框中的"角速度"选项，选择"函数类型"下拉列表框中的"常量"选项，在"A"文本框中键入 360，单击"确定"按钮，完成伺服电动机的创建。

3. 运动分析

（1）自由度分析。选择功能区中的"机构"→"分析"→"机构分析"命令，系统弹出"分析定义"对话框，如图 4-81 所示，选择"类型"下拉列表框中的"力平衡"选项，单击"自由度"选项组中"DOF"右侧的"评估"按钮，在"DOF"文本框中显示为0，表示模型系统的自由度为0，单击"确定"按钮，关闭对话框。

（2）运动仿真。

❑ 选择功能区中的"机构"→"分析"→"机构分析"命令，系统弹出"分析定义"对话框，选择"类型"下来列表框中的"运动学"选项，在"结束时间"文本框中键入 10。

□　其他选项为系统默认值，单击"运行"按钮，模型就开始运动，效果参见目录下的凸轮机构.avi。

（3）包络分析。

□　选择功能区中的"机构"→"分析"→"回放"命令，系统弹出"回放"对话框。

□　单击"创建运动包络"工具按钮，系统弹出"创建运动包络"对话框，单击"选取元件"选项组中"选取"按钮，在 3D 模型中选择凸轮，选中对话框中的"颠倒三角形"按钮，然后单击"预览"按钮，效果如图 4-82 所示。

图 4-81　"分析定义"对话框　　　　图 4-82　凸轮包络

□　单击"确定"按钮，返回"回放"对话框，单击"关闭"按钮，完成包络分析。

（4）分析测量结果。

□　选择功能区中的"机构"→"分析"→"测量"命令，系统弹出"测量结果"对话框，单击"创建新测量"工具按钮，系统弹出"测量定义"对话框，如图 4-83 所示。

□　在"测量定义"对话框中，选择"类型"下拉列表框中的"速度"选项，单击"点或运动轴"选项组中的"选取"按钮，在 3D 模型中选择滚轮一点，如图 4-84 所示。

□　在"测量定义"对话框中，单击"确定"按钮，返回"测量结果"对话框，选中"测量"列表框中的"measure1"选项，选中"结果集"列表框中的"AnalysisDefinition2"选项，单击工具栏中的"根据选定结果集绘制所选测量的图形"按钮，系统弹出"图形工具"对话框,显示结果如图 4-85 所示。

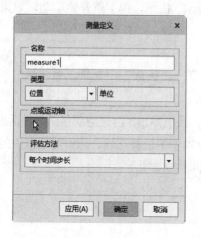

图 4-83 "测量定义"对话框

图 4-84 测量点

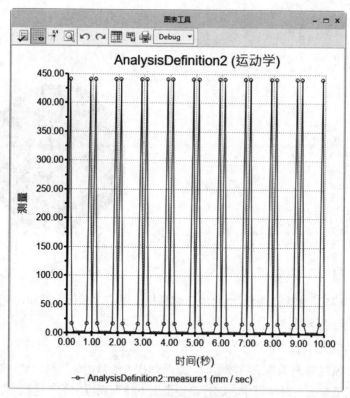

图 4-85 滑杆滚轮一点速度曲线

❑ 退出图形工具窗口,保存分析结果,完成模型的分析。

4.3.3　齿轮机构

齿轮机构是各种机械中应用最广泛的一种传动机构。它可以用来传递空间中任意两轴间的运动和动力，并具有功率范围大、传递效率高、传动比准确、使用寿命长以及工作安全可靠等特点。齿轮机构类型众多，按照传动方式可以分为：正齿轮、内齿轮、齿轮和齿条、螺旋齿轮、锥齿轮、人字齿轮、蜗杆和蜗轮。

下面以如图 4-86 所示蜗杆和蜗轮机构为例，讲解齿轮传动机构的仿真过程。

1．组装蜗轮蜗杆

（1）选择功能区中的"文件"→"管理会话"→"选择工作目录"命令，系统弹出"选择工作目录"对话框，选择"jieguo"文件夹，单击"确定"按钮，完成工作目录的设置。

（2）选择功能区中的"文件"→"新建"命令，系统弹出"新建"对话框，勾选"装配"复选框，在"名称"文本框中键入"齿轮机构"，取消"使用默认模板"复选框，单击"确定"按钮，系统弹出"新文件选项"对话框。

（3）在"文件选项"对话框中，选中"模板"列表框中的"mmns_asm_design_abs"选项，单击"确定"按钮，进入装配设计模块。

（4）选择功能区中的"模型"→"元件"→"创建"命令，系统弹出"创建元件"对话框。

（5）在"创建元件"对话框中，点选"骨架模型"单选按钮，在"名称"文本框中键入"齿轮机构_SKEL"，如图 4-87 所示，单击"确定"按钮，系统弹出创建选项，点选"创建特征"单选按钮，单击"确定"按钮，进入创建元件平台。

图 4-86　蜗轮蜗杆机构　　　　　　　图 4-87　"创建元件"对话框

（6）单击"模型树"中的"树过滤器"按钮🔻，弹出"树过滤器"对话框。勾选"显示"选项组的"特征"命令，单击确定，关闭对话框。

（7）选择功能区中的"模型"→"基准"→"轴"命令✏，系统弹出"基准轴"对话框，按 Ctrl 键，在 3D 模型中选择 TOP、RIGHT 基准面，如图 4-88 所示，单击"确定"按钮，完成基准轴的创建。

（8）选择功能区中的"模型"→"基准"→"平面"命令▱，系统弹出"基准平面"

对话框，在 3D 模型中选择 TOP 基准平面，在"平移"文本框中键入 51.05，如图 4-89 所示，单击"确定"按钮，完成基准平面的创建。

（9）选择功能区中的"模型"→"基准"→"轴"命令，系统弹出"基准轴"对话框，按 Ctrl 键，在 3D 模型中选择 FRONT、ADTM1 基准面，单击"确定"按钮，完成基准轴的创建。

图 4-88　"基准轴"对话框

图 4-89　"基准平面"对话框

（10）选择功能区中的"视图"→"窗口"→"激活"命令，激活当前的装配模块。

（11）选择功能区中的"模型"→"元件"→"组装"命令，系统弹出"打开"对话框，选择元件 A.prt，单击"打开"按钮，蜗杆就添加到当前模型中，同时在信息提示栏中显示元件装配操控面板。

（12）选择"连接类型"为"销"，单击"放置"下滑按钮，在弹出的"放置"下滑面板中已经添加了"轴对齐"和"平移"约束，在 3D 模型中选择刚才创建的轴线 AA_2 和蜗杆的轴线，单击"平移"按钮，在 3D 模型中选择装配的 RIGHT 基准平面和蜗杆的 MID_DTM 基准平面，如图 4-90 所示。

（13）在操控面板中"状况"栏中显示"完成连接定义"选项，单击"确定"按钮，完成蜗杆的装配约束。如图 4-91 所示。

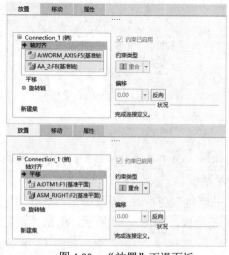

图 4-90　"放置"下滑面板

图 4-91　约束的蜗杆

（14）选择功能区中的“模型”→“元件”→“组装”命令，系统弹出“打开”对话框，选择元件 B.prt，单击“打开”按钮，蜗轮就添加到当前模型中，同时在信息提示栏中显示元件装配操控面板。

（15）选择“连接类型”为“销”，单击“放置”下滑按钮，在弹出的“放置”下滑面板中已经添加了“轴对齐”和“平移”约束，在 3D 模型中选择刚才创建的轴线 AA_1 和蜗轮的轴线，单击“平移”按钮，在 3D 模型中选择装配的 FRONT 基准平面和蜗轮的 MID_DTM 基准平面，如图 4-92 所示。

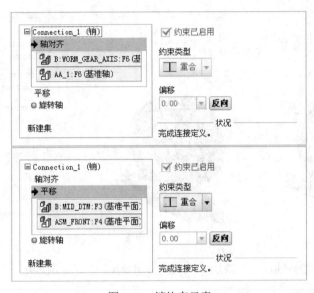

图 4-92　销约束元素

（16）在操控面板中“状况”栏中显示“完成连接定义”选项，单击“确定”按钮，完成蜗轮的装配约束。

2．机构设置

（1）选择功能区中的“应用程序”→“机构”命令，系统自动进入机构平台。

（2）选择功能区中的“机构”→“连接”→“齿轮”命令，系统弹出“齿轮副定义”对话框，选择类型为“蜗轮”，在“涡轮”选项卡中单击“选取”按钮，在 3D 模型中选择蜗杆运动轴，如图 4-93 所示，设置节圆直径为 50。

（3）在“齿轮副定义”对话框中单击“轮盘”选项卡，单击“选取”按钮，在 3D 模型中选择蜗轮运动轴，如图 4-93 所示。单击“确定”按钮，完成齿轮连接的创建。

（4）选择功能区中的“机构”→“插入”→“伺服电动机”命令，系统弹出“电动机”操控面板，单击“参考”选项卡中的“从动图元”列表框，在 3D 模型中选择蜗轮伺服电动机旋转轴，如图 4-94 所示。

（5）单击“配置文件详情”选项卡，选择“驱动数量”下拉列表框中的“角速度”选项，选择“函数类型”下拉列表框中的“常量”选项，在“A”文本框中键入 360，如图 4-95 所示，单击“确定”按钮，完成伺服电动机的创建。

3．运动分析

（1）运动仿真。

❏ 选择功能区中的"机构"→"分析"→"机构分析"命令 ⚒，系统弹出"分析定义"对话框，选择"类型"下拉列表框中的"运动学"选项，在"结束时间"文本框中键入 10。

❏ 其他选项为系统默认值，单击"运行"按钮，模型就开始运动，效果参见目录下的"齿轮机构.avi"视频文件。

图 4-93　伺服电动机运动轴　　图 4-94　伺服电动机轴线　　图 4-95　"电动机"操控面板

（2）分析测量结果。

❏ 选择功能区中的"机构"→"分析"→"测量"命令 ▣，系统弹出"测量结果"对话框，单击"创建新测量"按钮 ▯，系统弹出"测量定义"对话框，如图 4-96 所示。

❏ 在"测量定义"对话框中，选择"类型"下拉列表框中的"位置"选项，单击"点或运动轴"选项组中的"选取"按钮 ↖，在 3D 模型中选择蜗轮一点，如图 4-97 所示。

图 4-96　"测量定义"对话框　　　　图 4-97　测量点

❑ 在"测量定义"对话框中，单击"确定"按钮，返回"测量结果"对话框，选中"测量"列表框中的"measure1"选项，选中"结果集"列表框中的"AnalysisDefinition1"选项，单击工具栏中的"根据选定结果集绘制所选测量的图形"按钮，系统弹出"图形工具"对话框，显示结果如图 4-98 所示。

❑ 退出图形工具窗口，保存分析结果，完成模型的分析。

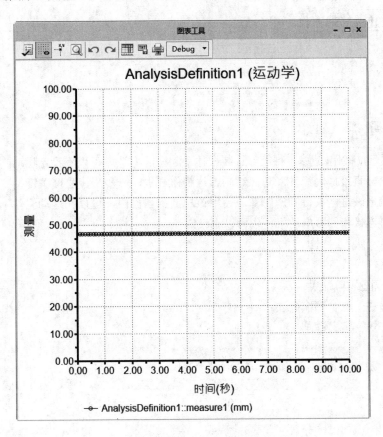

图 4-98　蜗轮一点位置曲线

第5章

动画制作

本章导读

　　动画制作是另一种能够让装配体动起来的方法。可以不设定运动副，使用鼠标直接拖动组件，仿照动画影片制作过程，一步一步生产关键帧，最后连续播映这些关键制造影像。使用该功能相当自由，可以在运动组件上设定任何连接和伺服电动机，也可以不设定。

重点与难点

- 动画制作概述
- 定义动画
- 动画制作
- 生成动画

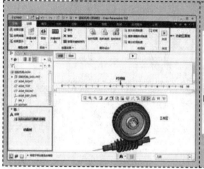

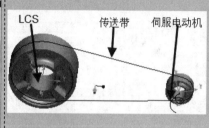

LCS　　传送带　　伺服电动机

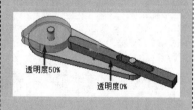

透明度50%

透明度0%

5.1　动画制作概述

在产品销售需要简介时,在示范说明产品的组装、拆卸与维修的程序时,在处理高复杂度装配的运动仿真时,可以使用动画制作功能制作高品质的动画。

5.1.1　进入动画制作界面

进入"装配设计"模块,选择功能区中的"应用程序"→"动画"命令,系统自动进入动画制作界面,如图 5-1 所示。

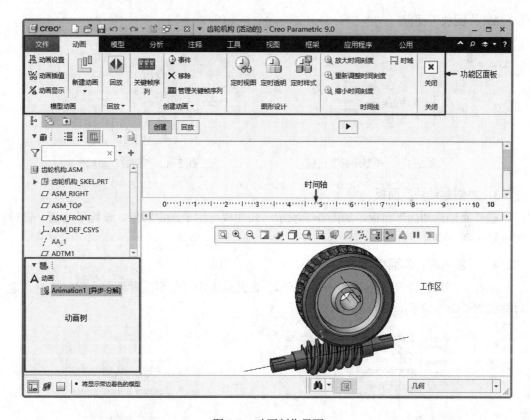

图 5-1　动画制作界面

5.1.2　动画制作功能区面板介绍

动画制作界面的功能区面板包括"动画""模型""分析""注释""工具""视图""应用程序"。"动画"功能区面板是动画制作界面中特有的功能区面板,如图 5-2 所示,其他功能区面板与机构模块中相应的功能区面板相同。"动画"功能区面板分为 6 部分：模型动画、回放、创建动画、图形设计、时间线和关闭。

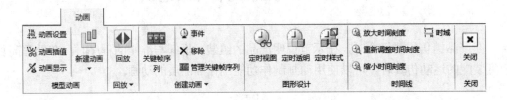

图 5-2　"动画"功能区面板

1.　"模型动画"面板

选择"模型动画"面板，如图 5-3 所示。此面板可用于动画设置、显示、导入及分解等。

2.　"回放"面板

选择"回放"面板，如图 5-4 所示。此面板可用于动画的播放和输出。

图 5-3　"模型动画"面板　　　　　图 5-4　"回放"面板

3.　"创建动画"面板

选择"创建动画"面板，如图 5-5 所示。此面板可用于选定对象、设置子动画、管理关键帧序列、事件等。

4.　"图形设计"面板

选择"图形设计"面板，如图 5-6 所示。在此面板中可使用定时视图、定时透明、定时样式 3 个命令用于动画的显示样式设置。

图 5-5　"创建动画"面板　　　　　图 5-6　"图形设计"面板

5.　"时间线"面板

选择"时间线"面板，如图 5-7 所示。此面板可用于设置制作动画的时间轴线，包括放大、缩小、调整等。

6．"关闭"面板

选择"关闭"面板，如图 5-8 所示。此面板可用于关闭动画制作界面返回到建模界面。

图 5-7　"时间线"面板　　　　　　　图 5-8　"关闭"面板

5.1.3　动画树

动画树如图 5-9 所示，在动画树上会列出所有创建的动画。在结构树上右键单击选中某个动画，系统弹出右键快捷菜单，如图 5-10 所示，根据编辑需要选取快捷命令进行编辑。根据选中的对象不同，快捷菜单的内容也不同。

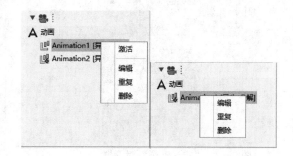

图 5-9　"动画树"　　　　　　　　图 5-10　右键快捷菜单

5.2　定义动画

定义动画是制作动画的起步。当需要对机构制作动画时，首先进入动画制作界面，使用工具定义动画，然后使用动画制作工具创建动画，最后对动画进行播放和输出。当对复杂机构创建动画时，使用一个动画过程很难表达清楚，这时就需要定义不同动画过程。

5.2.1　创建动画

1．创建动画

创建动画过程有三种方式：分解方式、快照方式、从机构动态对象导入方式，如图 5-11 所示。

（1）选择功能区中的"动画"→"模型动画"→"新建动画"→"分解"命令，

系统弹出"定义动画"对话框，如图 5-12 所示。

图 5-11　三种创建方式　　　　图 5-12　"分解"方式弹出的"定义动画"对话框

（2）选择功能区中的"动画"→"模型动画"→"新建动画"→"快照"命令📷，系统弹出"定义动画"对话框，如图 5-13 所示。

（3）选择功能区中的"动画"→"模型动画"→"新建动画"→"从机构动态对象导入"命令📁，系统弹出"定义动画"对话框，如图 5-14 所示。

图 5-13　"定义动画"对话框　　　　图 5-14　"定义动画"对话框

3 种方式打开的"定义动画"对话框简单介绍如下：

❑　"名称"文本框用于定义动画的名称，默认值为 Animation，也可以自定义。

❑　"捕捉快照中的当前位置"按钮📷，单击此按钮系统弹出"拖动"对话框。

❑　"打开"按钮📁，单击此按钮系统弹出"导入结果文件"对话框，可以导入已有的回放文件。

2．创建子动画

"子动画"命令，是将创建的动画设置为某一动画的子动画。

注意

使用该命令生产的子动画与父动画类型必须一致。

下面以创建两个快照动画为例，讲解"子动画"命令的使用方法。

（1）选择功能区中的"动画"→"模型动画"→"新建动画"→"快照"命令📷，系统弹出"定义动画"对话框，保持默认设置，单击"确定"按钮，新的动画创建完成。

（2）选择功能区中的"动画"→"创建动画"→"子动画"命令✗，系统弹出"包含在 Animation2 中"对话框，如图 5-15 所示。

图 5-15　"包含在 Animation2 中"对话框

（3）如果想将动画 Animation2 生产动画 Animation1 的子动画，在"包含在 Animation2 中"对话框中，选中 Animation1 使其高亮显示，单击"应用"按钮，动画时间轴就添加到时间表中，如图 5-16 所示，单击"关闭"按钮，关闭对话框。

（4）选中该动画时间轴，使其变成红色，右键单击该对象，系统弹出右键快捷菜单，如图 5-17 所示，可以选择菜单中的命令，对该动画时间轴进行修改。

注意

系统默认生产一个动画，这里只需再建一个动画。

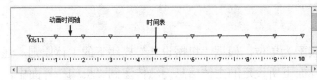

图 5-16　动画时间轴

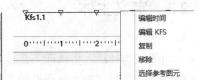

图 5-17　右键快捷菜单

5.2.2　动画显示

"动画显示"工具，是在 3D 模型中显示动画图标的工具。选择功能区面板中的"动画"→"模型动画"→"动画显示"命令，系统弹出"图元显示"对话框，如图 5-18 所示。

- 勾选"伺服电动机"复选框，在 3D 模型中显示伺服电动机图标，如图 5-19 所示。
- 勾选"接头"复选框，在 3D 模型中显示各种接头图标。
- 勾选"槽"复选框，在 3D 模型中显示槽特殊连接图标。
- 勾选"凸轮"复选框，在 3D 模型中显示凸轮特殊连接图标。
- 勾选"3D 接触"复选框，在 3D 模型中显示 3D 接触特殊连接图标。
- 勾选"齿轮"复选框，在 3D 模型中显示齿轮特殊连接图标。
- 勾选"传送带"复选框，在 3D 模型中显示带传动特殊连接图标，如图 5-19 所示。
- 勾选"LCS"复选框，在 3D 模型中显示坐标系图标，如图 5-19 所示。

❑ 勾选"相关性"复选框，在 3D 模型中显示从属关系图标。

❑ 单击"全部显示"按钮，将全部选中以上复选框。

❑ 单击"取消全部显示"按钮，将取消所选择的复选框。

图 5-18　"显示图元"对话框

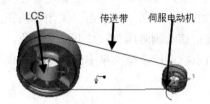

图 5-19　带轮机构

5.2.3　定义主体

动画移动时，以主体而不是以装配为单位。根据"机械设计"模块下的主体原则，通过约束组装零件。在"动画设计"界面下所设定的主体信息无法传递到"机构"界面中。

选择功能区面板中的"动画"→"机构设计"→"刚性主体定义"命令，系统弹出"动画刚性主体"对话框，如图 5-20 所示。

对话框左侧列表框显示当前装配中的主体，系统默认的零件。"新建"按钮用于新增主体并加入到装配中。单击该按钮，系统弹出"刚性主体定义"对话框，如图 5-21 所示，在"名称"文本框中变更主体名称，单击"添加零件"选项组中的"选取"箭头按钮，在 3D 模型中选取零件，"零件编号"文本框显示当前选取的主体数目。"编辑"按钮用来编辑列表框中选中高亮显示的主体。单击该按钮，弹出"刚性主体定义"对话框，如图 5-21 所示。

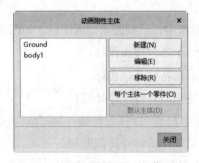

图 5-20　"动画刚性主体"对话框

图 5-21　"刚性主体定义"对话框

"移除"按钮用于从装配中移除在列表框中选中的主体。"每个主体一个零件"按钮用于一个主体仅包含一个装配。但是当一般装配或包含次装配时需特别小心，因为所有装配形成一个独立的主体，可能得重定义基体。"默认主体"按钮，用于恢复至约束所定义状态，可以重新开始定义所有主体。

5.3　动画制作

动画制作是本章核心部分，主要介绍通过简单的方法创建高质量的动画。Creo Parametric 9.0 中主要使用关键帧、锁定主体、定时图等工具完成动画的制作。

5.3.1　关键帧排序

"关键帧序列"工具 是加入并排列已建立的关键帧，也可以改变关键帧的出现时间、参考刚性主体、主体状态等。选择功能区面板中的"动画"→"创建动画"→"关键帧序列"命令 ，系统弹出"关键帧序列"对话框，如图 5-22 所示。

（1）"名称"文本框用于自定义关键帧序列，系统默认为 Kfs1。

（2）"参考刚性主体"选项组用于定义主体动画运动的参考物，系统默认为 Ground。单击"选取"箭头按钮 ，系统弹出"选择"对话框，在 3D 模型中选择运动主体的参考物，单击"确定"按钮。

（3）"序列"选项卡是使用拖动建立关键帧用到的，调整每一个关键帧出现的时间、预览关键帧影像等。

❑　"关键帧"选项组用于添加关键帧，进行关键帧序列。单击"编辑或创建快照"按钮 ，系统弹出"拖动"对话框，在该对话框中进行快照的添加、编辑、删除等操作。使用该对话框建立的快照被添加到下拉列表框中。在下拉列表框中选中一种快照，单击其后的"预览快照"按钮 ，就可以看到该快照在 3D 模型中的位置。在下拉列表框中选中一种快照，在"时间"文本框中键入该快照出现的时间，单击其后的"添加关键帧到关键帧序列"按钮 ，该快照生产的关键帧被添加到列表框中，以此类推，添加多个关键帧。"反转"按钮用于反转所选关键帧的顺序。"移除"按钮用于移除在列表框中选中的关键帧。

❑　"插值"选项组用于在两关键帧之间产生插补。在产生关键帧时，拖动主体至关键的位置生产快照影像，而中间区域就是使用该选项组进行插补的。不管是平移还是旋转，有两种插补方式：线性、平滑。使用线性化方式可以消除拖动留下的小偏差。

（4）"刚性主体"选项卡用于设置主体状态：必需的、必要的、未指定的。必需的和必要的是主体移动情况完全照关键帧序列和伺服电动机的设定运动。未指定的是任意主体，也可以是受关键帧和伺服电动机设定的影像。

图 5-22 "关键帧序列"对话框

（5）"重新生成"按钮是指关键帧建立后或有变化时，再生整个关键帧影像。

选中修改对象使其变成红色，右键单击该对象，系统弹出右键快捷菜单，选择编辑、复制、移除、选取参考图元命令，对其进行修改。

5.3.2 事件

"事件"工具💁用来维持事件中各种对象（关键帧序列、伺服电动机、接头、次动画等）的特定相关性。例如，某对象的事件发生变更时，其他相关的对象也同步改变。选择功能区面板中的"动画"→"创建动画"→"事件"命令💁，系统弹出"事件定义"对话框，如图 5-23 所示。

❑ "名称"文本框用于定义事件的名称，默认为 Event，同样也能自定义。

❑ "时间"文本框用于定义事件发生时间。

□　"之后"下拉列表框用于选择事件发生时间参考，可以选择开始、End of Animation1。

□　修改该对象：选中该对象，使其变成红色，右键单击该对象，系统弹出右键快捷菜单，选择编辑、复制、移除、选取参考图元命令，对齐进行修改。

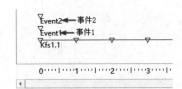

图 5-23　"事件定义"对话框

5.3.3　锁定主体

用"锁定主体"工具 创建新主体并添加到动画时间表中。选择功能区面板中的"动画"→"机构设计"→"锁定刚性主体"命令 ，系统弹出锁定"锁定刚性主体"对话框，如图 5-24 所示。

□　"名称"文本框用于定义事件的名称，默认为 BodyLock，也可以自定义。

□　"引导主体"选项组用于定义主动动画元件。单击"选取"箭头按钮 ，系统弹出"选择"对话框，在 3D 模型中选择主动元件，单击"确定"按钮。

□　"从动主体"选项组用于定义动画从动元件。单击"选取"箭头按钮 ，系统弹出"选择"对话框，在 3D 模型中选择从动元件，单击"确定"按钮。在列表框中选中从动主体，使其高亮显示；单击"移除"按钮，可以将选中的从动主体移除。

□　"开始时间"选项组用于定义该主体的开始运行时间。在"时间"文本框定义锁定主体发生时间。在"之后"下拉列表框选择锁定主体发生时间参考，可以选择开始、终点 Animation2 等时间列表中的对象。

□　"结束时间"选项组用于定义该主体的结束时间。在"时间"文本框定义锁定主体发生时间。在"之后"下拉列表框选择锁定主体发生时间参考，可以选择开始、终点 Animation2 等时间列表中的对象。

□　单击"应用"按钮，该主体就被添加到时间表中。单击"关闭"按钮，关闭对话框。选中该对象，使其变成红色，右键单击该对象，系统弹出右键快捷菜单，效果如图 5-25 所示，选择编辑、复制、移除、选取参考图元命令对其修改。

图 5-24 "锁定刚性主体"对话框

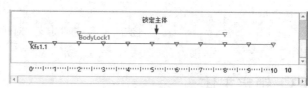

图 5-25 时间表中的主体

5.3.4 创建电动机

"伺服电动机"工具 创建新的伺服电动机。该工具的使用方法参见 3.6 节。

5.3.5 连接状况

"连接状况"命令用于显示连接状况并将其添加到动画中。选择功能区面板中的"动画"→"机构设计"→"连接状况"命令 ，弹出"连接状况"对话框，如图 5-26 所示。

❑ "连接"选项组用于选择机构模型中的连接。单击"选取"箭头按钮 ，系统弹出"选择"对话框，在 3D 模型中选择连接，单击"确定"按钮。

❑ "时间"选项组用于定义该连接的开始运行时间。在"值"文本框用于定义连接发生时间。在"之后"下拉列表框用于选择连接发生时间参考，可以选择开始、终点 Animation2 等时间列表中的对象。

❑ "状态"选项组用于定义当前选中对象的状态：启动、禁止。

❑ "锁定/解锁"选项组用于定义当前选中的连接状况：锁定、解锁。

❑ 单击"应用"按钮，该连接就添加到时间表中，如图 5-27 所示。单击"封闭"按钮，关闭对话框，选中该对象，使其变成红色，右键单击该对象，系统弹出右键快捷菜单，选择编辑、复制、移除、选取参考图元命令对其修改。

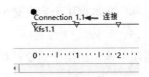

图 5-26　"连接状况"对话框　　　　　图 5-27　添加到时间表中的连接

5.3.6　定时视图

"定时视图"工具将机构模型生成一定视图在动画中显示。选择功能区面板中的"动画"→"图形设计"→"定时视图"命令，系统弹出"定时视图"对话框，如图 5-28 所示。

❑ "名称"下拉列表框用来选择定时视图名称：BACK、BOTTOM、DEFAULT、FRONT、LEFT、RIGHT、TOP 等。

❑ "时间"选项组用于定义该连接的开始运行时间。在"值"文本框定义定时视图发生时间。在"之后"下拉列表框用于选择定时视图发生时间参考，可以选择开始、终点Animation2 等时间列表中的对象。

❑ "全局视图插值设置"选项组显示当前视图使用的全局视图插值。

❑ 单击"应用"按钮，该定时视图就添加到时间表中，如图 5-29 所示。单击"关闭"按钮，关闭对话框，选中该对象，使其变成红色，右键单击该对象，系统弹出右键快捷菜单，选择编辑、复制、移除、选取参考图元命令对其修改。

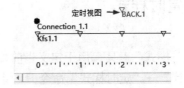

图 5-28　"定时视图"对话框　　　　　图 5-29　创建的定时视图

5.3.7 定时透明视图

"定时透明"工具 📇 将机构模型中元件生成一定透明视图在动画中显示。选择功能区面板中的"动画"→"图形设计"→"定时透明"命令 📇，系统弹出"定时透明"对话框，如图 5-30 所示。

❑ "名称"文本框用于定义透明视图的名称，系统默认为 Transparency1，也可以自定义。

❑ "透明"选项组用于定义透明元件以及元件透明度的设置。单击"选取"箭头按钮 🔍，系统弹出"选择"对话框，在 3D 模型中选择欲设置透明度的元件，单击"确定"按钮，拖动滑块设置透明度。如图 5-31 所示为透明度为 50％和 0％的效果图。

❑ "时间"选项组用于定义该连接的开始运行时间。在"值"文本框定义定时透明发生时间。在"晚于"下拉列表框用于选择定时透明发生时间参考，可以选择开始、终点 Animation2 等时间列表中的对象。

❑ 单击"应用"按钮，该定时透明视图就添加到时间表中。选中该对象使其变成红色，右键单击该对象，系统弹出右键快捷菜单，选择编辑、复制、移除、选取参考图元命令对其修改。

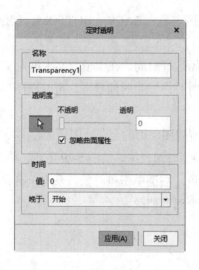

图 5-30 "定时透明"对话框

图 5-31 透明元件

5.3.8 定时样式

"定时样式"工具 📇 用于定义当前视图显示的样式。选择功能区面板中的"动画"→"图形设计"→"定时样式"命令 📇，系统弹出"定时样式"对话框，如图 5-32 所示。

❑ "样式名称"下拉列表框用于选择定时显示的样式：默认样式、主样式。

❑　"时间"选项组用于定义该连接的开始运行时间。在"值"文本框定义定时显示发生时间。在"晚于"下拉列表框用于选择定时显示发生时间参考，可以选择开始、终点 Animation2 等时间列表中的对象。

图 5-32　"定时样式"对话框

5.3.9　编辑和移除对象

1．编辑对象

"选定"工具对选中的动画对象进行相应的编辑。在时间表中选中对象，单击该工具按钮，在系统弹出对象相对于的对话框进行编辑。该工具功能相当于右键功能菜单中编辑或双击对象的功能。

2．移除对象

"移除"工具将时间表中选中的动画对象移除。在时间表中选中对象，单击该工具按钮，该对象就被移除掉。该工具功能相当于右键功能菜单中的移除功能。

5.4　生成动画

5.4.1　生成

"生成"工具是对创建的动画进行播放的工具。单击功能区面板下方的"生成"按钮，动画就按照使用工具生成的动画播放。

5.4.2　回放动画

"回放"工具是对动画进行播放的工具。选择功能区面板中的"动画"→"回放"

→"回放"命令 ◀▶ 运行，其使用方法参见 4.2.1 节介绍。

5.4.3　导出动画

　　"导出"工具 ⏭ 是将生成的动画输出到进行保存的工具。选择功能区面板中的"动画"→"回放"→"导出"命令 ⏭ ，就将当前设计的动画保存在默认的路径文件夹中，系统默认名为 Animation1.fra。

第 2 篇

结构与热力学分析

　　本篇主要介绍了结构分析模块、建立机构分析模型的方法步骤、机构各种结构分析以及热力学分析等内容。详细讲述了静态分析、模态分析、失稳分析、疲劳分析、预应力分析、动态分析以及敏感度分析、优化设计等方法。

第6章

结构分析概述

本章导读

　　本章主要通过一个实例的学习，进一步讲解结构分析和优化设计的方法步骤，使读者对结构分析和优化设计形成清晰的认识。

重点与难点
- 结构分析模块简介
- 结构分析工作界面
- 功能区面板

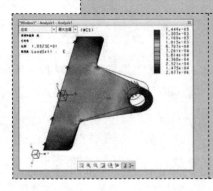

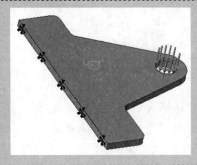

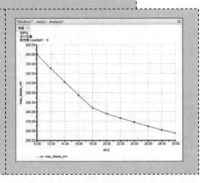

Creo/Simulate 是集静态、动态结构分析于一体的有限元分析模块，能够模拟真实环境对模型施加约束和载荷；测算模型的应力、应变、位移等参数；实现静态、翘曲、疲劳、频率、振动等分析；通过指定设计参数，能够在给出的变化范围内进行敏感度分析；借助优化分析为模型寻找到最佳参数。结构设计主要完成如下三个基本工作：

❑ 结构强度与寿命评估：由于结构的速度、成本、耐用性、可靠性等要求不断提高，导致设计师在设计结构时，以减轻产品重量为最高原则（因为和成本有很大关系）。这样，结构强度与寿命的评估就变得越来越复杂，越来越重要。要进行结构强度与寿命评估，经常需要参考有关理论、方法、行业上的规范及材料等。而这些理论、方法、资料大都是经过大量实验、工程实务归纳出来的，国外将这方面的研究成果编制成软件，如 Creo/Simulate、Fatigue、Marc 等。

❑ 结构优化：将设计问题的理学特性与数值方法中的各种相似的手段相结合，然后将高度非线性问题转化为一系列近似的带状显示约束问题，最后再通过数学规划法来解决。现代社会已经将结构优化设计应用于工程优化设计中，并形成了专门研制工程优化设计的软件。随着计算机技术的发展，工程优化设计软件可以处理的变量规模不断扩大，从最初的十几个变量发展到上万个变量，从最初的结构尺寸参数优化，到现代的结构形状优化等。

❑ 有限元分析：是一项以有限元为基础的技术，可以分析产品零件或组装系统，以确保整个产品符合设计要求。有限元模型和产品的几何模型是相关的，经过建模和分析后，设计师将计算出的结构反应（变形、应力、温度等）以图形形式表示出来。如果计算的结果不符合预期，那么设计师就需要再次设计和再次分析，直至达到可接受的设计结果为止。而这种再设计/再分析的循环周期，就是前面谈到的"结构优化"。

6.1　结构分析模块

结构分析模块专门分析零件和组建模式下的结构，其分析类有静态分析、模态分析、屈曲分析、接触分析、预应力分析及振动分析等。

6.1.1　结构分析模块简介

当进入零件设计模块或组装设计模块时，选择功能区中的"应用程序"→"Simulate"命令，进入分析界面，在界面中选择功能区中的"主页"→"设置"→"结构模式"命令，进入机构分析模块。

下面主要介绍在 Structure 模式下进行的结构分析。Thermal 模式下的分析将在后面介绍。

6.1.2 分析流程

对于基本和有限元模式，都是按照一定的分析流程进行分析。机构分析及优化的基本工作流程如下：

1. 基本模式（Native Mode）

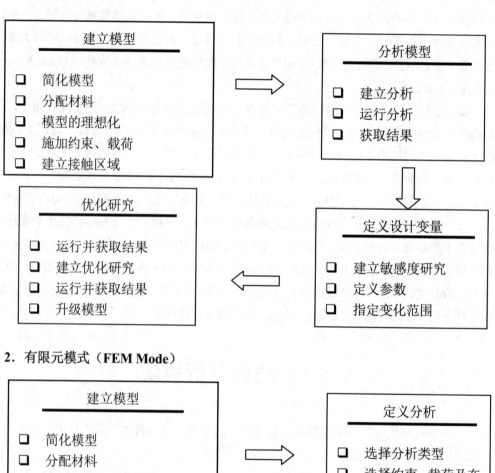

2. 有限元模式（FEM Mode）

本节通过简单的结构分析实例，使用户对 Creo Parametric 的有限元分析模块产生一个总体和清晰的认识，并在第一时间看到显示器上的仿真画面。

下面以图 6-1 所示模型为例，解决结构分析的流程。模型材料为 Q235A 钢板，其左侧与固定墙焊接在一起，右侧圆柱销子承受向下 100N 的力，分析该模型应力分布和受力变形。

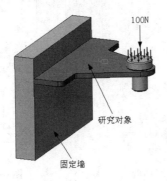

图 6-1　结构模型

1. 建立模型

（1）选择功能区中的"文件"→"新建"命令，系统弹出"新建"对话框，在对话框中点选"零件"单选按钮，在"名称"文本框中键入 e，取消"使用默认模板"复选按钮，单击"确定"按钮，系统弹出"新文件选项"对话框。

（2）在"模板"选项组中选择"mmns_part_solid_abs"，单击"确定"按钮，进入零件设计平台。

（3）选择功能区中的"模型"→"形状"→"拉伸"命令 ，系统弹出"拉伸"操控面板，如图 6-2 所示。

图 6-2　"拉伸"操控面板

（4）在"放置"下滑面板中单击"定义"按钮，系统弹出"草绘"对话框。选择 TOP 面作为绘图平面，其余默认，如图 6-3 所示，单击"草绘"按钮系统自动进入草图绘制工作界面。

（5）在工作区中，绘制图 6-4 所示轮廓，单击"确定"按钮，返回零件设计平台。

（6）在操控面板中输入拉伸深度值 5，单击"完成"按钮，完成模型零件的设计，效果如图 6-5 所示。

（7）选择功能区中的"应用程序"→"Simulate"命令，进入到分析界面，在界面中选择功能区的"主页"→"设置"→"结构模式"命令，进入机构分析模块。

（8）选择功能区面板中的"主页"→"材料"→"材料分配"命令 ，系统弹出"材料分配"对话框，如图 6-6 所示。单击"属性"材料选项组中"更多"按钮，系统弹出"材料"对话框,如图6-7所示。

图6-3 "草绘"对话框

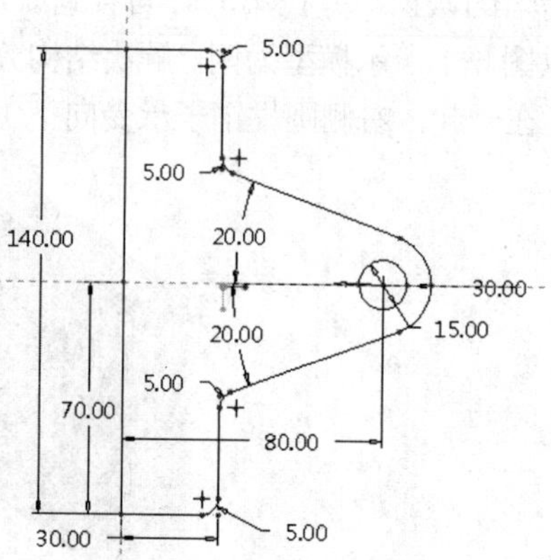

图6-4 草图

(9)双击对话框列表中的"steel.mtl",使其添加到右侧列表中,单击"选择1"按钮。

(10)在"材料分配"对话框中,单击"确定"按钮,材料就分配到模型中。

(11)选择功能区面板中的"主页"→"载荷"→"力/力矩"命令 ,系统弹出"力/力矩载荷"对话框。

图6-5 零件模型

图6-6 "材料分配"对话框

(12)在"参考"下拉列表框中选择"边/曲线"选项,在3D模型中选择孔 ϕ15 的边,在"力"选项组中"Y"文本框中键入-1000,如图6-8所示。单击"确定"按钮,效果如图6-9所示。

(13)选择功能区面板中的"主页"→"约束"→"位移"命令 ,系统弹出"约束"对话框。

(14)在 3D 模型中选择模型与固定墙连接的固定面添加到"参考"列表框中,如图6-10所示。单击"确定"按钮,完成零件约束的设置。

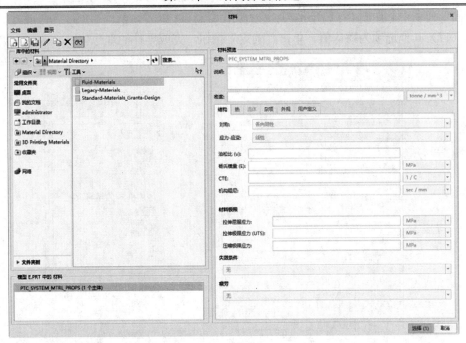

图 6-7　"材料"对话框

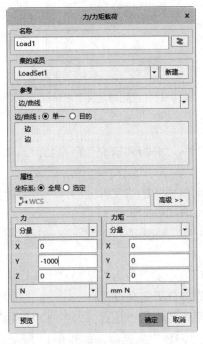

图 6-8　"力/力矩载荷"对话框

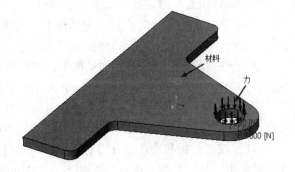

图 6-9　加力后的模型

（15）选择功能区面板中的"精细模型"→"理想化"→"壳对"命令，系统"壳对定义"对话框。

（16）在 3D 模型中选择上、下表面，此时模型上下表面被添加到"参考"选项组中

"曲面"列表中,如图6-11所示。

（17）其他选项为默认值,单击"确定"按钮,完成零件的理想化。

图6-10　"约束"对话框　　　　图6-11　"壳对定义"对话框

2. 分析模型

（1）选择功能区面板中的"主页"→"运行"→"分析和研究"命令，系统弹出"分析和设计研究"对话框,如图6-12所示。

（2）在"分析和研究设计"对话框中,选择菜单栏中的"文件（F）"→"新建静态分析"命令,系统弹出"静态分析定义"对话框,如图6-13所示。

（3）在"静态分析定义"对话框中,勾选"约束"列表框中的"ConstraintSet1/E"约束;勾选"载荷"列表框中的"LoadSet1/E"载荷。

（4）单击"输出"选项卡,勾选"计算"选项组中的"应力""旋转""反作用"复选框,绘制网格数为8,单击"确定"按钮,完成静态分析定义设置。

（5）在"分析和设计研究"对话框中,选择菜单栏中的"运行（R）"→"开始"命令,或单击工具栏上的"开始"按钮，系统弹出"问题"对话框,如图6-14所示。

（6）单击"是（Y）"按钮,分析开始。大约几分钟后系统弹出"诊断"对话框,如图6-15所示,列表框中列出分析过程,单击"关闭"按钮。

（7）单击工具栏上的"查看设计研究或有限元分析结果"按钮，系统弹出"结果窗口定义"对话框,如图6-16所示。

图 6-12　"分析和设计研究"对话框　　　　图 6-13　"静态分析定义"对话框

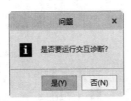

图 6-14　"问题"对话框

　　（8）在"数量"选项卡中选择"应力"选项，"分量"下拉列表框中选择"最大剪应力"选项，其他选项为默认值，单击"确定并显示"按钮，系统进入结果显示窗口，分析结果如图 6-17 所示。

　　（9）单击工具栏上的"编辑"按钮 ，系统弹出"结果窗口定义"对话框，单击"显示选项"选项卡。

　　（10）勾选"连续色调""已变形""显示载荷""显示约束""动画""自动启动"复选框，如图 6-18 所示。

　　（11）在"结果窗口定义"对话框中，单击"确定并显示"按钮，系统进入分析结果显示窗口，受力后变形动画参见目录下"yuanwenjian/chapter_6"文件夹下"e.avi"视频文件，最大形变如图 6-19 所示。

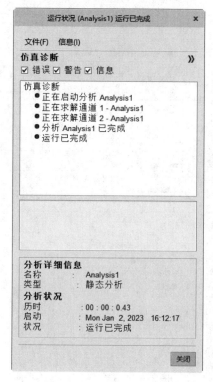

图 6-15　"诊断"对话框

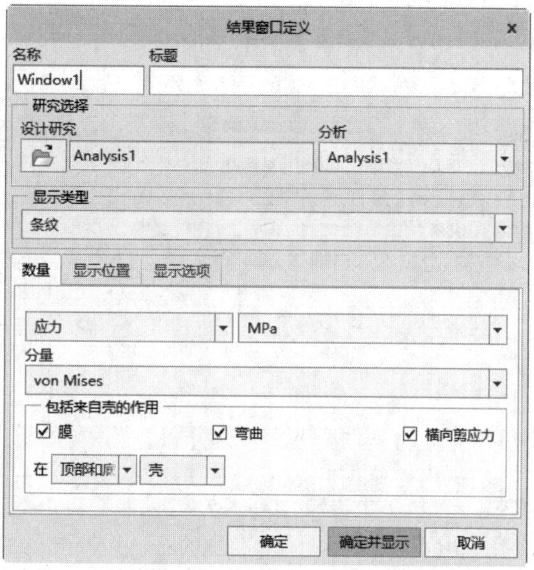

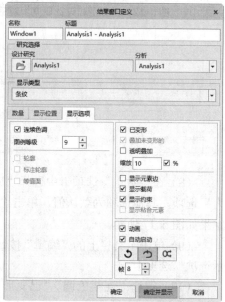

图 6-16　"结果窗口定义"对话框

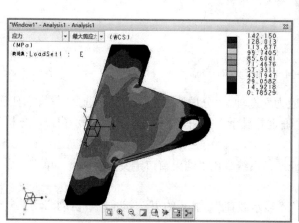

图 6-17　应力分析结果

图 6-18　"结果窗口定义"对话框

（12）将显示窗口关闭。返回到"分析和设计研究"对话框。

3．定义设计变量

（1）在"分析和研究设计"对话框中，选择菜单栏中的"文件（F）"→"新建敏感度设计研究"命令，系统弹出"敏感度研究定义"对话框。

（2）在"敏感度研究定义"对话框中，单击"变量"选项组中列表框右侧"从模型中选择尺寸"按钮，系统弹出"选择"对话框，在 3D 模型中选取 e.prt，然后在选取尺寸 20°，系统自动返回"敏感度研究定义"对话框。

（3）单击列表框中"开始"与"终止"列下的文本框，设置开始为 10，终止为 30，如图 6-20 所示，单击"确定"按钮，完成设计变量的设计。

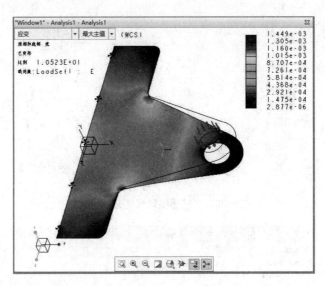

图 6-19　最大形变

4．优化设计

（1）在"分析和设计研究"对话框中，选中"study1"选项，选择菜单栏中的"运行（R）"→"开始"命令，或单击工具栏上的"开始"按钮，系统弹出"问题"对话框。

（2）单击"是"按钮，分析开始，大约分析几分钟以后，系统弹出"诊断"对话框，列表框中列出分析过程，单击"关闭"按钮。

（3）单击工具栏上的"查看设计研究或有限元分析结果"按钮，系统弹出"结果窗口定义"对话框，如图 6-21 所示。

（4）单击"测量"按钮，在弹出的"测量"对话框中选择"max_stress_vm"选项，其他选项为默认值，单击"确定并显示"按钮，系统进入结果显示窗口，分析效果如图 6-22 所示。随着角度的增大最大应力逐渐减小。

（5）选择菜单栏中的"文件（F）"→"退出（X）"命令，系统弹出"确认退出"对话框，询问是否保存当前结果窗口。单击"不保存"按钮，返回到"分析和设计研究"对话框。

（6）在列表框中，选中"study1"选项，选择菜单栏中的"编辑（E）"→"分析和研究"命令，系统弹出"敏感度研究定义"对话框。

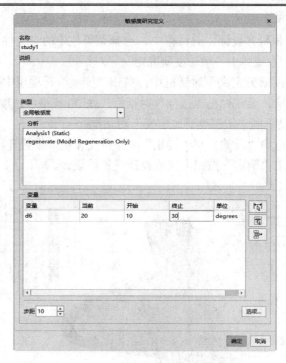

图 6-20   "敏感度研究定义"对话框

图 6-21   "结果窗口定义"对话框

(7) 单击对话框中"变量"选项组右下角"选项"按钮,系统弹出"设计研究选项"对话框,如图 6-23 所示,勾选"重复 P 环收敛"和"每次形状更新后重新网格化"复选框。

(8) 单击"模型形状动画"按钮,系统弹出"消息输入窗口"对话框,如图 6-24 所示,在文本框中输入 Y,单击"完成"按钮 ✔,输入多次,直到弹出"问题"对话框。

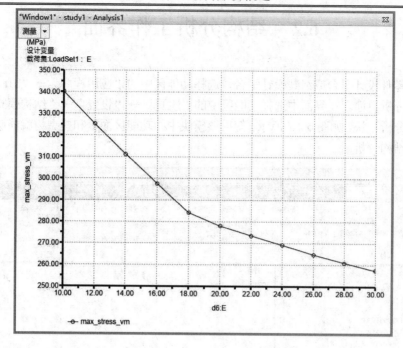

图 6-22 最大应力与角度曲线

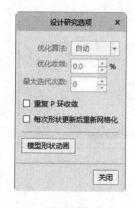

图 6-23 "设计研究选项"对话框

图 6-24 "消息输入窗口"对话框

（9）系统弹出"问题"对话框，如图 6-25 所示，询问是否将模型恢复为原始形状，单击"否（N）"按钮，模型变成如图 6-26 所示。

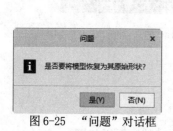

图 6-25 "问题"对话框

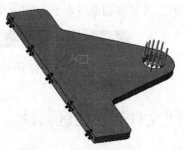

图 6-26 优化后的模型

6.2　结构分析工作界面

进入零件设计平台或组装设计平台，选择功能区中的"应用程序"→"Simulate"命令，进入分析界面。在界面中选择功能区中的"主页"→"设置"→"结构模式"命令，进入结构分析模块，如图 6-27 所示。使用该模块中的功能区面板和模型树就能够完成零件或组件的结构分析。

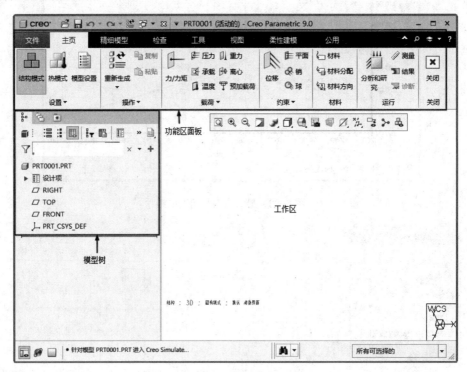

图 6-27　结构分析模块

6.3　功能区面板

界面的上方包含功能区面板，如图 6-28 所示。下面按照功能区分类简单介绍。

图 6-28　功能区面板

6.3.1　"文件"功能区面板

"文件"功能区面板与机构工作界面中"文件"功能区面板相同。

6.3.2　"主页"功能区面板

"主页"功能区面板包含工具命令最多的菜单，如图 6-29 所示。它的可用命令随进入的模块和选择的对象不同而不同。下面按照面板分类简单介绍。

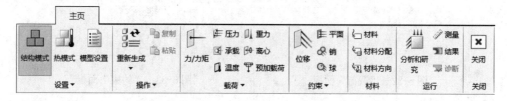

图 6-29　"主页"功能区面板

1．"设置"面板

"设置"面板如图 6-30 所示。此面板主要用于设置结构分析模块样式、将模拟值转换为主值、设置首选项等。

2．"操作"面板

"操作"面板如图 6-31 所示。此功能面板中的功能与机构设计工作界面中"模型"功能区上的"操作"面板的功能相同。

3．"载荷"面板

"载荷"面板如图 6-32 所示。此面板主要用于创建结构所需的各种载荷条件。

4．"约束"面板

"约束"面板如图 6-33 所示。此面板主要用于对机构分析模型添加约束关系，以此制约机构模型。

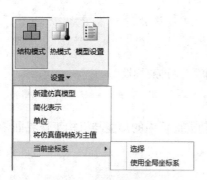
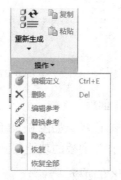

图 6-30　"设置"面板　　　　　图 6-31　"操作"面板

5．"材料"面板

"材料"面板如图 6-34 所示。此面板主要用于设置机构元件材料。

6．"运行"面板

"运行"面板如图 6-35 所示。此面板主要用于对机构进行分析、测量等。

155

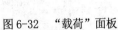

图 6-32 "载荷"面板   图 6-33 "约束"面板

7．"关闭"面板

"关闭"面板如图 6-36 所示。此面板主要用于退出结构分析平台。

图 6-34 "材料"面板   图 6-35 "运行"面板   图 6-36 "关闭"面板

6.3.3 "精细模型"功能区面板

"精细模型"功能区面板，如图 6-37 所示，用于创建、修改理想化模型的属性等。理想化模型是结构分析最重要的环节之一。下面按照面板分类简单介绍。

图 6-37 "精细模型"功能区面板

1．"操作"面板

选择"操作"面板，如图 6-38 所示。此功能面板中的功能与机构工作界面中"模型"功能区上的"操作"面板的功能相同。

2．"理想化"面板

"理想化"面板如图 6-39 所示。此面板主要用于定义理想化模型的各项属性。

3．"连接"面板

"连接"面板如图 6-40 所示。此面板主要用于设置机构模型的连接方式。

4．"区域"面板

"区域"面板如图 6-41 所示。此面板主要用于创建各种实体及曲面特征。

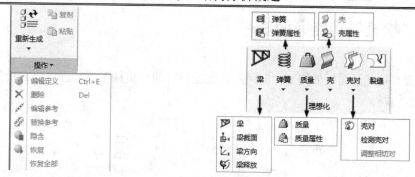

图 6-38　"操作"面板　　　　　　　图 6-39　"理想化"面板

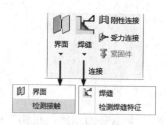　　　　

图 6-40　"连接"面板　　　　　　图 6-41　"区域"面板

5. "基准"面板

"基准"面板如图 6-42 所示。此功能面板中的功能与机构设计工作界面中"模型"功能区上的"基准"面板的功能相同。

6. "编辑"面板

"编辑"面板如图 6-43 所示。此功能面板中的功能与机构设计工作界面中"模型"功能区上的"编辑"面板的功能相同。

7. "AutoGEM"面板

"AutoGEM"面板如图 6-44 所示。此面板主要用于把模型分解成小的能够求解的规则或不规则实体。然后通过分析力与形变在小的实体间传递，然后计算总体的受力与形变。

图 6-42　"基准"面板　　　图 6-43　"编辑"面板　　　图 6-44　"AutoGEM"面板

6.3.4　"检查"功能区面板

"检查"功能区面板如图 6-45 所示，此面板功能与机构工作界面中"分析"功能区面板的功能相同。

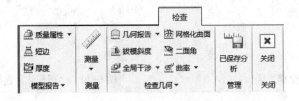

图 6-45　"检查"功能区面板

6.3.5　"工具"功能区面板

"工具"功能区面板如图 6-46 所示。此面板中大部分的功能与机构工作界面中"工具"功能区面板的功能相同。

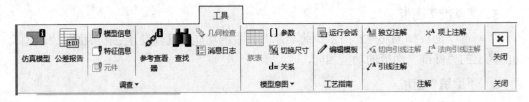

图 6-46　"工具"功能区面板

6.3.6　"视图"功能区面板

"视图"功能区面板如图 6-47 所示。此面板中的大部分功能与机构工作界面中"视图"功能区面板的功能相同。

图 6-47　"视图"功能区面板

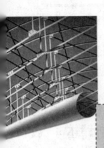

第7章

建立结构分析模型

本章导读

结构分析模型的创建是结构分析的前提，建立的模型直接影响到分析结果。模型的创建与实际情况越接近，分析结果就越准确。本章将对结构分析建模工具进行详细介绍。主要内容是模型的简化，载荷的创建，理想化模型与分配材料等。

重点与难点

- 简化模型
- 创建载荷
- 创建约束
- 理想化模型
- 创建连接
- 材料
- 网格划分
- 创建曲面区域和体积块区域
- 显示控制

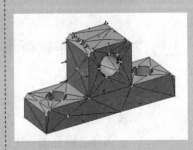

7.1 简化模型

简化模型通过隐含与分析无关的特征或几何，加快 Simulate 分析的运行速度。也可以从零件中省略设计多余部分，减少影响其他参数的约束。如果开始就用简化零件，还可以通过分析结构来指导如何创建该模型的其他部分。在零件的不同设计阶段，被简化的设计也有很多好处：在零件的初期设计阶段，即使没有一个被修改充分的零件或装配，也可以进行可行性研究。当完成一个零件的有限元模型或者几个关键点仍然未定，可以变化零件的整个造型区域，不需要等到未画区域完成后再变化，也可以使用分析结果来引导设计未完成的区域；对于一个完整零件的分析，可以减少零件或装配在有限元表示方面的复杂程度。对于零件和装配可以采用以下方法进行简化：

❑ 在模型树下将不需要的特征隐含起来。

❑ 利用图层功能将隐含起来的特征和要分析的特征分图层存放，先隐藏前者所在图层，然后利用 Simulate 进行分析，分析完成后再将隐藏部分恢复。

❑ 直接画一个可仿真分析的简单模型作分析，完成后再将分析结果应用到正式的零件或装配上。

❑ 再简化时，以梁或薄壳来代替实体，可减少模型尺寸、磁盘空间、内存及分析时间。

❑ 使用 CUT 特征去除模型里对分析不恰当的部分。

7.2 创建载荷

载荷（Load）就是一种施加到整个或部分结构的力、压力、速度、加速度或力矩。为了使 Creo/Simulate 能够顺利运行大多数类型的分析，必须至少在模型的一个区域上加载荷。Creo/Simulate 本身提供广泛而多样的载荷类型。根据实际物体受力情况，给模型添加力/力矩载荷、压力载荷、承载载荷、重力载荷、离心载荷、温度载荷等影响模型结构的载荷因素。

7.2.1 创建载荷集

"载荷集"工具 是对模型所添加的载荷进行分类管理的命令。用此命令创建的载荷集被添加到模型树中，如图 7-1 所示。

选择功能区面板中的"主页"→"载荷"→"载荷集"命令，系统弹出"载荷集"对话框，如图 7-2 所示。

（1）"列表框"用于显示当前模型存在的载荷集。

（2）"新建"按钮用于新建一个新的载荷集到当前模型中。单击该按钮，系统弹出"载荷集定义"对话框，如图 7-3 所示。

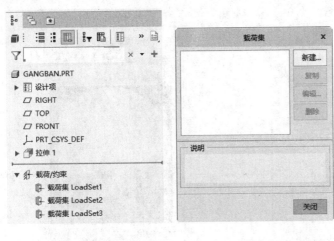

图 7-1　模型树　　　　图 7-2　"载荷集"对话框　　　图 7-3　"载荷集定义"对话框

□　"名称"文本框用于定义新建载荷集的名称，系统默认为 LoadSet＋数字。

□　"说明"文本框用于定义当前新建载荷集的说明，可以使用简单的语句介绍新建载荷集的特征，如 Z 方向力和力矩，以及重力。

（3）"复制"按钮用于复制当前在列表框中选中且高亮显示的载荷集。在列表框中选中一个载荷集，单击该按钮，一个复制的新的载荷集就创建完成。

（4）"编辑"按钮用于对当前选中且高亮显示的载荷集进行编辑。单击该按钮，系统弹出"载荷集定义"对话框，如图 7-3 所示，在这里可以重新定义选定的载荷集的名称和说明。

（5）"删除"按钮用于对选中的高亮显示的载荷集进行移除。在列表框中选中欲移除的载荷集，单击该按钮，被选中的载荷集就移除出当前模型。

（6）"说明"文本框用于显示当前选中的载荷集的说明信息。

7.2.2　创建力/力矩载荷

"力/力矩"工具 是在模型中添加力、力矩的工具。选择功能区面板中的"主页"→"载荷"→"力/力矩"命令 ，系统弹出"力/力矩载荷"对话框，如图 7-4 所示。

（1）"名称"文本框用于定义新建力/力矩载荷的名称，系统默认为 Load＋数字。单击其后"更改颜色"按钮 ，系统弹出"颜色编辑器"对话框，如图 7-5 所示。

□　"颜色轮盘"选项卡用于调节模型中力/力矩的显示颜色。在圆中单击，使十字光标落在所需颜色的区域，然后拖动微调轮进行调节，直到顶部颜色预览区显示的颜色合适为止。

□　"混合调色板"选项卡用于调节混合颜色的背景颜色。单击选项卡中的长方形框，此时的颜色就作为混合颜色的背景颜色。否则，该颜色会随着"颜色轮盘"或"RGB/HSV 滑块"选项中调色变化而变化。

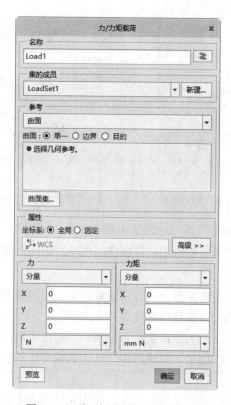

图 7-4　"力/力矩载荷"对话框　　　　图 7-5　"颜色编辑器"对话框

❑　"RGB/HSV 滑块"选项卡使用 RGB/HSV 进行调节颜色。可以勾选"RGB""HSV"复选框，在下方相应的滑块或数字中调节颜色。

❑　"默认"按钮用于设置模型中载荷的显示颜色为默认值。

（2）"集的成员"选项组用于定义当前创建的力/力矩载荷属于哪个载荷集。可以在下拉列表框中选中所属的载荷集，也可以单击其后的"新建"按钮创建新的载荷集。

（3）"参考"选项组用于定义力/力矩载荷加载在模型中的位置。该选项组的具体使用方法如下：

❑　在下拉列表框中选择载荷加载对象：曲面、边/曲线、点。

❑　根据选择曲面、边/曲线、点的不同，其下方的选项也不同，如图 7-6 所示，在相应的选项下选择所选对象的属性。各单选按钮表示的意思如下："单一"单选按钮表示选择单一曲面、边/曲线、点；"目的"单选按钮表示选择多个曲面、边/曲线、点的集合；"边界"单选按钮表示选择模型边界表面，即整个模型表面；"单个"单选按钮选择表示单一点；"特征"单选按钮表示选择点的特征；"阵列"单选按钮表示选择点模型。

□　根据前两步选择的组合选项在 3D 模型中选择相应的几何元素，该几何元素被添加到列表框中。如果欲选择曲面，单击"曲面集"按钮，系统弹出"曲面集"对话框，如图 7-7 所示，在该对话框中可以完成曲面集的定义。

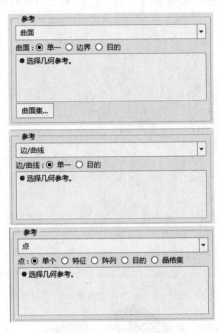

图 7-6　"参考"选项　　　　　　　图 7-7　"曲面集"对话框

（4）"属性"选项组用于定义施加在模型上的力/力矩的参考坐标系。该选项组的使用方法如下：

□　点选"全局"单选按钮表示使用系统全局坐标系 WCS。

□　点选"选定"单选按钮，选择系统坐标系作为载荷参考对象。

□　单击"高级"按钮，系统展开"分布"和"空间变化"选项组，在"分布"选项组中选择"总载荷""单位面积上的力""点总载荷""点总承载载荷"四种受力情况；在"空间变化"选项组中选择"均匀""坐标函数""在整个图元上插值"三种空间受力情况。

（5）"力"选项组用于定义施加在模型上的外力/力矩，可以同时对模型施加力/力矩。在"力"或"力矩"下拉列表框中选择施加力/力矩的方法：元件、方向矢量和大小、方向点和大小三种，如图 7-8 所示。

□　"元件"是在模型上施加力/力矩在 X、Y、Z 轴上的分量，然后系统自动根据输入的大小进行计算，生成合适的力/力矩。

□　"方向矢量和大小"是通过在 X、Y、Z 设置方向向量，在"大小"文本框中输入力/力矩的大小。

□　"方向点和大小"是通过点对点定义力/力矩的方向，在"大小"文本框中输入力/力矩的大小。

❑ 在"力""力矩"选项组中最下方是单位选项，通过下拉列表框选择施加力/力矩的单位。

下面以图7-9所示的钢板受力情况（在钢板中心施加1000N的力载荷，在右侧上边缘施加100N•m的力矩载荷，在前侧面施加100N的力载荷）为例，讲解"力/力矩载荷"工具的使用方法，具体操作步骤如下：

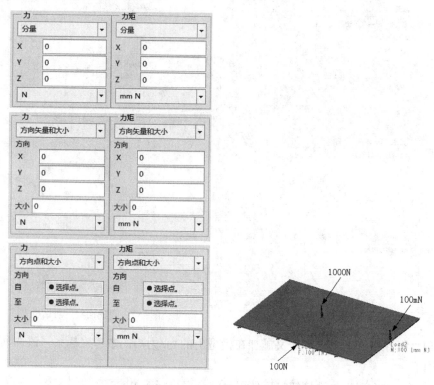

图7-8 "力"选项　　　　　图7-9 钢板受力

（1）选择功能区中的"文件"→"新建"命令，系统弹出"新建"对话框，点选"零件"单选按钮，在"名称"文本框中键入"a4"，取消"使用默认模板"复选框，单击"确定"按钮，系统弹出"新文件选项"对话框。

（2）在"新文件选项"对话框中列表框中，选中"mmns_part_solid_abs"选项，单击"确定"按钮，进入零件设计平台。

（3）选择功能区中的"模型"→"形状"→"拉伸"命令 ，系统弹出"拉伸"操控面板。在"放置"下滑面板中单击"定义"按钮，系统弹出"草图"对话框，在3D工作区中，选择RIGHT面作为绘图平面，其余默认，单击"草绘"按钮，进入草图绘制平台。

（4）绘制500×300矩形，如图7-10所示，单击"确定"按钮，完成草图绘制。在操控面板中厚度设置框中键入5，单击"确定"按钮，完成模型的设计。

（5）选择功能区中的"应用程序"→"Simulate"命令，进入分析界面（集成模式）。在界面中选择功能区中的"主页"→"设置"→"结构模式"命令，进入结构分析模块。

（6）选择功能区面板中的"主页"→"载荷"→"载荷集"命令 ，系统弹出"载荷集"对话框，单击"新建"按钮，保持系统默认值，单击"确定"按钮，Loadset1 载荷集就添加到列表框中，然后单击"关闭"按钮，完成载荷集的创建。

（7）选择功能区面板中的"主页"→"载荷"→"力/力矩"命令 ⊢，系统弹出"力/力矩载荷"对话框。

（8）在"参考"下拉列表框中选择"点"选项，然后在 3D 模型中部单击一点，确定载荷施加点，在"力"选项组的"X"文本框中键入 1000，在其下方下拉列表框中选择"N"选项，对话框设置如图 7-11 所示，单击"确定"按钮，力载荷创建完成，效果如图 7-12所示。

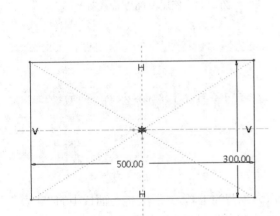

图 7-10　绘制矩形

图 7-11　"力/力矩载荷"对话框设置

图 7-12　1000N 力载荷

（9）选择功能区面板中的"主页"→"载荷"→"力/力矩"命令 ⊢，系统弹出"力/力矩载荷"对话框。

（10）在"参考"下拉列表框中选择"边/曲线"选项，然后在 3D 模型中选择右侧上边线，确定载荷施加曲线，单击"高级"按钮，在弹出的"分布"选项组中选"点的总载荷"选项，在 3D 模型中选择右侧边线上一点。在"力矩"选项组的"X"文本框中键入 100，在其下方下拉列表框中选择"mN"选项，单击"确定"按钮，力矩载荷创建完成，效果如图 7-13 所示。

（11）选择功能区面板中的"主页"→"载荷"→"力/力矩"命令，系统弹出"力/力矩载荷"对话框。

（12）在"参考"下拉列表框中选择"曲面"选项，然后在 3D 模型中选择前侧面，确定载荷施加曲面。在"力"选项组的"Z"文本框中键入-100，在其下方下拉列表框中选择"N"选项，单击"确定"按钮，力载荷创建完成，效果如图 7-14 所示。

图 7-13　施加 100mN 力矩载荷　　　图 7-14　施加 100N 平面载荷

 注意

在输入值时，要注意坐标轴 XYZ 轴的方向，方向不同会导致值输入到不同的轴上。

7.2.3　创建压力载荷

"压力"工具是对模型中的平面施加压力载荷的工具。选择功能区面板中的"主页"→"载荷"→"压力"命令，系统弹出"压力载荷"对话框，如图 7-15 所示。

（1）"名称"文本框用于定义新建压力载荷的名称，系统默认为 Load＋数字。单击其后的"颜色设置"按钮，系统弹出"颜色编辑器"对话框，在对话框中定义压力载荷在模型中显示的颜色。

（2）"集的成员"选项组用于定义当前创建的压力属于哪个载荷集。可以在下拉列表框中选中所需的载荷集，也可以单击其后的"新建"按钮创建新的载荷集。单击该按钮，系统弹出"载荷属性"对话框，在对话框中输入新载荷集的名称和说明。

（3）"参考"选项组用于定义压力载荷加载到模型中的位置。在"曲面"选项组中点选"单一"单选按钮表示在 3D 模型中选择单一曲面；点选"边界"单选按钮表示在 3D 模型中选择边界表面，即整个模型表面；点选"目的"单选按钮表示在 3D 模型中选择多个曲面；单击"曲面集"按钮，系统弹出"曲面集"对话框，在该对话框中可以完成曲面集的定义。

（4）"压力"选项组用于定义施加的压力方法和种类。

❑　单击"高级"按钮，系统展开"空间变化"选项组。在"空间变化"选项组中选择"均匀"选项表示施加压力载荷均匀分布在表面上；选择"Function Of Coordinate（函数坐标）"选项表示施加的压力载荷按照函数关系式分布在表面上；选择"在整个图元上插值"选项表示施加压力载荷按照插值点数进行分布；选择"外部系数字段"选项表示使用外部数据 fnf 格式文件进行压力载荷分布。

图 7-15　"压力载荷"对话框

❑　　"值"选项组定义施加压力载荷的数值。在文本框中键入数值的大小，在其后的下拉列表框中选择数值的单位。

下面以图 7-16 所示轴承座为例，讲解"压力"工具的使用方法。

设计要求：在上表面施加 100MPa 的均匀载荷，在左侧施加按照函数 $f(x)=x^2$ 分布的 100MPa 压力载荷，在右侧施加按插值点分布的 100MPa 压力载荷。

（1）选择功能区中的"文件"→"新建"命令，系统弹出"新建"对话框，点选"零件"单选按钮，在"名称"文本框中键入 b5，取消"使用默认模板"复选框，单击"确定"按钮，系统弹出"新文件选项"对话框。

（2）在"新文件选项"对话框中列表框中选中"mmns_part_solid_abs"选项，单击"确定"按钮，进入零件设计平台。

（3）选择功能区中的"模型"→"形状"→"拉伸"命令 ，系统弹出"拉伸"操控面板。在"放置"下滑面板中单击"定义"按钮，系统弹出"草图"对话框，在 3D 工作区中，选择 RIGHT 面作为绘图平面，其余默认，单击"草绘"按钮，进入草图绘制平台。

（4）绘制如图 7-17 所示草图轮廓，单击"确定"按钮，完成草图绘制，在操控面板的厚度设置框中键入 50，单击"确定"按钮，完成模型的设计。

（5）选择功能区中的"模型"→"工程"→"边倒角"命令 ，在控制面板中设置倒角类型为 D×D，设置边长为 5，在 3D 模型中选择上表面 4 条边，单击"确定"按钮，完成模型的倒角。

（6）选择功能区中的"模型"→"工程"→"孔"命令 ，在 3D 模型中选择模型上表面，设置到前表面和侧面的距离为 25、30，圆直径为 25，完全拉伸，如图 7-18 所示，单击"确定"按钮，完成孔特征的创建。同样地在另一侧创建孔。

（7）选择功能区中的"应用程序"→"Simulate"命令，进入分析界面，在界面中选择功能区中的"主页"→"设置"→"结构模式"命令，进入结构分析模块。

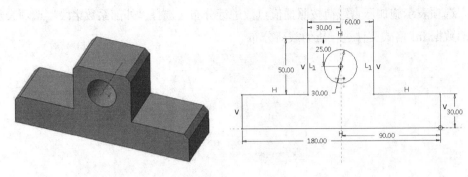

图 7-16　轴承座　　　　　　　　　　　图 7-17　草图轮廓

（8）选择功能区面板中的"主页"→"载荷"→"载荷集"命令 ，系统弹出"载荷集"对话框，单击"新建"按钮，保持系统默认值，单击"确定"按钮，Loadset1 载荷集就添加到列表框中，然后单击"关闭"按钮，完成载荷集的创建。

（9）选择功能区面板中的"主页"→"载荷"→"压力"命令 ，系统弹出"压力载荷"对话框。

（10）点选"曲面"选项组中"单一"单选按钮，在 3D 模型中选择上表面，在"值"文本框中键入 100，在其后的下拉列表框中选择"MPa"选项，单击"预览"按钮，效果如图 7-19 所示，然后单击"确定"按钮，完成压力载荷创建。

（11）选择功能区面板中的"主页"→"载荷"→"压力"命令 ，系统弹出"压力载荷"对话框。

（12）点选"曲面"选项组中"单一"单选按钮，在 3D 模型中选择左侧表面，如图 7-20 所示，在"值"文本框中键入 100，在其后的下拉列表框中选择"MPa"选项。

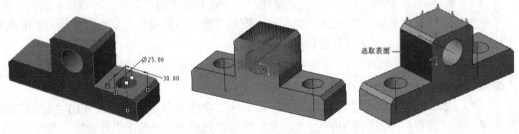

图 7-18　孔参数　　　　　图 7-19　创建的压力载荷　　　　图 7-20　选取表面

（13）单击"高级"按钮，系统展开"空间变化"选项组。在"空间变化"选项组中选择"坐标函数"选项，单击 $f(x)$ 按钮，系统弹出"函数"对话框，如图 7-21 所示。

（14）在"函数"对话框中单击"新建"按钮，系统弹出"函数定义"对话框，如图 7-22 所示。

（15）在"函数定义"对话框中单击"可用的函数组成"按钮，系统弹出"符号选项"对话框，如图 7-23 所示。选中"函数"列表框中"sqrt（x）"选项，单击"关闭"按钮，返回"函数定义"对话框，单击"审阅"按钮，系统弹出"图形函数"对话框。

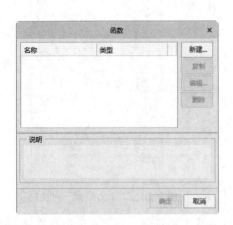

图 7-21　"函数"对话框　　　　图 7-22　"函数定义"对话框

（16）在"图形函数"对话框的"下限"文本框中键入 0.01，"上限"文本框中键入 100，如图 7-24 所示。单击"图形"按钮，系统弹出"图形工具"窗口，函数图形如图 7-25 所示。

图 7-23　"符号选项"对话框　　　　图 7-24　"图形函数"对话框

（17）关掉图形工具窗口，在"图形函数"对话框中，单击"完成"按钮，返回"函数定义"对话框，单击"确定"按钮，返回"函数"对话框，单击"确定"按钮，返回"压力载荷"对话框，此时对话框如图 7-26 所示。单击"预览"按钮，效果如图 7-27 所示，单击"确定"按钮，完成压力载荷创建。

（18）选择功能区面板中的"主页"→"载荷"→"压力"命令，系统弹出"压力载荷"对话框。

（19）点选"曲面"选项组中"单一"单选按钮，在 3D 模型中选择右侧表面，如图

7-28 所示表面，在"值"文本框中键入 100，在其后的下拉列表框中选择"MPa"选项。

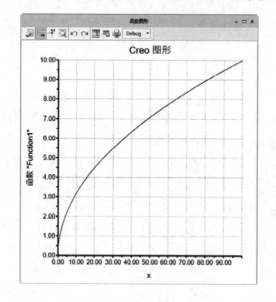

图 7-25　函数图形　　　　　　　　　　图 7-26　"压力载荷"对话框

（20）单击"高级"按钮，系统展开"空间变化"选项组，在"空间变化"选项组中选择"在整个图元上插值"选项，系统弹出"插值点/值"选项组，如图 7-29 所示。

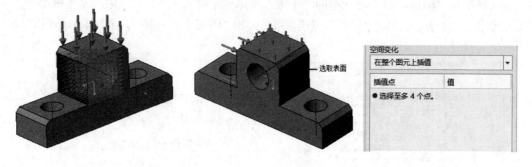

图 7-27　函数分布压力载荷　　　图 7-28　选取表面　　　图 7-29　在整个图元上插值

（21）在 3D 模型中，选择一点作为插值基准点，如图 7-30 所示，单击并选定"插值点 1"，然后按着 Ctrl 键单击并选定插值点 2，这时对话框如图 7-31 所示。

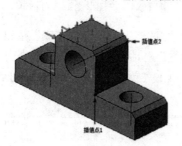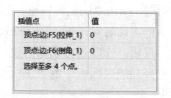

图 7-30　选择插值点　　　　　　　图 7-31　"基准点"对话框

（22）在选项组中"值"文本框中，插值点 1 的值键入 50，插值点 2 的值键入 1，如图 7-32 所示。

（23）单击"预览"按钮，效果如图 7-33 所示。单击"确定"按钮，返回到"压力载荷"对话框，单击"确定"按钮，完成压力载荷创建。

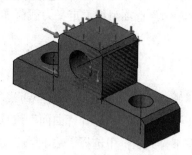

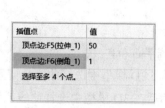

插值点	值
顶点:边:F5(拉伸_1)	50
顶点:边:F6(倒角_1)	1
选择至多 4 个点。	

图 7-32　插值点

图 7-33　插值点压力载荷

7.2.4　创建承载载荷

"承载"工具 是对模型的曲面和曲线施加力载荷的工具。选择功能区面板中的"主页"→"载荷"→"承载"命令 ，系统弹出"承载载荷"对话框，如图 7-34 所示。

图 7-34　"承载载荷"对话框

（1）"名称"文本框用于定义新建力载荷的名称，系统默认为 Load＋数字。单击其后的"颜色设置"按钮 ，系统弹出"颜色编辑器"对话框，在对话框中定义力载荷在模型中显示的颜色。

（2）"集的成员"选项组用于定义当前创建的力载荷属于哪个载荷集。可以在下拉列表框中选中所需的载荷集，也可以单击其后的"新建"按钮创建新的载荷集。单击该按钮，系统弹出"载荷属性"对话框，在对话框中输入新载荷集的名称和说明。

（3）"参考"选项组用于定义力载荷加载到模型中的位置，具体使用方法如下：

 注意

这里只能在 3D 模型中选择曲面和曲线，不支持平面和直线。

❑　在下拉列表框中选择"曲面"选项，然后在 3D 模型中选择曲面几何元素。

❑　在下拉列表框中选择"边/曲线"选项，然后在 3D 模型中选择曲线或边界曲线。

（4）"属性"选项组用于定义施加在模型上的力的参考坐标系。该选项组的使用方法如下：

❑　点选"全局"单选按钮表示使用系统全局坐标系 WCS。

❑　点选"选定"单选按钮，选择系统坐标系作为载荷参考对象。

（5）"力"选项组用于定义施加到模型上的载荷力。在"力"下拉列表框中选择施加力的方法：元件、方向矢量和大小、方向点和大小三种。

❑　"元件"是在模型上施加承载载荷在 X、Y、Z 轴上的分量，然后系统自动根据输入值的大小进行计算，生成所需的承载载荷。

❑　"方向矢量和大小"是在 X、Y、Z 设置方向向量，在"大小"文本框中输入承载载荷的大小。

❑　"方向点和大小"是通过点对点定义承载载荷的方向，在"大小"文本框中输入承载载荷的大小。

❑　在"力"选项组中最下方是单位选项，通过下拉列表框选择施加承载载荷的单位。

下面以一个圆柱体为例，讲解"承载载荷"工具的使用方法。

设计要求：对圆柱体侧面施加 100N 向心力，在上边缘施加向外的 50N 拉力。

（1）选择功能区中的"文件"→"新建"命令，系统弹出"新建"对话框，点选"零件"单选按钮，在"名称"文本框中键入 c，取消"使用默认模板"复选框，单击"确定"按钮，系统弹出"新文件选项"对话框。

（2）在"新文件选项"对话框列表框中选中"mmns_part_solid_abs"选项，单击"确定"按钮，进入零件设计平台。

（3）选择功能区中的"模型"→"形状"→"拉伸"命令🔲，系统弹出"拉伸"操控面板，在"放置"下滑面板中单击"定义"按钮，系统弹出"草图"对话框，在 3D 工作区中，选择 RIGHT 面作为绘图平面，其余默认，单击"草绘"按钮，进入草图绘制平台。

（4）绘制图 7-35 所示草图轮廓，单击"确定"按钮，完成草图绘制。在操控面板的厚度设置框中键入 30，单击"确定"按钮，完成模型的设计，效果如图 7-36 所示。

（5）选择功能区中的"应用程序"→"Simulate"命令，进入分析界面。在界面中选择功能区中的"主页"→"设置"→"结构模式"命令，进入结构分析模块。

（6）选择功能区面板中的"主页"→"载荷"→"载荷集"命令 ，系统弹出"载荷集"对话框，单击"新建"按钮，保持系统默认值，单击"确定"按钮，Loadset1 载荷集就添加到列表框中，然后单击"关闭"按钮，完成载荷集的创建。

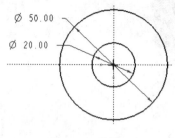

图 7-35　草图

图 7-36　圆柱体

（7）选择功能区面板中的"主页"→"载荷"→"承载"命令 ，系统弹出"承载载荷"对话框。

（8）在对话框中，选择"参考"下拉菜单中"曲面"选项，在 3D 模型中选择圆柱表面，在"力"选项组的"Z"文本框中键入 100，在其下方的下拉列表框中选择"N"选项，对话框设置如图 7-37 所示。单击"预览"按钮，效果如图 7-38 所示，单击"确定"按钮，完成曲面承载载荷的创建。

（9）选择功能区面板中的"主页"→"载荷"→"承载"命令 ，系统弹出"承载载荷"对话框。

（10）在对话框中选择"参考"下拉菜单中"边/曲线"选项，在 3D 模型中选择圆柱上边线，在"力"选项组的"Z"文本框中键入-50，在其下方的下拉列表框中选择"N"选项，对话框设置如图 7-39 所示。单击"预览"按钮，效果如图 7-40 所示，单击"确定"按钮，完成曲线承载载荷的创建。

图 7-37　"承载载荷"对话框　　图 7-38　曲面承载载荷　　图 7-39　"承载载荷"对话框

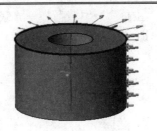

图 7-40　曲线载荷

 注意

在输入值时，要注意坐标轴 XYZ 轴的方向，方向不同会导致值输入到不同的轴上。

7.2.5　创建重力载荷

"重力载荷"工具🔲用于对模型施加重力载荷，即重力加速度。根据自然规律，地球上的每个物体都受重力载荷的影响。但是对大多数模型来说，相对其他载荷，这个载荷可以忽略。不过，基于某种特殊的原因，仍然需要施加重力载荷到模型上。选择功能区面板中的"主页"→"载荷"→"重力"命令🔲，系统弹出"重力载荷"对话框，如图 7-41 所示。

图 7-41　"重力载荷"对话框

 注意

标准重力为 $9.81\text{m/s}^2 = 9810\text{mm/s}^2$。

（1）"名称"文本框用于定义新建重力载荷的名称，系统默认为 Load＋数字。单击其后的"颜色设置"按钮 ![icon]，系统弹出"颜色编辑器"对话框，在对话框中定义重力载荷在模型中显示的颜色；

（2）"集的成员"选项组用于定义当前创建的重力载荷是属于哪个载荷集。可以在下拉列表框中选中所需的载荷集，也可以单击其后的"新建"按钮创建新的载荷集，单击该按钮，系统弹出"载荷属性"对话框，在对话框中输入新载荷集的名称和说明。

（3）"坐标系"选项组用于定义施加在模型上的力的参考坐标系。点选"全局"单选按钮表示使用系统全局坐标系 WCS；点选"选定"单选按钮，选择系统坐标系作为载荷参考对象。

（4）"加速度"选项组用于定义施加在模型上的重力载荷。在下拉列表框中选择施力的方法：分量、方向矢量和大小、方向点和大小三种。

- "元件"是重力施加在模型的 X、Y、Z 轴上的分量，然后系统自动根据输入的大小进行计算，生成所需重力载荷。

- "方向矢量和大小"是在 X、Y、Z 设置方向向量，在"大小"文本框中输入重力的大小。

- "方向点和大小"是通过点对点定义重力的方向，在"大小"文本框中输入重力的大小。

- 在"力"选项组中最下方是单位选项，通过下拉列表框选择施加重力的单位。

下面以上例中的圆柱体为例，讲解"重力"工具的使用方法。

（1）打开模型"c.prt"，选择功能区中的"应用程序"→"Simulate"命令，进入到分析界面。在界面中选择功能区中的"主页"→"设置"→"结构模式"命令，进入结构分析模块。

（2）选择功能区面板中的"主页"→"载荷"→"重力"命令 ![icon]，系统弹出"重力载荷"对话框。

（3）在"加速度"选项组中"X"文本框中键入 9.81，在其下方的下拉列表框中选择"mm/s^2"，对话框设置如图 7-42 所示。单击"确定"按钮，完成重力载荷的创建，效果如图 7-43 所示。

图 7-42　"重力载荷"对话框

图 7-43　重力载荷

7.2.6 创建离心载荷

"离心"工具 是通过对模式设置角速度、角加速度，使模型产生一个离心载荷的工具。选择功能区面板中的"主页"→"载荷"→"离心"命令 ，系统弹出"离心载荷"对话框，如图 7-44 所示。

（1）"名称"文本框用于定义新建离心载荷的名称，系统默认为 Load＋数字。单击其后的"颜色设置"按钮 ，系统弹出"颜色编辑器"对话框，在对话框中定义离心载荷在模型中显示的颜色。

（2）"集的成员"选项组用于定义当前创建的离心载荷是属于哪个载荷集。可以在下拉列表框中选中所需的载荷集，也可以单击其后的"新建"按钮创建新的载荷集，单击该按钮，系统弹出"载荷属性"对话框，在对话框中输入新载荷集的名称和说明。

（3）"旋转原点和坐标系"选项组用于定义施加在模型上的载荷的参考坐标系。点选"全局"单选按钮表示使用系统全局坐标系 WCS；点选"选定"单选按钮，选择系统坐标系作为载荷参考对象。

（4）"角速度"选项组用于定义施加在模型上的角速度的方向和大小。在下拉列表框中选择施加的方法：

❑ "元件"是模型上施加的角速度在 X、Y、Z 轴上的分量，然后系统自动根据输入值的大小进行计算，生成所需的角速度。

❑ "方向矢量和大小"是在 X、Y、Z 设置方向向量，在"大小"文本框中输入角速度的大小。

❑ "方向点和大小"是通过点对点定义角速度的方向，在"大小"文本框中输入角速度的大小。

❑ 在其下方文本框中显示角速度单位 rad/sec。

（5）"角加速度"选项组用于定义施加在模型上的角加速度的方向和大小。在下拉列表框中选择施加的方法：

❑ "元件"是模型上施加的角加速度在 X、Y、Z 轴上的分量，然后系统自动根据输入的大小进行计算，生成所需的角加速度。

❑ "方向矢量和大小"是在 X、Y、Z 设置方向向量，在"大小"文本框中输入角加速度的大小。

❑ "方向点和大小"是通过点对点定义角加速度的方向，在"大小"文本框中输入角加速度的大小。

❑ 在其下方文本框中显示角加速度单位 rad/s^2。

下面以一个球体为例，讲解"离心"工具的使用方法。

设计要求：在 Y 轴方向施加 1000rad/s 的角速度，在 X 轴方向施加 $80rad/s^2$ 的角加速度。

（1）选择功能区中的"文件"→"新建"命令，系统弹出"新建"对话框，点选"零件"单选按钮，在"名称"文本框中键入 d，取消"使用默认模板"复选框，单击"确定"

按钮，系统弹出"新文件选项"对话框。

（2）在"新文件选项"对话框列表框中选中"mmns_part_solid_abs"选项，单击"确定"按钮，进入零件设计平台。

（3）选择功能区中的"模型"→"形状"→"旋转"命令 ，系统弹出"旋转"操控面板。在"放置"下滑面板中单击"定义"按钮，系统弹出"草图"对话框，在 3D 工作区中，选择 RIGHT 面作为绘图平面，其余默认，单击"草绘"按钮，进入草图绘制平台。

（4）绘制草图轮廓如图 7-45 所示，单击"确定"按钮，完成草图绘制。在操控面板的厚度设置框中键入 360，单击"确定"按钮，完成模型的设计，效果如图 7-46 所示。

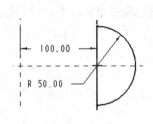

图 7-44　"离心载荷"对话框　　图 7-45　草图轮廓　　　　图 7-46　球体

（5）选择功能区中的"应用程序"→"Simulate"命令，进入分析界面。在界面中选择功能区中的"主页"→"设置"→"结构模式"命令，进入结构分析模块。

（6）选择功能区面板中的"主页"→"载荷"→"载荷集"命令 ，系统弹出"载荷集"对话框，单击"新建"按钮，保持系统默认值，单击"确定"按钮，Loadset1 载荷集就添加到列表框中，然后单击"关闭"按钮，完成载荷集的创建。

（7）选择功能区面板中的"主页"→"载荷"→"离心"命令 ，系统弹出"离心载荷"对话框。

（8）在"角速度"选项组中"Y"文本框的键入 1000，其下文本框显示单位 rad/s。在"角加速度"选项组中"X"文本框的键入 80，其下文本框显示单位 rad/s^2。对话框如图 7-47 所示。

177

（9）单击"确定"按钮，完成离心载荷的创建，效果如图7-48所示。

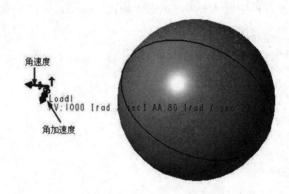

图7-47　"离心载荷"对话框　　　　图7-48　施加的离心载荷

7.2.7　创建温度载荷

"温度"工具 用于对全局模型指定温度变化时添加结构温度载荷。选择功能区面板中的"主页"→"载荷"→"温度"命令 ，系统弹出"结构温度载荷"对话框，如图7-49所示。

（1）"名称"文本框用于定义新建温度载荷的名称，系统默认为Load＋数字。单击其后的"颜色设置"按钮 ，系统弹出"颜色编辑器"对话框，在对话框中定义温度载荷在模型中显示的颜色。

（2）"集的成员"选项组用于定义当前创建的温度载荷属于哪个载荷集。可以在下拉列表框中选中所需的载荷集，也可以单击其后的"新建"按钮创建新的载荷集，单击该按钮，系统弹出"载荷属性"对话框，在对话框中设置新载荷集的名称和说明。

（3）"参考"选项组用于定义温度载荷加载到在模型中的位置。在相应的选项下选择所选择对象的属性。各选项表示的意思如下：

- □　"分量"选项表示选择在X、Y、Z轴上的分量。
- □　"体积块"选项表示选择体积块。
- □　"曲面"选项表示选择模型边界表面。
- □　"边/曲线"选项选择表示曲线或边界曲线。

（4）"图元温度"选项组用于设置模型温度。在文本框中键入温度数值，在其后的下拉列表框中选择如下温度样式：

❑　"均匀"选项表示温度载荷均匀分布在表面上。

❑　"Function Of Coordinate（函数坐标）"选项表示温度载荷按照函数关系式分布在表面上。

❑　"外部场"选项表示使用外部数据文件进行温度载荷分布。

（5）"参考温度"选项组用于设置模型零应力下的温度，即不考虑室温和常温的温度。在文本框中键入温度数值，在其后的下拉列表框中选择温度单位。

下面用前面讲解过的例子介绍"温度"工具的使用方法。

（1）打开模型"b5.prt"，选择功能区中的"应用程序"→"Simulate"命令，进入分析界面。在界面中选择功能区中的"主页"→"设置"→"结构模式"命令，进入结构分析模块。

（2）选择功能区面板中的"主页"→"载荷"→"温度"命令 🖃，系统弹出"结构温度载荷"对话框。

（3）在"图元温度"文本框中键入 40，在其后下拉列表框中选择"C"选项。在"参考温度"文本框中键入 18，在其后下拉列表框中选择"C"选项，对话框设置如图 7-50 所示。

（4）单击"确定"按钮，完成结构温度载荷的创建，效果如图 7-51 所示。

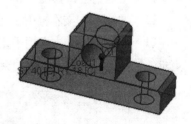

图 7-49　"结构温度载荷"对话框　图 7-50　"结构温度载荷"对话框　图 7-51　创建的结构温度载荷

7.3　创建约束

约束和载荷一样都是在 Creo/Simulate 里用来仿真实物的重要依据，并建立在分析和敏感研究的基础上。Creo/Simulate 将使用这些信息进行模型仿真，所定义的约束和载荷，会影响到分析的结果。为了能够顺利运行多数类型的分析，必须至少约束模型的一个区域。"约束"是针对实际的情况，对结构的点、线、面的自由度进行约束。对模型增加约束之前，必须保证以下几何和参考存在。

1．坐标系

每一个约束都需要相对一个固定的坐标系，如果不想使用系统默认的系统全局坐标系（WCS），也可以自己定义坐标系，且让其变成当前的坐标系。可以使用的三种坐标系是：笛卡尔坐标（Cartesian）、圆柱坐标（Cylindrical）、球坐标（Spherical）

2．基准点

如果在曲线或表面上约束一个特定点，那么就要在那个位置包含一个基准点约束。

3．区域

如果约束划分曲面，那么模型就需要包含定义该区域的基准曲线轮廓。

为一结构模型定义约束，目的是要固定部分零件的几何，使零件不能移动，或只能以预定的方式移动。Creo/Simulate 假设零件任何未约束的部分都会按模型可利用的所有方向自由移动。

7.3.1 创建约束集

"约束集"工具  是对模型所创建的约束进行分类的命令。使用该工具命令创建的约束集就被添加到模型结构树中。

选择功能区面板中的"主页"→"约束"→"约束集"命令 ，系统弹出"约束集"对话框，如图 7-52 所示。

（1）"列表框"用于显示当前模型存在的约束集。

（2）"新建"按钮用于新建一个新的约束集到当前模型中。单击该按钮，系统弹出"约束集定义"对话框，如图 7-53 所示。

❑ "名称"文本框用于定义新建约束集的名称，系统默认为 ConstraintSet＋数字。

❑ "说明"文本框用于定义当前新建约束集的说明，可以使用简单的语句介绍该约束集的特征，如点约束、面约束等。

图 7-52 "约束集"对话框   图 7-53 "约束集定义"对话框

（3）"复制"按钮用于复制当前选中且高亮显示的约束集。在列表框中选中一个约束集，单击该按钮，一个复制的新约束集就创建完成。

（4）"编辑"按钮用于对当前选中且高亮显示的约束集进行编辑。单击该按钮，系统弹出"约束集定义"对话框，如图 7-53 所示，在这里可以重新定义选定的约束集的名称和说明。

（5）"删除"按钮用于对选中的高亮显示的约束集进行移除。在列表框中选中欲移除的约束集，单击该按钮，被选中的约束集就被移除出当前模型。

（6）"说明"文本框用于显示当前选中的约束集的说明信息。

7.3.2　创建位移约束

"位移"工具 是对模型中点、线、面进行约束的工具。选择功能区面板中的"主页"→"约束"→"位移"命令 ，系统弹出"约束"对话框，如图 7-54 所示。

图 7-54　"约束"对话框　　　　　　图 7-55　参考选项

（1）"名称"文本框用于定义新建位移约束的名称，系统默认为 Constraint＋数字，也可以自定义。

（2）"集的成员"选项组用于定义新建位移约束属于哪个约束集，在其下拉列表框中选择所属约束集，也可以单击其后的"新建"按钮创建新的约束集，在系统弹出的"约束属性"对话框中设置新约束集的名称和说明。

（3）"参考"选项组用于定义位移约束的对象：点、线、面，该选项组的具体使用方法如下：

在下拉列表框中选择位移约束对象：曲面、边/曲线、点。根据选择曲面、边/曲线、点的不同，其下方的选项也不同，如图 7-55 所示，在相应的选项下选择所选择对象的属性。各单选按钮表示的意思："单一"单选按钮表示选择单一曲面、边/曲线、点；"目的"单选按钮表示选择多个曲面、边/曲线、点的集和；"边界"单选按钮表示选择模型边界表面，即整个模型表面；"单一"单选按钮选择表示单一点；"特征"单选按钮表示选择点特征；

"阵列"单选按钮表示选择点模型。

根据已选的组合选项在 3D 模型中选择相应的几何元素,该几何元素就添加到列表框中。如果欲选择曲面,单击"曲面集"按钮,系统弹出"曲面集定义"对话框,在该对话框中可以完成曲面集的定义。

(4)"坐标系"选项组用于定义约束参考坐标系,可以使用全局坐标系,也可以使用选定坐标系。

点选"全局"单选按钮表示使用系统全局坐标系 WCS;点选"选定"单选按钮,选择系统坐标系作为约束参考对象。

(5)"平移"选项组用于定义所选择的点、线、面相对于 X、Y、Z 轴的平移约束。选中"自由"按钮 ，表示所选取的点、线、面相对于 X、Y、Z 轴自由平移;选中"固定"按钮 ，表示所选取的点、线、面相对于 X、Y、Z 轴平移固定;选中"规定的"按钮 ，表示所选择的点、线、面相对于 X、Y、Z 轴平移一定距离,在其后的文本框中键入平移距离,在其下方下拉列表框中选择单位。

(6)"旋转"选项组用于定义所选择的点、线、面相对于 X、Y、Z 轴的旋转约束。选中"自由"按钮 ，表示所选取的点、线、面相对于 X、Y、Z 轴自由旋转;选中"固定"按钮 ，表示所选取的点、线、面相对于 X、Y、Z 轴旋转固定;选中"规定的"按钮 ，表示所选择的点、线、面绕 X、Y、Z 轴旋转一定角度,在其后的文本框中键入旋转角度,在其下方下拉列表框中选择角度单位。

下面以图 7-56 所示轴承座为例,讲解"位移"工具的使用方法。

1. 创建点约束

(1)打开模型"b5.prt",选择功能区中的"应用程序"→"Simulate"命令,进入分析界面,在界面中选择功能区中的"主页"→"设置"→"结构模式"命令,进入结构分析模块。

(2)选择功能区面板中的"主页"→"约束"→"约束集"命令 ，系统弹出"约束集"对话框,单击"新建"按钮,保持系统默认值,单击"确定"按钮,ConstraintSet1约束集就添加到列表框中,单击"关闭"按钮,完成约束集的创建。

(3)选择功能区面板中的"主页"→"约束"→"位移"命令 ，系统弹出"约束"对话框。

(4)在"约束"对话框中,选择"参考"下拉列表框中"点"选项,在 3D 模型中选择一点,如图 7-57 所示。

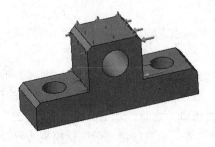

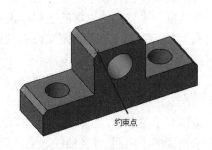

图 7-56　轴承座　　　　　　　　　图 7-57　约束点

（5）在"平移"选项组中，选中 X 轴的"自由"按钮 ；选中 Y 轴的"固定"按钮 ；选中 Z 轴的"规定的"按钮 ，在其后的文本框中键入 100，下拉列表框中选中"mm"选项。

（6）单击"确定"按钮，完成轴承座点约束的创建，效果如图 7-58 所示。

图 7-58　创建的点约束

2. 创建线约束

（1）选择功能区面板中的"主页"→"约束"→"位移"命令 ，系统弹出"约束"对话框。

（2）在"约束"对话框中，选择"参考"下拉列表框的"边/曲线"选项，在 3D 模型中选择约束边线，如图 7-59 所示。

（3）在"平移"选项组中，选中 X 轴的"自由"按钮 ；选中 Y 轴的"固定"按钮 ；选中 Z 轴的"规定的"按钮 ，在其后的文本框中键入 200，下拉列表框中选中"mm"选项。

（4）单击"确定"按钮，完成轴承座边线约束的创建，效果如图 7-60 所示。

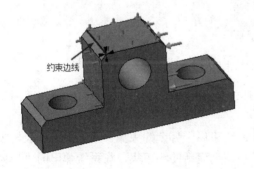
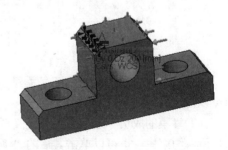

图 7-59　约束的边线　　　　　　　　　图 7-60　创建的边线约束

3. 创建面约束

（1）选择功能区面板中的"主页"→"约束"→"位移"命令 ，系统弹出"约束"对话框。

（2）在"约束"对话框中，选择"参考"下拉列表框的"曲面"选项，在 3D 模型中选择约束面，如图 7-61 所示。

（3）在"平移"选项组中，选中 X 轴的"自由"按钮 ；选中 Y 轴的"固定"按钮 ；选中 Z 轴的"规定的"按钮 ，在其后的文本框中键入 80，下拉列表框中选中"mm"选项。

（4）单击"确定"按钮，完成轴承座面约束的创建，效果如图 7-62 所示。

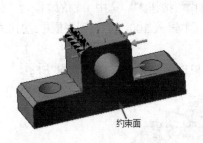

约束面

图 7-61 约束面

图 7-62 创建的面约束

7.3.3 创建平面约束

"平面"工具 是对平面的 6 个自由度进行约束的工具。选择功能区面板中的"主页" → "约束" → "平面"命令 ，系统弹出"平面约束"对话框，如图 7-63 所示。

图 7-63 "平面约束"对话框

（1）"名称"文本框用于定义新建位移约束的名称，系统默认为 Constraint＋数字，也可以自定义。

（2）"集的成员"选项组用于定义新建平面约束属于哪个约束集，在其下拉列表框中选择所属约束集，也可以单击其后的"新建"按钮创建新的约束集，在系统弹出的"约束属性"对话框中，设置新约束集的名称和说明。

（3）"参考"选项组用于定义平面约束的对象。

下面以模型 b5.prt 为例，讲解"平面约束"工具的使用方法。

（1）打开模型"b5.prt"，选择功能区中的"应用程序" → "Simulate"命令，进入分析界面，在界面中选择功能区中的"主页" → "设置" → "结构模式"命令，进入结构分析模块。

（2）选择功能区面板中的"主页" → "约束" → "约束集"命令 ，系统弹出"约束集"对话框，单击"新建"按钮，保持系统默认值，单击"确定"按钮，ConstraintSet1 约束集就添加到列表框中，然后单击"关闭"按钮，完成约束集的创建。

（3）选择功能区面板中的"主页" → "约束" → "平面"命令 ，系统弹出"平面约束"对话框，平面就添加到列表框中。

（4）在 3D 模型中选择平面，如图 7-64 所示。

（5）单击"确定"按钮，完成平面约束的创建，效果如图 7-65 所示。

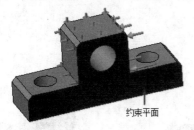

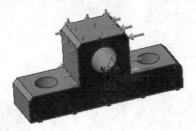

图 7-64　约束平面　　　　　　　　　　　图 7-65　创建的平面约束

7.3.4　创建销约束

"销"工具 销 是对模型的轴向平移和径向旋转进行约束的工具。选择功能区面板中的"主页"→"约束"→"销"命令 销，系统弹出"销钉约束"对话框，如图 7-66 所示。

（1）"名称"文本框用于定义新建销约束的名称，系统默认为 Constraint＋数字，也可以自定义。

（2）"集的成员"选项组用于定义新建销约束属于哪个约束集，在其下拉列表框中选择所属约束集，也可以单击其后的"新建"按钮创建新的约束集，在系统弹出的"约束属性"对话框中设置新约束集的名称和说明。

（3）"参考"选项组用于定义销约束对象，例如，圆周曲面等。

（4）"属性"选项组用于定义轴特征约束和平面特征约束。选中"自由"按钮 ，表示绕轴线可以自由旋转，沿平面自由移动；选中"固定"按钮 ，表示绕轴线固定不动，沿平面方向固定不动。

下面以 b5.prt 为例，讲解"销"工具的使用方法：

（1）打开模型"b5.prt"，选择功能区中的"应用程序"→"Simulate"命令，进入分析界面，在界面中选择功能区中的"主页"→"设置"→"结构模式"命令，进入结构分析模块。

（2）选择功能区面板中的"主页"→"约束"→"约束集"命令 ，系统弹出"约束集"对话框，单击"新建"按钮，保持系统默认值，单击"确定"按钮，ConstraintSet1 约束集就添加到列表框中，然后单击"关闭"按钮，完成约束集的创建。

（3）选择功能区面板中的"主页"→"约束"→"销"命令 销，系统弹出"销钉约束"对话框。

（4）在 3D 模型中选择约束对象平面，如图 7-67 所示，Surface 圆柱曲面就添加到列表框中。

（5）在"属性"选项组中，选中"角度约束"选项组中的"自由"按钮 ，使其围绕轴线旋转；选中"轴约束"选中组中的"固定"按钮 ，使其在轴向固定不动。

（6）单击"确定"按钮，完成销约束的创建，效果如图 7-68 所示。

图 7-66 "销钉约束"对话框　　　图 7-67 销约束对象　　　图 7-68 销约束

7.3.5 创建球约束

"球"工具 是对球面特征进行约束的工具。选择功能区面板中的"主页"→"约束"→"球"命令 ，系统弹出"球约束"对话框，如图 7-69 所示。

图 7-69 "球约束"对话框

（1）"名称"文本框用于定义新建位移约束的名称，系统默认为 Constraint＋数字，也可以自定义。

（2）"集的成员"选项组用于定义新建球约束属于哪个约束集，在其下拉列表框中选择所属约束集，也可以单击其后的"新建"按钮创建新的约束集，在系统弹出的"约束属性"对话框中设置新约束集的名称和说明。

（3）"参考"选项组用于定义球约束对象，只能选择球面。

下面以球体为例，讲解"球约束"工具的使用方法。

（1）选择功能区中的"文件"→"新建"命令，系统弹出"新建"对话框，点选"零件"单选按钮,在"名称"文本框中键入 f,取消"使用默认模板"复选框,单击"确定"按钮,系统弹出"新文件选项"对话框。

(2)在"新文件选项"对话框中,选中列表框中的"mmns_part_solid_abs"选项,单击"确定"按钮,进入零件设计平台。

(3)选择功能区中的"模型"→"形状"→"旋转"命令 ,系统弹出"旋转"操控面板。在"放置"下滑面板中单击"定义"按钮,系统弹出"草图"对话框,在 3D 工作区中,选择 RIGHT 面作为绘图平面,其余默认,单击"草绘"按钮,进入草图绘制平台。

(4)绘制封闭的半圆和轴线,如图 7-70 所示,单击"确定"按钮,完成草图绘制。然后单击"确定"按钮,完成模型的设计,效果如图 7-71 所示。

(5)选择功能区中的"应用程序"→"Simulate"命令,进入分析界面,在界面中选择功能区中的"主页"→"设置"→"结构模式"命令,进入结构分析模块。

(6)选择功能区面板中的"主页"→"约束"→"约束集"命令 ,系统弹出"约束集"对话框,单击"新建"按钮,保持系统默认值,单击"确定"按钮,ConstraintSet1约束集就添加到列表框中,然后单击"关闭"按钮,完成约束集的创建。

(7)选择功能区面板中的"主页"→"约束"→"球"命令 ,系统弹出"球约束"对话框。

(8)在 3D 模型中选择球面,单击"确定"按钮,完成球约束的创建,效果如图 7-72所示。

图 7-70　草图轮廓　　　　图 7-71　球体　　　　图 7-72　创建的球约束

7.3.6　创建对称约束

"对称"工具 是对镜像平面进行固定约束的工具。当想要进行模型的部分取得整个模型的分析结果时,就可以使用对称约束。对称约束需要零件或装配在镜像面的两边是对称的,即在对称平面一边的几何和模型元素必须和对称边完全匹配。在进行对称约束时,注意以下几点:

- ❑　参考必须共面。
- ❑　可使用点、曲线、边线或在镜像面上的面。
- ❑　不能使用共线的参考组合。
- ❑　可以定义超过一个以上的镜像对称,但是无法为两个不同的对称约束参考同样的几何元素。

❑　要想在同一个模型中设置多组对称元素，镜像面必须是彼此完全平行或正交的。

选择功能区面板中的"主页"→"约束"→"对称"命令 ⚹，系统弹出"对称约束"对话框，如图 7-73 所示。

（1）"名称"文本框用于定义新建位移约束的名称，系统默认为 Constraint ＋数字，也可以自定义。

（2）"集的成员"选项组用于定义新建对称约束属于哪个约束集，在其下拉列表框中选择所属约束集，也可以单击其后的"新建"按钮创建新的约束集，在系统弹出的"约束属性"对话框中，设置新约束集的名称和说明。

（3）"类型"下拉列表框用于选择对称约束类型有循环和镜像两种。

（4）"参考"选项组用于定义对称约束的参考，可以选择点、线、面等组合。根据选择的类型不同，对话框中设置内容也不同。如果选择"循环"选项，对话框更新为如图 7-74 所示，需要设置三个几何参数定义对称约束。

图 7-73　"对称约束"对话框　　　　图 7-74　"对称约束"对话框

下面以四分之一圆柱为例，讲解"对称约束"工具的使用方法。

1. 选择"镜像"选项

要分析的对象为半个圆柱，那么就可以使用四分之一圆柱代替进行分析，所以需要使用"对称约束"工具来约束模型。

（1）选择功能区中的"文件"→"新建"命令，系统弹出"新建"对话框，点选"零件"单选按钮，在"名称"文本框中键入 g，取消"使用默认模板"复选框，单击"确定"按钮，系统弹出"新文件选项"对话框。

（2）在"新文件选项"对话框中列表框的选中"mmns_part_solid_abs"选项，单击"确定"按钮，进入零件设计平台。

（3）选择功能区中的"模型"→"形状"→"拉伸"命令 🗔，系统弹出"拉伸"操控面板。在"放置"下滑面板中单击"定义"按钮，系统弹出"草图"对话框，在 3D 工作区中，选择 RIGHT 面作为绘图平面，其余默认，单击"草绘"按钮，进入草图绘制平台。

（4）绘制四分之一封闭圆周，如图 7-75 所示，单击"确定"按钮，完成草图绘制。在控制面板中厚度设置框中键入 220，然后单击"确定"按钮，完成模型的设计，效果如图 7-76 所示。

（5）选择功能区中的"应用程序"→"Simulate"命令，进入分析界面，在界面中选择功能区中的"主页"→"设置"→"结构模式"命令，进入结构分析模块。

（6）选择功能区面板中的"主页"→"约束"→"约束集"命令，系统弹出"约束集"对话框，单击"新建"按钮，保持系统默认值，单击"确定"按钮，ConstraintSet1约束集就添加到列表框中，然后单击"关闭"按钮，完成约束集的创建。

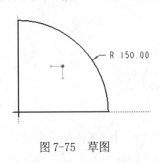

图 7-75　草图　　　　　　　　　　　图 7-76　模型

（7）选择功能区面板中的"主页"→"约束"→"对称"命令，系统弹出"对称约束"对话框。

（8）在"对称约束"对话框的"类型"下拉列表框中选择"镜像"选项，在 3D 模型中选择对称平面为参考，如图 7-77 所示。

（9）单击"确定"按钮，完成对称约束的创建，效果如图 7-78 所示。

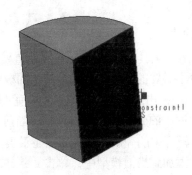

图 7-77　约束面　　　　　　　　　　图 7-78　对称约束

2. 选择"循环"选项

要分析的对象为圆柱，那么可以使用四分之一圆柱代替进行分析，所以需要使用"对称约束"工具来约束模型。

（1）选择功能区面板中的"主页"→"约束"→"对称"命令，系统弹出"对称约束"对话框。

（2）在"对称约束"对话框的"类型"下拉列表框中选择"循环"选项，在 3D 模型中选择两个对称平面为参考，如图 7-79 所示。

（3）单击"确定"按钮，完成对称约束的创建，效果如图 7-80 所示。

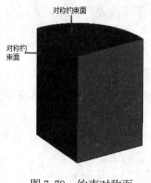

图 7-79　约束对称面

图 7-80　对称约束

7.4　理想化模型

理想化就是模型几何的数学近似值。Creo/Simulate 用它来模拟一个设计行为。在对结果影响不大的前提下，对模型进行适当的简化能够节约大量的运算时间，并且有利于进一步评估模型。Creo/Simulate 会在已加入模型的每个理想化中，计算应力和其他物理量。因此 Creo/Simulate 提供了一些不同类型的理想化模型供选用，如壳、壳对、梁、弹簧等。

7.4.1　创建壳

1．创建壳属性

"壳属性"工具 ⚙ 将壳的一些属性值做成一个集合体保存在库中，方便在简化过程中调用，减少不必要的工作。选择功能区面板中的"精细模型"→"理想化"→"壳属性"命令 ⚙，系统弹出"壳属性"对话框，如图 7-81 所示。

（1）"库中的壳属性"列表框显示当前 Creo/Simulate 库中存在的壳属性。

（2）"模型中的壳属性"列表框显示当前模型中存在的壳属性。单击 ▶▶▶ 按钮，将库中的壳属性添加到当前模型中；单击 ◀◀◀ 按钮，将模型中的壳属性添加到库中。

（3）"说明"文本框显示在"库中的壳属性"或"模型中的壳属性"列表框中选中的壳属性的说明。

（4）"新建"按钮用于创建新的壳属性。单击该按钮，系统弹出"壳属性定义"对话框，如图 7-82 所示。

❑　"名称"文本框用于定义新建壳属性的名称，系统默认为 ShellProp＋数值，也可以自定义。

❑　"说明"文本框用于简单介绍当前新建的壳属性，如钢板 0.5。

❑　"属性类型"下拉列表框用于选择新建壳属性的属性类型。有均匀、层压板叠层、层压板刚度选项。根据选项不同，在对话框中设置的内容也不同。"均匀"选项，只需要设置板厚度。选择"层压板叠层"选项，"壳属性"对话框更新为如图 7-83a 所示，需要设置壳属性材料、厚度、方向和数量等，在"对称类型"下拉列表框中选择对称方式，有无对称、对称、消除对称三种，在列表框中显示创建的极层，右侧是控制极层的工具按钮；选择"层压板刚度"选项，"壳属性"对话框更新为图 7-83b 所示，需要设置刚度和质量等属性。在"刚度"选项卡中设置延伸刚度、横向刚度、耦合刚度、弯曲刚度、热合成系数、力矩等参数，在"质量和转动惯量"选项卡中设置单位面积上的质量、转动惯量等属性参数，在"附加计算"选项卡中设置计算应力和应变。

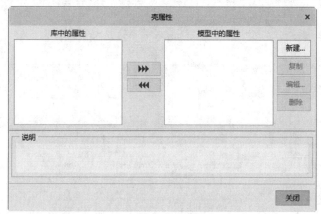

图 7-81　"壳属性"对话框

图 7-82　"壳属性定义"对话框

（5）"复制"按钮用于复制当前选中且高亮显示的壳属性。在列表框中选中一个壳属性，单击该按钮，一个复制的新的壳属性就创建完成。

（6）"编辑"按钮用于对当前选中且高亮显示的壳属性进行编辑.单击该按钮，系统弹出"壳属性定义"对话框，在对话框中重新定义壳属性。

（7）"删除"按钮用于对选中且高亮显示的壳属性进行移除。在列表框中选中欲移除的壳属性，单击该按钮，被选中的壳属性就被移除出当前模型。

2. 创建壳

当模型的厚度远小于它的长度和宽度时，就可以使用"壳"工具 对其进行简化。该工具是通过直接选取曲面来定义，比起实体模型来，它的运行速度较快、不牺牲准确性，同时需要的硬盘空间也比较少。

注意

在集成模式下，Creo/Simulate 不允许使用部分是实体部分是薄壳的混合模型。

选择功能区面板中的"精细模型"→"理想化"→"壳"命令 ，系统弹出"壳定义"对话框，如图 7-84 所示。

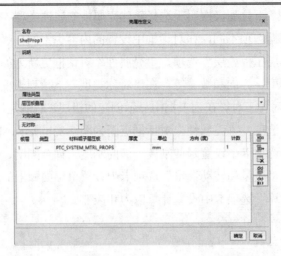

a)

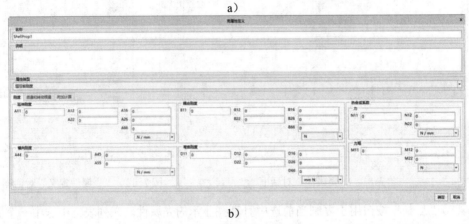

b)

图 7-83　"壳属性"对话框

（1）"名称"文本框用于定义新建壳的名称，系统默认为 Shell＋数字，也可以自定义。

（2）"类型"下拉列表框用于选择创建壳类型，有简单和高级两种。

（3）"参考"选项组用于定义创建壳对象的基准。

❑　在"曲面"选项组中选择不同的表面选取方法。点选"单一"单选按钮表示选择单一曲面；点选"边界"单选按钮表示选择模型边界表面，即整个模型表面；点选"目的"单选按钮表示选择多个曲面的集合。

❑　列表框用于显示选择的曲面。

❑　在 3D 模型中选择相应的几何元素，该几何元素就添加到列表框中。如果欲选择曲面，单击"曲面集"按钮，系统弹出"曲面集"对话框，在该对话框中可以完成曲面集的定义。

（4）"属性"选项组用于定义壳的属性，根据选择的类型不同，所设置的内容也不同。选择"简单"选项，只需设置"厚度"和"材料"两选项。选中"高级"选项，对话框如图 7-85 所示，在"属性"下拉列表框中选择模型中的壳属性，或单击其后的"更多"按钮进入"壳属性"对话框，进行壳属性的操作；在"材料"下拉列表框中选择材料，或单击其后的"更多"按钮，弹出"材料"对话框，选择模型的材料；在"材料方向"下拉列表框中选择材料方向，或单击其后的"更多"按钮，弹出"材料方向"对话框，对材料方向进行操作。

下面以图 7-86 所示图形为例，讲解"壳"工具的使用方法：

（1）打开模型"a4.prt"，选择功能区中的"应用程序"→"Simulate"命令，进入分析界面，在界面中选择功能区中的"主页"→"设置"→"结构模式"命令，进入结构分析模块。

图 7-84　"壳定义"对话框　　　　　图 7-85　"壳定义"对话框

（2）选择功能区面板中的"精细模型"→"理想化"→"壳属性"命令 ，系统弹出"壳属性"对话框，单击"新建"按钮，系统弹出"壳属性定义"对话框，选择"属性类型"下拉列表框中"均匀"选项，在"厚度"文本框中键入 5，其他保持系统默认值，单击"确定"按钮，ShellProp1 壳属性就添加到列表框中，然后单击"关闭"按钮，完成壳属性的创建。

（3）选择功能区面板中的"精细模型"→"理想化"→"壳"命令 ，系统弹出"壳定义"对话框。

（4）在对话框中，选择"类型"下拉列表框中的"高级"选项，在 3D 模型中选择上表面。

（5）在"属性"选项组的"壳属性"下拉列表框中选择"ShellProp1"壳属性，单击"材料"文本框后的"更多"按钮，系统弹出"材料"对话框，在对话框中选择"Steel.mtl"选项，单击"材料方向"文本框后"更多"按钮，在系统弹出的材料方向对话框中新建一个材料方向，并加载到当前模型中。

（6）单击"确定"按钮，完成壳定义，经过模态分析效果如图 7-87 所示。

3．创建壳对

"壳对"工具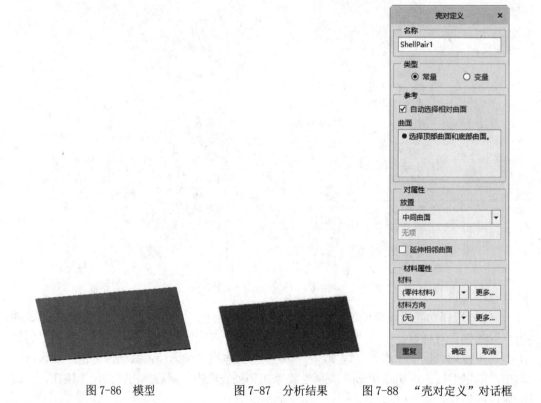是通过选取多个相互平行的曲面定义壳的工具。选择功能区面板中的"精细模型"→"理想化"→"壳对"命令，系统弹出"壳对定义"对话框，如图 7-88 所示。

（1）"名称"文本框用于定义新建壳对的名称，系统默认为 ShellPair＋数字，也可以自定义。

（2）"类型"下拉列表框用于选择创建壳对的常量和变量两种类型。

（3）"参考"选项组用于定义创建壳对的对象。勾选"自动选择相对曲面"复选框，表示选取具有对称性质的表面，在 3D 模型中选择表面，与其具有对称性质的表面也被选中，并添加到"曲面"列表框中。

图 7-86　模型　　　图 7-87　分析结果　　　图 7-88　"壳对定义"对话框

（4）"对属性"选项组用于定义壳对的放置属性，在其下拉列表框中有如下选择：中间曲面、顶部、底部和选定的曲面；勾选"延伸相邻曲面"复选框，表示与选中的曲面相邻的曲面也被选中。

（5）"材料属性"选项组用于定义模型的材料和材料方向属性。在下拉列表框中选择所需选项添加到当前模型中的材料的材料方向属性，也可以单击其后的"更多"按钮，添加新的材料和材料方向属性。

（6）单击"重复"按钮，表示将定义的壳对保存，并且使对话框中各选项恢复到初始状态，有利于定义下一个壳对。

下面以图 7-89 所示弹簧座为例，讲解"壳对"工具的使用方法。

（1）选择功能区中的"文件"→"新建"命令，系统弹出"新建"对话框，点选"零件"单选按钮，在"名称"文本框中键入 h，取消"使用默认模板"复选框，单击"确定"按钮，系统弹出"新文件选项"对话框。

（2）在"新文件选项"对话框中，选中列表框中的"mmns_part_solid_abs"选项，单击"确定"按钮，进入零件设计平台。

（3）选择功能区中的"模型"→"形状"→"拉伸"命令 🗿，系统弹出"拉伸"操控面板。在"放置"下滑面板中单击"定义"按钮，系统弹出"草图"对话框，在 3D 工作区中，选择 RIGHT 面作为绘图平面，其余默认，单击"草绘"按钮，进入草图绘制平台。

（4）绘制图 7-90 所示的草图，单击"确定"按钮完成。在控制面板的厚度设置框中键入 20，单击"确定"按钮，完成模型的设计。

（5）选择功能区中的"模型"→"形状"→"拉伸"命令 🗿，系统弹出"拉伸"操控面板。在"放置"下滑面板中单击"定义"按钮，系统弹出"草图"对话框，在 3D 工作区中，选择 RIGHT 面作为绘图平面，其余默认，单击"草绘"按钮，进入草图绘制平台。

图 7-89　弹簧座

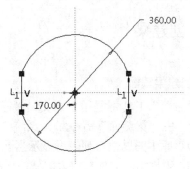

图 7-90　草图

（6）绘制 φ160 和 φ200 两同心圆，单击"确定"按钮，完成草图绘制。在控制面板的厚度设置框中键入 130，单击"确定"按钮，完成模型的设计。

（7）选择功能区中的"模型"→"工程"→"边倒角"命令 🗿，在控制面板中设置倒角类型为 D×D，设置边长为 6，在 3D 模型中选择圆柱外边线，单击"确定"按钮，完成模型的倒角。

（8）选择功能区中的"应用程序"→"Simulate"命令，进入分析界面，在界面中选择功能区中的"主页"→"设置"→"结构模式"命令，进入结构分析模块。

（9）选择功能区面板中的"精细模型"→"理想化"→"壳对"命令 🗿，系统弹出"壳对定义"对话框。

（10）在 3D 模型中选择圆环外表面，单击"材料"文本框右侧的"更多"按钮，选择"Steel"选项加载到当前模型中。

（11）单击"材料方向"文本框右侧的"更多"按钮，系统弹出"材料方向"对话框，单击"新建"按钮，在弹出的"材料方向"对话框中，选择"相对于"下拉列表框中的"第一参数化方向"，单击"确定"按钮，返回"材料方向"对话框，单击"确定"按钮，材料方向被添加到当前模型中。

（12）单击鼠标中键，效果如图 7-91 所示。

（13）在 3D 模型中选择下底面，单击"壳对定义"对话框的"重复"按钮。此时，在"材料"下拉列表框中选择了"Steel"选项。

（14）在"材料方向"下拉列表框中选择了"MaterialOrient1"选项，单击"取消"按钮，效果如图 7-92 所示。

图 7-91　创建的壳对

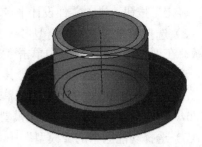

图 7-92　创建的壳对

7.4.2　创建梁

1. 创建梁截面

"梁截面"工具📐是用于定义梁横截面的工具。选择功能区面板中的"精细模型"→"理想化"→"梁截面"命令📐，系统弹出"梁截面"对话框，如图 7-93 所示。

（1）"库中的属性"列表框显示当前 Creo/Simulate 库中存在的梁截面。

（2）"模型中的属性"列表框显示当前模型中存在的梁截面。单击 ▶▶ 按钮，将库中的梁截面添加到当前模型中；单击 ◀◀ 按钮，将模型中的梁截面添加到库中。

（3）"说明"文本框显示在"库中的属性"或"模型中的属性"列表框中选中的梁截面的说明。

（4）"新建"按钮用于创建新的梁截面。单击该按钮，系统弹出"梁截面定义"对话框，如图 7-94 所示。

❑　"名称"文本框用于定义新建梁截面的名称，系统默认为 BeamSection＋数值，也可以自定义。

❑　"说明"文本框用于简单介绍当前新建的梁截面，如方形截面。

❑　"截面"选项卡用于定义梁截面形状。在"类型"下拉列表框中选择截面类型，有常规、方形、矩形、空心矩形、导槽、工字梁、L 形截面、棱形及草图绘制截面。根据在下拉列表框中选择的选项不同，在其下方设置相关参数。特殊形状可以用草绘直接定义。

（5）"重复"按钮用于复制当前选中且高亮显示的梁截面。在列表框中选中一个梁截面，单击该按钮，一个复制的新的梁截面就创建完成。

（6）"编辑"按钮用于对当前选中且高亮显示的梁截面进行编辑，单击该按钮，系统弹出"梁截面定义"对话框，在"梁截面定义"对话框中重新定义梁截面。

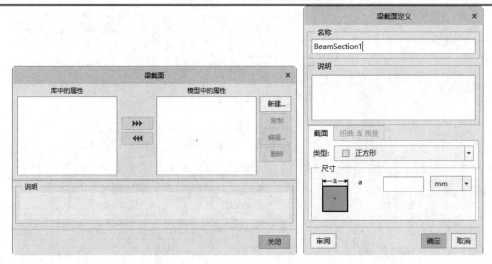

图 7-93　"梁截面"对话框　　　　图 7-94　"梁截面定义"对话框

（7）"删除"按钮用于对选中且高亮显示的梁截面进行移除。在列表框中选中欲移除的梁截面，单击该按钮，选中的梁截面就被移除出当前模型。

2. 创建梁方向

"梁方向"工具 用于定义梁方向。选择功能区面板中的"精细模型"→"理想化"→"梁方向"命令 ，系统弹出"梁方向"对话框，如图 7-95 所示。

（1）"新建"按钮用于在当前模型中创建新的梁方向。单击该按钮，系统弹出"梁方向定义"对话框，如图 7-96 所示。

□　"名称"文本框用于定义创建的梁方向的名称，系统默认为 BeamOrient＋数字，也可以自定义。

□　"说明"文本框用于定义当前新建的梁方向的简单介绍，如 DY＝1，方向角为 50。

□　"定向角"文本框用于定义梁的旋转角度。

□　"偏移"选项组用于定义梁的偏移方向和位置。在"位置"选项组中选择"形状原点"单选按钮或"剪切中心"单选按钮定义梁位置相对于梁载荷坐标系；在 DX、DY、DZ 文本框中键入数值定义梁方向的向量。

（2）"重复"按钮用于复制当前选中且高亮显示的梁方向。在列表框中选中一个梁方向，单击该按钮，一个复制的新的梁方向就创建完成。

（3）"编辑"按钮用于对当前选中且高亮显示的梁方向进行编辑。单击该按钮，系统弹出"梁方向定义"对话框，在对话框中重新定义梁方向。

（4）"删除"按钮用于对选中且高亮显示的梁方向进行移除。在列表框中选中欲移除的梁方向，单击该按钮，选中的梁方向就被移除出当前模型。

3. 创建梁释放

"梁释放"工具 用于控制梁端点的自由度。选择功能区面板中的"精细模型"→"理想化"→"梁释放"命令 ，系统弹出"梁释放"对话框，如图 7-97 左图所示。

图 7-95 "梁方向"对话框　　　　　　图 7-96 "梁方向定义"对话框

（1）"新建"按钮用于在当前模型中创建新的梁释放。单击该按钮，系统弹出"梁方向定义"对话框，如图 7-97 右图所示。

❑ "名称"文本框用于定义创建的梁释放的名称，系统默认为 BeamRelease＋数字，也可以自定义。

❑ "说明"文本框用于简单介绍当前新建的梁释放，如释放 DX、RY。

❑ "相对于梁载荷坐标系释放的自由度"选项组用于定义梁端点释放自由度。在"平移"选项组中，选择 DX、DY、DZ 按钮，表示梁端点相对于相应坐标轴平移自由度释放；在"旋转"选项组中，选择 RX、RY、RZ 按钮，表示梁端点相对于相应坐标轴旋转自由度释放。

图 7-97 "梁释放"对话框

（2）"复制"按钮用于复制当前选中且高亮显示的梁释放。在列表框中选中一个梁释放，单击该按钮，一个复制的新的梁释放就创建完成。

（3）"编辑"按钮用于对当前选中且高亮显示的梁释放进行编辑。单击该按钮，系统弹出"梁释放定义"对话框，在"梁释放定义"对话框中重新定义梁释放。

（4）"删除"按钮用于对选中且高亮显示的梁释放进行移除。在列表框中选中欲移除的梁释放，单击该按钮，选中的梁释放就被移除出当前模型。

4. 创建梁

当模型（如铁轨、桁架等）的长度远大于其他尺寸时，可以使用"梁"工具 对其简化。选择功能区面板中的"精细模型"→"理想化"→"梁"命令 ，系统弹出"梁定义"对话框，如图 7-98 所示。

（1）"名称"文本框用于定义新建梁的名称，系统默认为 Beam＋数字，也可以自定义。单击其后的"颜色设置"按钮，用于设置系统中梁的显示颜色。

（2）"参考"选项组用于定义梁对象参考。

❑　在其下拉列表框中选择参考类型：①选择"边/曲线"选项，表示根据选择"边线、曲线"来定义梁；②选择"点-点"选项，表示根据选择"点到点"来定义梁；③选择"点-边（投影）"选项，表示根据选择"点到边线"来定义梁；④选择"点-曲面（投影）"选项，表示根据选择"点到面"来定义梁；⑤选择"链"选项，表示根据选择"系列点"来定义梁；⑥选择"点-点对"选项，表示根据选择"点到多点"来定义梁。

❑　在其下拉列表框中选择不同的选项，其下就有不同的单选按钮。单选按钮表示内容如下："单一"单选按钮表示选择单一曲面、边/曲线、点；"目的"单选按钮表示选择多个曲面、边/曲线、点的集合；"边界"单选按钮表示选择模型边界表面，即整个模型表面；"单个"单选按钮表示选择单一点；"特征"单选按钮表示选择点特征；"阵列"单选按钮表示选择点模型。

（3）"材料"选项组用于定义梁的材料。

❑　在下拉列表框中选择加载在当前模型中的材料。

❑　单击"更多"按钮，系统弹出"材料"对话框，在材料库中为模型中添加所需材料后，在下拉列表框中就能看到添加的材料并将材料赋予与模型。

（4）"属性"选项组用于定义梁的 Y 方向、梁的横截面、梁的材料方向、梁的约束等参数。

❑　"方向"下拉列表框用于定义梁 Y 方向的方式。选择"由点定义的 Y 方向"选项，在 3D 模型中选择一点来定义梁 Y 方向；选择"由轴定义的 Y 方向"选项，在 3D 模型中选择轴线来定义梁 Y 方向；选择"在 WCS 中由矢量定义的 Y 方向"选项，在"X、Y、Z"文本框中键入方向向量值来定义梁 Y 方向。

❑　"起始"选项卡用于定义梁起始点的梁截面、梁方向、梁释放等参数。在"梁截面"下拉列表框中选择加载在当前模型中的梁截面，单击其后的"更多"按钮可以将截面库中的梁截面加载到当前模型中，也可以新建新的梁截面；在"梁方向"下拉列表框中选择加载在当前模型中的梁方向，单击其后的"更多"按钮可以新建新的梁方向；在"梁释放"下拉列表框中选择加载在当前模型中的梁释放，单击其后的"更多"按钮可以新建新的梁释放。

❑　"终止"选项卡用于定义梁终点的梁截面、梁方向、梁释放等参数，具体使用方法与"起始"选项卡的相同。

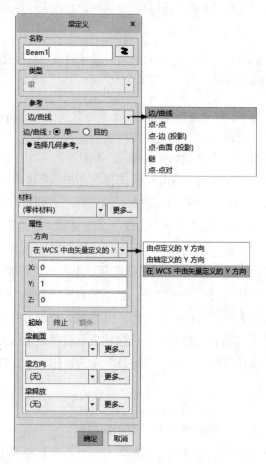

图 7-98　"梁定义"对话框

下面以图 7-99 所示的梁为例，讲解"梁"工具的使用方法。

（1）选择功能区中的"文件"→"新建"命令，系统弹出"新建"对话框，点选"零件"单选按钮，在"名称"文本框中键入 j，取消"使用默认模板"复选框，单击"确定"按钮，系统弹出"新文件选项"对话框。

（2）在"新文件选项"对话框中列表框的选中"mmns_part_solid_abs"选项，单击"确定"按钮，进入零件设计平台。

（3）选择功能区中的"模型"→"基准"→"草绘"命令✎，系统弹出"草绘"对话框，选择 RIGHT 面作为绘图平面，其余默认，单击"草绘"对话框中的"草绘"按钮，进入草图绘制平台。

（4）绘制草图如图 7-100 所示，单击"确定"按钮，完成梁框架草图的设计。

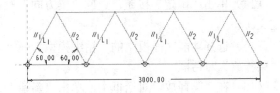

图 7-99　梁　　　　　　　　　　　　　图 7-100　梁框架草图

（5）选择功能区中的"应用程序"→"Simulate"命令，进入分析界面，在界面中选择功能区中的"主页"→"设置"→"结构模式"命令，进入结构分析模块。

（6）选择功能区面板中的"精细模型"→"理想化"→"梁截面"命令 ，系统弹出"梁截面"对话框。

（7）在"梁截面"对话框中，单击"新建"按钮，系统弹出"梁截面定义"对话框。

（8）在"梁截面定义"对话框的"说明"文本框中键入"工字形梁截面"。

（9）单击"截面"选项卡，选择"类型"下拉列表框中的"工字梁"选项，在"b"文本框中键入 100、"t"文本框中键入 10、"di"文本框中键入 150、"tw"文本框中键入 12，如图 7-101 所示。

（10）单击"确定"按钮，返回"梁截面"对话框，单击"关闭"按钮，完成梁截面的设定。

（11）选择功能区面板中的"精细模型"→"理想化"→"梁方向"命令 ，系统弹出"梁方向"对话框。

（12）在"梁方向"对话框中，单击"新建"按钮，系统弹出"梁方向定义"对话框。

（13）在如图 7-102 所示的"梁方向"对话框的"说明"文本框中键入"DY=1，方向角为 60"，"定向角"文本框中键入 60，"DY"文本框中键入 1。

图 7-101　工字截面设置项　　　　　　　图 7-102　梁方向设置项

（14）单击"确定"按钮，返回"梁方向"对话框，单击"关闭"按钮，完成梁方向的定义。

（15）选择功能区面板中的"精细模型"→"理想化"→"梁释放"命令，系统弹出"梁释放"对话框。

（16）在"梁释放"对话框中，单击"新建"按钮，系统再弹出"梁释放"对话框。

（17）在"梁释放"对话框的"说明"文本框中键入"平移 Dx，旋转 Rx 释放自由度"，选中"平移"选项组中的"Dx"按钮，选中"旋转"选项组中的"Rx"按钮。

（18）单击"确定"按钮，返回"梁释放"对话框，单击"关闭"按钮，完成梁释放定义。

（19）选择功能区面板中的"精细模型"→"理想化"→"梁"命令，系统弹出"梁定义"对话框。

（20）选择"梁定义"对话框的"参考"下拉列表框中的"边/曲线"选项，在 3D 模型中选择全部梁框架曲线，如图 7-103 所示。

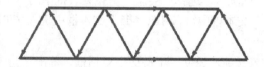

图 7-103　选中的梁框架

（21）单击"材料"文本框右侧的"更多"按钮，系统弹出"材料"对话框，双击"库中材料"列表框中"steel.mtl"选项，将其加载到右侧"模型中的材料"列表框中，单击"确定"按钮，该材料就添加到"材料"下拉列表框中，并被选中。

（22）选中"Y 方向"下拉列表框中的"在 WCS 中由矢量定义的 Y 方向"选项，在"Z"文本框中键入 1。

（23）单击"起始"选项卡，选中"梁截面"下拉列表框中的"Beam Section1"选项，选中"梁方向"下拉列表框中的"BeamOrient1"选项，选中"梁释放"下拉列表框中的"BeamRelease1"选项。

（24）单击"终止"选项卡，选中"梁释放"下拉列表框中的"BeamRelease1"选项，单击"确定"按钮，完成梁定义，效果如图 7-99 所示。

7.4.3　创建弹簧

1. 创建弹簧属性

"弹簧属性"工具用来定义弹簧的延伸、耦合、扭转等技术参数。选择功能区面板中的"精细模型"→"理想化"→"弹簧属性"命令，系统弹出"弹簧属性"对话框，如图 7-104 所示。

（1）"库中的属性"列表框显示当前 Creo/Simulate 库中存在的弹簧属性。

（2）"模型中的属性"列表框显示当前模型中存在的弹簧属性。单击　　　按钮，将库中的弹簧属性添加到当前模型中；单击 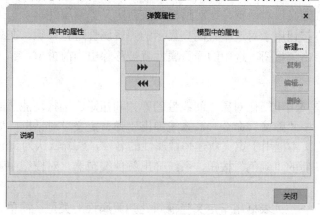 按钮，将模型中的弹簧属性添加到库中。

图 7-104　"弹簧属性"对话框

（3）"说明"文本框显示在"库中的属性"或"模型中的属性"列表框中选中的弹簧属性的说明。

（4）"新建"按钮用于创建新的弹簧属性。单击该按钮，系统弹出"弹簧属性定义"对话框，如图 7-105 所示。

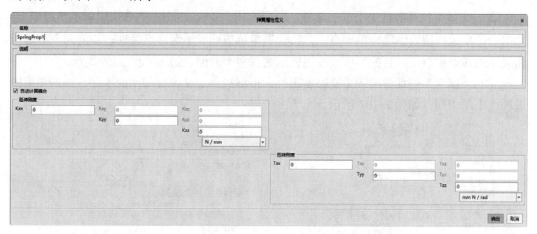

图 7-105　"弹簧属性定义"对话框

□　"名称"文本框用于定义新建弹簧属性的名称，系统默认为 SpringProp＋数字，也可以自定义。

□　"说明"文本框用于定义当前新建弹簧属性的简要说明介绍，如中级弹性。

□　点选"自动计算耦合"单选按钮，表示系统自动对新建弹簧进行耦合计算，"耦合刚度"选项组为隐藏状态。不点选"自动计算耦合"单选按钮，在"延伸刚度""扭转刚度"和"耦合刚度"选项组中分别定义弹簧的 X、Y、Z 轴之间的延伸、扭转、耦合等弹簧属性的技术参数。

（5）"重复"按钮用于复制当前选中且高亮显示的弹簧属性。在列表框中选中一个弹簧属性，单击该按钮，一个复制的新的弹簧属性就创建完成。

（6）"编辑"按钮用于对当前选中且高亮显示的弹簧属性进行编辑，单击该按钮，系统弹出"弹簧属性定义"对话框，在对话框中重新定义弹簧属性。

（7）"删除"按钮用于对选中且高亮显示的弹簧属性进行移除。在列表框中选中欲移除的弹簧属性，单击该按钮，选中的弹簧属性就被移除出当前模型。

2. 创建弹簧

"弹簧"工具 用于简化对象之间线性的弹力和扭矩。选择功能区面板中的"精细模型"→"理想化"→"弹簧"命令 ，系统弹出"弹簧定义"对话框，如图 7-106 所示。

（1）"名称"文本框用于定义新建弹簧属性的名称，系统默认为 Spring＋数字，也可以自定义。单击其后的"颜色"按钮，系统弹出颜色编辑器，对模型中弹簧属性的显示颜色进行编辑。

（2）"类型"下拉列表框用于定义当前新建弹簧属性的类型：简单、高级和基础。

（3）"参考"选项组用于定义弹簧属性的参考。

❑ 选择"点－点"选项，表示选择"点到点"来定义弹簧属性；选择"点－边（投影）"选项，表示选择"点到边线"来定义弹簧属性；选择"点－曲面（投影）"选项，表示选择"点到面"来定义弹簧属性；选择"点－点对"选项，表示根据选择"点到多点"来定义弹簧属性。

❑ 选择下拉列表框中不同的选项，其下有不同的单选按钮。单选按钮表示内容如下："单个"单选按钮表示选择单一点；"特征"单选按钮表示选择点特征；"阵列"单选按钮表示选择点模型；"目的"单选按钮表示选择多个曲面、边/曲线、点的集合。

（4）"属性"选项组用于定义弹簧属性，根据选择定义弹簧类型的不同，该选项组的选项也不尽相同，如图 7-107 所示。

图 7-106 "弹簧定义"对话框

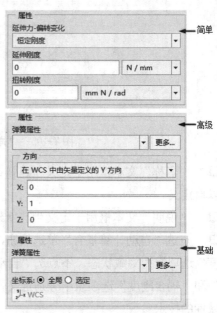

图 7-107 "属性"选项组

❑　选择"简单"选项，表示需要设置"延伸力—偏移变化""延伸刚度"和"扭转刚度"三个选项定义弹簧属性。

❑　选择"高级"选项，需要设置"弹簧属性""方向"和"附加旋转"三个选项定义弹簧属性。

❑　选择"基础"选项，需要设置"弹簧属性"和坐标系来定义弹簧属性。

下面以上节创建的梁为例，讲解"弹簧"工具的使用方法。

（1）打开 j.prt，选择功能区中的"应用程序"→"Simulate"命令，进入分析界面，在界面中选择功能区中的"主页"→"设置"→"结构模式"命令，进入结构分析模块。

（2）选择功能区面板中的"精细模型"→"理想化"→"弹簧属性"命令 ，系统弹出"弹簧属性"对话框。

（3）在弹簧属性对话框中单击"新建"按钮，系统弹出"弹簧属性定义"对话框。

（4）在"说明"文本框中键入"中级弹性"，勾选"自动计算耦合"复选框，在"延伸刚度"选项组中"Kxx"文本框中键入 1000，"Kyy"文本框中键入 1500，"Kzz"文本框中键入 1000。

（5）在"扭转刚度"选项组中"Txx"文本框中键入 500，"Tyy"文本框中键入 500，"Tzz"文本框中键入 300。

（6）单击"确定"按钮，返回"弹簧属性"对话框，单击"关闭"按钮，完成弹簧属性的设置。

（7）选择功能区面板中的"精细模型"→"理想化"→"弹簧"命令 ，系统弹出"弹簧定义"对话框。

（8）在"弹簧定义"对话框中，选择"类型"下拉列表框中的"基础"选项，点选"参考"选项组中的"单个"单选按钮，在 3D 模型中选择一端点，如图 7-108 所示，选择"属性"选项卡中"弹簧属性"下拉列表框中选择"SpringProp1"选项，如图 7-109 所示。

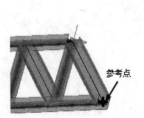

图 7-108　选择的参考点

图 7-109　"弹簧定义"对话框

（9）单击"确定"按钮，完成一支持弹簧的定义，效果如图 7-110 所示。

（10）使用同样的参数设置和方法，在梁另一端点也创建弹簧，最终效果如图 7-111 所示。

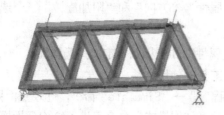

图 7-110　创建的弹簧

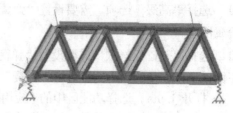

图 7-111　创建的弹簧

7.4.4　创建质量

1．创建质量属性

"质量属性"工具 对模型具有的重力和惯性矩进行设置。选择功能区面板中的"精细模型"→"理想化"→"质量属性"命令 ，系统弹出"质量属性"对话框，如图 7-112 所示。

（1）列表框用于显示当前模型中的质量属性。

（2）"说明"文本框用于显示在列表框中选中且高亮显示的质量属性的简要说明。

（3）"新建"按钮为当前模型创建新的质量属性。单击该按钮，系统弹出"质量属性"对话框，如图 7-113 所示。

图 7-112　"质量属性"对话框

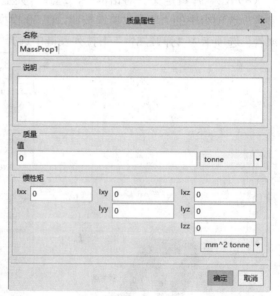

图 7-113　"质量属性"对话框

❑　"名称"文本框用于定义当前新建弹簧属性的名称，系统默认为 MassProp＋数字，也可以自定义。

❑　"说明"文本框用于定义当前新建质量属性的简要说明。

❑　"质量"选项卡用于定义当前模型的重量。

❑　"惯性矩"选项卡用于定义当前新建质量属性的 X、Y、Z 轴之间的惯性矩。

（4）"复制"按钮用于复制当前选中且高亮显示的质量属性。在列表框中选中一个质量属性，单击该按钮，一个复制的新的质量属性就创建完成。

（5）"编辑"按钮用于对当前选中且高亮显示的质量属性进行编辑，单击该按钮，系统弹出"质量属性定义"对话框，在对话框中重新定义质量属性。

（6）"删除"按钮用于对选中且高亮显示的质量属性进行移除。在列表框中选中欲移除的质量属性，单击该按钮，选中的质量属性就被移除出当前模型。

2.　创建质量

"质量"工具📦是对模型进行分析时，只考虑重力而忽略形状以对模型简化的工具。选择功能区面板中的"精细模型"→"理想化"→"质量"命令📦，系统弹出"质量定义"对话框，如图 7-114 所示。

（1）"名称"文本框用于定义当前创建的质量名称，系统默认为 Mass＋数字，也可以自定义。

（2）"类型"文本框用于定义新建质量的类型：简单、高级。

（3）"参考"选项组用于定义质量点。在"点"选项组中选择点的类型：①"单个"单选按钮表示选择单一点；②"特征"单选按钮表示选择点特征；③"阵列"单选按钮表示选择点模型；④"目的"单选按钮表示选择多个点的集合。

（4）"属性"选项组用于定义质量属性，根据选择的质量类型不同，该选项组中各选项也不尽相同，如图 7-115 所示。选择"属性"选项，在"分布"下拉列表框中选择重力分布方式：总质量、每个点的质量。在"质量"文本框定义质量，在其后下拉列表框选择质量单位。选择"高级"选项，在"质量属性"下拉列表框中选择当前模型中的质量属性，也可以单击"更多"按钮，新建或者修改模型中的质量属性。

图 7-114　"质量定义"对话框

图 7-115　"属性"选项组

下面以前面讲解过的梁为例，介绍"质量"工具的使用方法。

（1）打开"j.prt"，选择功能区中的"应用程序"→"Simulate"命令，进入分析界面，在界面中选择功能区中的"主页"→"设置"→"结构模式"命令，进入机构分析模块。

（2）选择功能区面板中的"精细模型"→"理想化"→"质量属性"命令 🏋️，系统弹出"质量属性"对话框。

（3）在"质量属性"对话中，单击"新建"按钮，系统再弹出"质量属性"对话框。

（4）在"说明"文本框中键入1000kg。在"质量"文本框中键入1000。

（5）在"惯性矩"选项卡，"Ixx"文本框中键入500，"Iyy"文本框中键入500，"Izz"文本框中键入300。

（6）单击"确定"按钮，返回"质量属性"对话框，单击"关闭"按钮，完成质量属性的创建。

（7）选择功能区面板中的"精细模型"→"理想化"→"质量"命令 🏋️，系统弹出"质量定义"对话框。

（8）在"类型"下拉列表框中选择"高级"选项，点选"点"选项组中"单个"单选按钮，在3D模型中选择梁中点作为梁的质量点，如图7-116所示。

（9）选择"属性"选项组中"质量属性"下拉列表框的"MassProp1"选项，点选"坐标系"选项组中"全局"单选按钮。

（10）单击"确定"按钮，完成质量的创建，效果如图7-117所示。

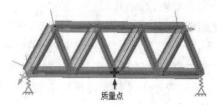

图7-116　选择的质量点

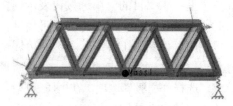

图7-117　创建的质量点

7.5　创建连接

进行分析后，Simulate会将独立的零件合并为单一多体。Mechianica可以合并如下的独立零件：

❏　如果两个零件在装配里接触，Simulate会视这两个零件为1个独立的个体，有它们的共同面和边。这种情况下，系统认为是一个Simulate物体。

❏　如果使用中间曲面来连接，就可以使用焊缝或点焊缝，或系统自动创建中间曲面连接，以消除发生在零件连接边缘或表面之间的间隙。

❏　如果零件不接触其他零件，那么Simulate将其视为一个无关联的物体。

Simulate是否可以连接装配里的零件，主要决定零件之间的接触程度和零件之间的公差。在进行分析或设计研究之前，Simulate会询问是否要进行侦错，如果回答是，Simulate

将对各种情况进行检查。如果遇到超过 1 个以上的物体，就会显示发现的分离数量、未连接数量、物体数量等信息。如果发现不符合真实情况，就可以取消分析或修正装配。在 Simulate 里设置连接对，进一步帮助系统确认所需要的连接，以得到正确的分析效果。

7.5.1　创建界面

"界面"工具 用于连接装配文件中的两个面。选择功能区面板中的"精细模型"→"连接"→"界面"命令 ，系统弹出"界面定义"对话框，如图 7-118 所示。

（1）"名称"文本框用于定义当前创建的界面名称，系统默认为 Interface＋数字，也可以自定义。单击其后的"颜色设置"按钮 ，系统弹出颜色编辑器，编辑界面特征在当前模型中的显示颜色。

（2）在"类型"下拉列表框中选择创建的界面类型：

❑　选择"连接"选项，系统将接触面结合为一体，即结合面上结合点是合并的。

❑　选择"自由"选项，系统可以结合指定的两面，让它们在几何上有一致的结合点，但并不合并该结合点。

❑　选择"接触"选项，系统将指定的两面接触，并不合并该结合点。

（3）"参考"选项组用于定义创建界面特征的参考。在下拉列表框中选择参考类型：曲面－曲面、元件－元件。根据选项的不同，在其下进行不同的设置。

（4）"属性"选项组用于定义结合面的属性，根据界面类型不同，该选项组中的选项也不同。

（5）"选择过滤公差"选项组用于过滤两元件之间结合的距离和角度公差，仅适用于"元件－元件"参考类型。

下面以图 7-119 所示模型为例，讲解"界面"工具的使用方法：

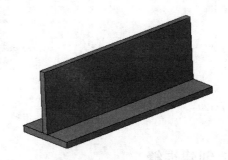

图 7-118　"界面定义"对话框　　　　　图 7-119　创建界面模型

（1）打开模型 ASM0001.ASM，选择功能区中的"应用程序"→"Simulate"命令，进入到分析界面，在界面中选择功能区中的"主页"→"设置"→"结构模式"命令，进入结构分析模块。

（2）选择功能区面板中的"精细模型"→"连接"→"界面"命令 ，系统弹出"界面定义"对话框。

（3）在"类型"下拉列表框中选择"接触"选项，"参考"下拉列表框中选择"元件一元件"选项。

（4）在 3D 模型中分别选择两元件，在"选择过滤公差"选项组中勾选"使用选择过滤公差"复选框，在"选取过滤公差"选项组中"分离距离"文本框中键入 10，从其后的下拉列表框中选择"m"选项作为单位，在"角度"文本框中键入 5，勾选"仅检查平曲面之间的接触"复选框。

（5）在"摩擦"选项组选择"无限"，对话框的设置内容如图 7-120 所示。

（6）单击"确定"按钮，完成界面的创建，效果如图 7-121 所示。

图 7-120　"界面定义"对话框

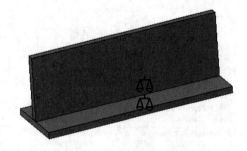

图 7-121　创建的界面

7.5.2　创建焊缝

"焊缝"工具 模拟连接两个很接近的板材，Simulate 将它们视为一体。选择功能区面板中的"精细模型"→"连接"→"焊缝"命令 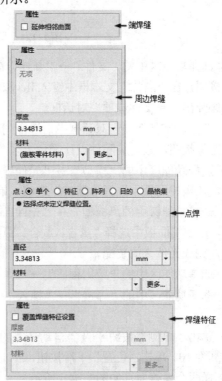，系统弹出"焊缝定义"对话框，如图 7-122 所示。

（1）"名称"文本框用于定义当前新建焊缝的名称，系统默认为 WeldConnect＋数字，也可以自定义。单击其后的"颜色设置"按钮，系统弹出"颜色编辑器"对话框，可以编辑焊缝在模型中显示的颜色。

（2）"类型"下拉列表框用于定义创建焊缝的类型。

❏　端焊缝：在装配模型中使用，可以用来连接两个弧形、倾斜或垂直的板材，如 L 形或 T 形，使用端焊，薄壳的网格面将由焊缝的那一面延伸到基本板上。

❏　周边焊缝：在装配模型中使用，可以连接平行的板材。使用周边焊缝，一串面将沿着基本板和焊缝相接的焊缝边，自动创建。

❏　点焊：可以用来在指定的基准点上连接两块平行的面。Simulate 将使用 1 个模仿点焊缝形成的圆柱体来连接两面。

❏　焊缝特征：表示使用焊缝模块中创建的焊缝特征连接梁元件。

（3）"端焊缝类型"选项组用于定义端面焊缝类型： 单对单延伸、多对单延伸、单对多延伸三种，该选项仅适用于端面焊缝。

（4）"参考"选项组用于定义创建焊缝的参考曲面或焊缝特征。

（5）"属性"选项组用于定义创建的不同焊缝形式下的属性参数。根据选择类型不同，该选项组中的内容不尽相同，如图 7-123 所示。

图 7-122　"焊缝定义"对话框　　　　图 7-123 四种类型"属性"选项组

211

❑ 端焊缝：勾选"延伸相邻曲面"复选框，表示选择的曲面将延伸到相邻曲面。

❑ 周边焊缝：定义周边曲线，在"厚度"文本框中设置焊缝厚度，其后下拉列表框中选择厚度单位，"材料"下拉列表框中选择焊缝材料，也可以单击其后的"更多"按钮，添加更多的焊缝材料。

❑ 点焊：定义各种类型的点，选择"单个"单选按钮选择表示单一点；选择"特征"单选按钮表示选择点特征；选择"阵列"单选按钮表示选择点模型；选择"目的"单选按钮表示选择多个点的集合。

❑ 焊缝特征：勾选"覆盖焊缝特征设置"复选框，表示使用 Simulate 中的焊缝特征覆盖掉焊缝模块中创建的焊缝特征，在"厚度"文本框中设置焊缝厚度，其后下拉列表框中选择厚度单位，"材料"下拉列表框中选择焊缝材料，也可以单击其后的"更多"按钮，添加更多的焊缝材料。

下面以如图 7-124 所示钢板焊缝为例，讲解"焊缝"工具的使用方法。

图 7-124　焊缝模型

（1）选择功能区中的"文件"→"新建"命令，系统弹出"新建"对话框，点选"装配"单选按钮，在"名称"文本框中键入 H，取消"使用默认模板"复选框，单击"确定"按钮，系统弹出"新文件选项"对话框。

（2）在"新文件选项"对话框中，选中列表框中的"mmns_asm_design_abs"选项，单击"确定"按钮，进入装配件设计平台。

（3）选择功能区中的"模型"→"元件"→"组装"命令，选择元件 1.prt 加载到模型中，在操控面板中选择"默认"选项，单击"确定"按钮，完成元件 1 的装配。

（4）选择功能区中的"模型"→"元件"→"组装"命令，选择元件 2.prt 加载到模型中，在控制面板中选择"重合、重合、距离"选项，并设置其相应的参数，单击"确定"按钮，完成元件 2 的装配。

（5）选择功能区中的"应用程序"→"焊接"命令，进入焊缝设计平台。

（6）选择功能区中的"焊接"→"插入"→"角焊缝"命令，系统弹出"角焊缝"操控面板。

（7）单击"单侧"按钮及"自动计算的轻量化焊接轨迹"按钮。在操控面板中设置焊角高为10。单击"位置"下滑按钮，在下滑面板中分别选取"侧1及侧2"选项栏，在 3D 中选择两个焊缝面，如图 7-125 所示。

（8）单击"确定"按钮，完成焊缝设计，效果如图 7-126 所示。单击"关闭"按钮，退出焊接设计界面。

（9）选择功能区中的"应用程序"→"Simulate"命令，进入分析界面，在界面中选择功能区中的"主页"→"设置"→"结构模式"命令，进入结构分析模块。

（10）选择功能区面板中的"精细模型"→"连接"→"焊缝"命令 ，系统弹出"焊缝定义"对话框。

（11）在"类型"下拉列表框中选择"焊缝特征"选项，在 3D 模型中选择在焊缝模块中创建的焊缝特征。

（12）勾选"覆盖焊缝特征配置"复选框，在"厚度"文本框中键入 10，选择其后下拉列表框中的"mm"单位选项，在"材料"下拉列表框中选择"STEEL"选项。

（13）单击"确定"按钮，完成焊缝连接的创建，效果如图 7-127 所示。

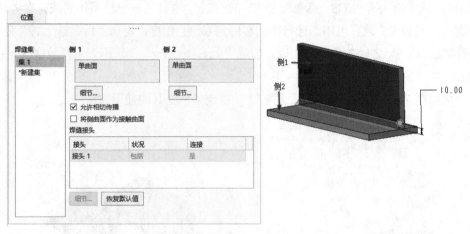

图 7-125　焊缝设置

图 7-126　创建的角焊缝

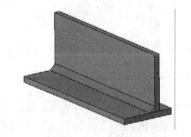

图 7-127　焊缝连接

7.5.3　创建刚性连接

"刚性连接"工具 通过选取两对象的点、线、面创建两者之间的刚性连接。它有两种边，即相依边和独立边，独立边将处理一个在相依边点的结点运动，任何在相依边的移动都是由独立边的移动决定的。选择功能区面板中的"精细模型"→"连接"→"刚性连接"命令 ，系统弹出"刚性连接定义"对话框，如图 7-128 所示。

（1）"名称"文本框用于定义新建刚性连接的名称，系统默认为 RigidLink＋数字，也可以自定义。

（2）"类型"下拉列表框用于定义创建刚性连接的类型：简单、高级。

❑ 选择"简单"选项，只需在参考中设置刚性连接的点、边、曲线、曲面参数。

❑ 选择"高级"选项，在"独立侧"选项组中定义独立侧的连接点，在"从属侧"下拉列表框中选择从动侧连接：点、边/曲线、曲面。根据选择的不同，在其下有不同的单选按钮，"单个"单选按钮表示选择单一曲面、边/曲线、点；"目的"单选按钮表示选择多个曲面、边/曲线、点的集合；"单个"单选按钮表示选择单一点；"特征"单选按钮表示选择点特征；点选"阵列"单选按钮表示选择点模型。

❑ 在"坐标系"选项组中定义点、线、面的参考坐标系。点选"全局"单选按钮表示使用系统全局坐标系 WCS，点选"选定"单选按钮，选择系统坐标系作为载荷参考对象。

❑ "自由度"选项组用于选择控制和固定 6 个自由度，勾选"Tx、Ty、Tz"复选框表示释放沿 X、Y、Z 轴的移动自由度，勾选"Rx、Ry、Rz"复选框表示释放绕 X、Y、Z 轴的旋转自由度。

下面以图 7-129 所示图形为例，讲解"刚性连接"工具的使用方法：

图 7-128 "刚性连接定义"对话框　　　　图 7-129 刚性连接对象

（1）选择功能区中的"文件"→"新建"命令，系统弹出"新建"对话框，点选"装配"单选按钮，在"名称"文本框中键入 I，取消"使用默认模板"复选框，单击"确定"按钮，系统弹出"新文件选项"对话框。

（2）在"新文件选项"对话框中列表框中选中"mmns_asm_design_abs"选项，单击"确定"按钮，进入装配件设计平台。

（3）选择功能区中的"模型"→"元件"→"组装"命令，选择元件 001.prt 加载到模型中，在操控面板中选择"固定"选项，单击"确定"按钮，完成元件 1 的装配。

（4）选择功能区中的"模型"→"元件"→"组装"命令，选择元件 001.prt 加载到模型中，在操控面板中选择"重合、重合、重合"选项，并设置其相应的参数，单击"确定"按钮，完成元件 2 的装配。

（5）选择功能区中的"应用程序"→"Simulate"命令，进入分析界面，在界面中选择功能区中的"主页"→"设置"→"结构模式"命令，进入机构分析模块。

（6）选择功能区面板中的"精细模型"→"连接"→"刚性连接"命令，系统弹出"刚性连接定义"对话框。

（7）在"类型"下拉列表框中选择"简单"选项，按 Ctrl 键，在 3D 模型中选择圆孔内表面，如图 7-130 所示。

（8）单击"确定"按钮，完成刚性连接的创建，效果如图 7-131 所示。

（9）选择功能区面板中的"精细模型"→"连接"→"刚性连接"命令 ，系统弹出"刚性连接定义"对话框。

图 7-130　刚性连接面　　　　　　　图 7-131　创建的刚性连接

（10）在"类型"下拉列表框中选择"高级"选项，在 3D 模型中选择元件两端点，如图 7-132 所示。

（11）其他选项为默认值，单击"确定"按钮，完成刚性连接的创建，效果如图 7-133 所示。

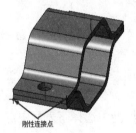

图 7-132　刚性连接点　　　　　　　图 7-133　创建的刚性连接

7.5.4　创建受力连接

"受力连接"工具 将一个来源结点上的质量和载荷分配到一个集中的目标结点上。需要在模型中连接没有刚性连接的质量理想化模型时，受力连接的特征将非常有用。受力连接具有以下特征：

❑　受力连接以平衡方式分配质量和载荷。

❑　受力连接将控制通过分配到目标结点上的全局群组上的自由度，使目标结点在指定方向上移动，计算载荷或质量分配时，将使用自由度来构建线性约束方程。

❑　受力连接仅有一个从属结点，该点将跟随独立结点群组运动，即任何一个从属结点的运动都是独立结点运动的反射。

选择功能区面板中的"精细模型"→"连接"→"受力连接"命令 ，系统弹出"受力连接定义"对话框,如图 7-134 所示。

(1)"名称"文本框用于定义当前创建的受力连接名称,系统默认为 WeightedLink ＋数字,也可以自定义。

(2)"独立侧"选项组用于定义当前新建受力连接的独立侧类型:点、边/曲线、曲面。

❏ 根据选择的类型不同其下的选项也不同。点选"单个"单选按钮表示选择单一的曲面、边/曲线、点;选择"目的"单选按钮表示选择多个曲面、边/曲线、点的集合;选择"特征"单选按钮表示选择点特征;选择"阵列"单选按钮表示选择点模型。

❏ 在"坐标系"选项组中定义点、线、面的参考坐标系。点选"全局"单选按钮表示使用系统全局坐标系 WCS,点选"选定"单选按钮,选择系统坐标系作为载荷参考对象。

❏ "自由度"选项组用于选择控制 X、Y、Z 轴的平移自由度,点选"Tx、Ty、Tz"复选框表示释放沿 X、Y、Z 轴的移动自由度。

(3)"从属侧"选项组用于定义当前创建的受力连接的从属侧,只能选择点定义从属侧。

下面以图 7-129 所示图形为例,讲解"受力连接"工具的使用方法:

(1)打开装配 I.asm,选择功能区中的"应用程序"→"Simulate"命令,进入分析界面,在界面中选择功能区中的"主页"→"设置"→"结构模式"命令,进入机构分析模块。

(2)选择功能区面板中的"精细模型"→"连接"→"受力连接"命令 ,系统弹出"受力连接定义"对话框。

(3)在"独立侧"下拉列表框中选择"曲面"选项,按 Ctrl 键,在 3D 模型中选择元件上表面,如图 7-135 所示。

(4)选中"从属侧"选项组的"点"文本框,在 3D 模型中选择下表面中点,如图 7-136 所示。

图 7-134 "受力连接定义"对话框

图 7-135 受力连接独立侧

(5)其他选项为默认值,单击"确定"按钮,完成受力连接的创建,效果如图 7-137

所示。

图 7-136　受力连接从动侧

图 7-137　创建的受力连接

7.5.5　创建紧固件连接

　　"紧固件"工具 用于在两个装配之间创建并且仿真螺栓连接。使用该工具，可以在装配以载荷途径模拟各个螺栓所承载的载荷量。选择功能区面板中的"精细模型"→"连接"→"紧固件"命令 ，系统弹出"紧固件连接定义"对话框。

　　（1）"名称"文本框用于定义当前的紧固件连接名称，系统默认为Fastener＋数字，也可以自定义。单击其后的"颜色设置"按钮 ，系统弹出"颜色编辑器"对话框，在该对话框中编辑模型中紧固件的显示颜色。

　　（2）类型选项组用于定义当前新建紧固件连接模型类型：连接壳、连接实体。

　　选择类型为"连接壳"选项时"紧固件定义"对话框如图 7-138 所示。

　　1）"参考"选项组用于定义当前新建紧固件连接的参考，有边-边、点-点两种类型。

　　2）"属性"选项组用于定义当前新建紧固件连接的属性参数，有使用直径和材料及使用弹簧刚度属性两种类型。根据类型的选项，该选项组中的内容不尽相同，如图 7-139 所示。

　　❑　"直径"文本框用于定义当前新建紧固件连接的紧固件直径，其后的下拉列表框用于选择直径单位。

　　❑　"材料"下拉列表框用于定义当前紧固件连接的紧固件材料，单击其后的"更多"按钮，系统弹出"材料"对话框，在对话框中选择所需材料添加到模型中。

　　❑　"紧固件头部和螺母直径"文本框用于定义当前新建紧固件连接的螺母直径，其后的下拉列表框用于选择直径单位。

　　❑　"弹簧属性"选项组用于定义弹簧属性，单击其后的"更多"按钮，系统弹出"弹簧属性"对话框，为模型中添加新的弹簧属性或修改已有的弹簧属性。

　　❑　勾选"无摩擦界面"复选框，表示当前新建紧固件连接的紧固件之间没有摩擦界面。

　　选择类型为"连接实体"选项时，"紧固件定义"对话框如图 7-140 所示。

　　1）"紧固件类型"下拉列表框用于定义所创建的紧固件类型：螺栓、螺钉。

　　2）"参考"选项组用于定义当前新建紧固件连接的参考，两个几何参考类型分别为边。

图 7-138　"紧固件定义"对话框　　　　图 7-139　"属性"选项组

3）"属性"选项组用于定义当前新建紧固件连接的属性参数，有使用直径和材料及使用弹簧刚度属性两种类型。选择的类型不同选项组中的内容也不相同，如图 7-141 所示。

❑　"直径"文本框用于定义当前新建紧固件连接的紧固件直径，其后的下拉列表框用于选择直径单位。

❑　"材料"下拉列表框用于定义当前紧固件连接的紧固件材料，单击其后的"更多"按钮，系统弹出"材料"对话框，在对话框中选择所需材料添加到模型中。

❑　"紧固件头部和螺母直径"文本框用于定义当前新建紧固件连接的螺母直径，其后的下拉列表框用于选择直径单位。

❑　"弹簧属性"选项组用于定义紧固件使用的弹簧属性，在下拉列表框中选择所需弹簧属性，也可以单击其后"更多"按钮，为模型中添加新的弹簧属性或修改已有弹簧属性。

❑　勾选"固定间隔"复选框，表示当前新建紧固件连接的紧固件具有固定距离。

❑　勾选"无摩擦界面"复选框，表示当前新建紧固件连接的紧固件之间没有摩擦界面。

❑　勾选"包括预加载荷"复选框，表示当前新建紧固件连接承受预紧力载荷。

下面以图 7-129 所示图形为例，讲解"紧固件连接"工具的使用方法。

（1）打开装配"I.asm"，选择功能区中的"应用程序"→"Simulate"命令，进入分析界面，在界面中选择功能区中的"主页"→"设置"→"结构模式"命令，进入机构分析模块。

图 7-140　"紧固件定义"对话框

图 7-141　"属性"选项组

（2）选择功能区面板中的"精细模型"→"连接"→"紧固件"命令 🔩，系统弹出"紧固件连接定义"对话框。

（3）选取模型类型为"连接实体"，选取"紧固件类型"为"螺栓"，在 2D 模型中选择孔的上下边线作为参考，如图 7-142 所示。

（4）在"属性"选项组中选取刚度类型为"使用直径和材料"选项，在"直径"文本框中键入 25，在其后的下拉列表框中选择"mm"选项；在"紧固件头部和螺母直径"文本框中键入 40，在其后的下拉列表中选择"mm"选项，单击"材料"文本框后的"更多"按钮，系统弹出"材料"对话框，将库中的材料"STEEL"添加到模型中，单击"确定"按钮，返回"紧固件定义"对话框；勾选"固定间隔"，在"分离测试直径"文本框中键入 50，在事后的下拉列表框中选择"mm"选项，单击"确定"按钮，完成紧固件连接的创建，效果如图 7-143 所示。

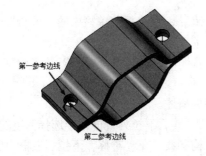

图 7-142　选择的边线

图 7-143　创建的紧固件连接

7.6 材料

为对模型进行仿真分析，需要对模型指定一系列的物理属性，如密度、刚度、比热、表面粗糙度等。在使用 Simulate 进行分析之前，必须先定义模型的材料特征并分配于模型。

7.6.1 定义材料

"材料"工具 是在模型中添加库中材料、新建材料，修改已有材料属性的工具。选择功能区面板中的"主页"→"材料"→"材料"命令 ，系统弹出"材料"对话框，如图 7-144 所示。

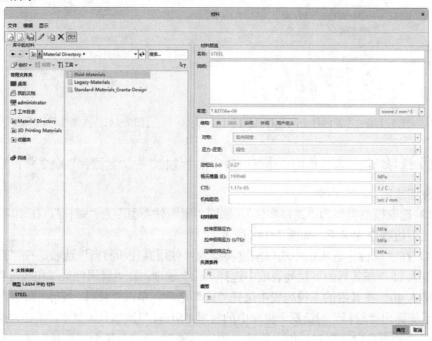

图 7-144 "材料"对话框

1. 新建材料

单击"材料"对话框工具栏上的"新建"按钮 ，或选择菜单栏中的"编辑"→"属性"命令，系统弹出"材料定义"对话框，如图 7-145 所示。

（1）"名称"文本框用于定义当前新建材料名称，系统默认为 MATERIAL＋数字，也可以自定义。

（2）"说明"文本框用于定义新建材料的简要概述。

（3）"密度"文本框用于定义新建材料的密度，其后下拉列表框用于选择密度的单位。

（4）"结构"选项卡用于定义新建材料的结构参数。在"对称"下拉列表框中选择各向同性，正交各向异性，横向同性，来定义材料对称形。

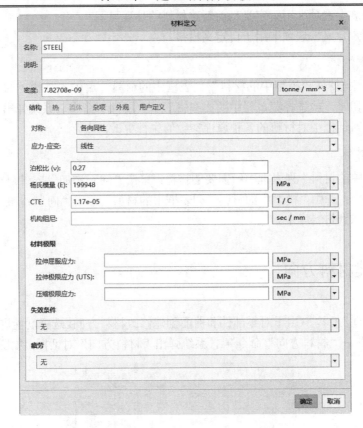

图 7-145　"材料定义"对话框

❑　选择"各向同性的"选项，需要设置应力－应变响应、泊松比、杨氏模量、热膨胀系数、机构阻尼、材料极限、失效准则、疲劳等技术参数。

❑　选择"正交各向异性"选项，需要设置杨氏模量、泊松比、剪切模量、热扩散系数等技术参数。

❑　选择"横向同性"选项，需要设置杨氏模量、泊松比、剪切模量、热扩散系数、材料极限、压缩极限应力、剪切极限强度、正常化的 Tsai－Wu 交互词汇、失效准则等技术参数。

❑　杨氏模量又称为弹性模量。对于一定的材料来说，杨氏模量是一个常数。它是应力除以应变所得。

❑　泊松比是物体受到侧向应变（物体拉伸方向的应变）和物体应变之间的比值。对于大多数材料，此值一般为 0.25～0.33 之间。

热膨胀系数：大多数材料受热时膨胀，冷却时收缩。由于温度变化 1℃所引起的应变为已知的热膨胀系数。

（5）"热"选项卡用于定义新建材料的比热和热导率。

（6）"其他"选项卡用于定义新建材料的钣金件属性、曲面属性、细节化等材料技术参数。

（7）"外观"选项卡用于定义当前新建材料的外观显示。

（8）"用户定义"选项卡用于自定义材料。

2. 编辑属性

选择"库中材料""模型中的材料"列表框中的材料，单击工具栏上的"编辑选定材料的属性"按钮，或选择菜单栏中的"编辑"→"属性"命令，系统弹出"材料定义"对话框，在该对话框中对材料的各种属性参数值进行更改。

3. 添加材料

选中"库中的材料"列表框中所需要的材料，单击"向右添加"按钮，将选中的材料添加到模型中；选中"模型中的材料"列表框中的材料，单击"向左添加"按钮，将选中的材料添加到材料库中。

7.6.2 创建材料方向

"材料方向"工具用于对零部件和曲面创建修改材料方向。选择功能区面板中的"主页"→"材料"→"材料方向"命令，系统弹出"材料方向"对话框，如图 7-146 所示。

图 7-146 "材料方向"对话框

（1）"名称"列表框显示当前模型中材料方向的名称和类型。

（2）"说明"文本框显示当前在列表框中被选中且高亮显示材料的简要概述。

（3）"新建"按钮用于新建零件、曲面的材料方向。单击该按钮，系统弹出"材料方向"对话框。

❑ 在"类型"选项组上选择"体积"选项，如图 7-147 所示。"名称"文本框用于定义新建材料方向的名称，系统默认为材料 MaterialOrient＋数字，也可以自定义；"说明"文本框用于定义新建材料方向的简要概述；"类型"下拉列表框用于选择模型的类型，"体积"和"曲面"，曲面是用于选择模型的曲面，"体积"是用于选择整个模型；"相对于"选项组用于定义材料方向的参考坐标系，一般默认为坐标系；弹出后面的"坐标系"选项

组，"坐标系"有"全局"和"选定"两种。勾选"全局"命令，在 3D 模型中默认选择
WCS 坐标系；勾选"选定"命令，下面的文本框处于激活状态，可以选择合适的模型坐标。
"材料方向"选项组用于定义材料方向，在 1、2、3 选项中选中 X、Y 或 Z 按钮，点选"旋
转参考"单选按钮，在其下的文本框中设置相对于选中的 X、Y、Z 轴的旋转角度。

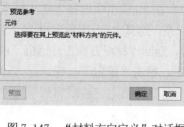

图 7-147　"材料方向定义"对话框

图 7-148　"材料方向定义"对话框

❑　　选择"曲面"选项，弹出如图 7-148 所示的对话框。"名称"文本框用于定义当
前新建曲面材料方向的名称，系统默认为材料 MaterialOrient＋数字，也可以自定义；"说
明"文本框用于定义当前新建曲面材料方向的简要概述；"相对于"下拉列表框用于定义
材料方向的参考对象：坐标系、第一参数化方向、第二参数化方向、WCS 中的投影矢量，
在其下的选项中定义相应的技术参数；"材料方向"选项组用于定义材料方向相对于曲面
的夹角，旋转参考。

7.6.3　分配材料

"材料分配"工具🗔用于将库中的材料分配给模型。选择功能区面板中的"主页"→
"材料"→"材料分配"命令🗔，系统弹出"材料分配"对话框，如图 7-149 所示。
（1）"名称"文本框用于定义当前添加到模型中材料的名称，系统默认为材料 Assign

＋数字，也可以自定义。单击其后的"颜色设置"按钮 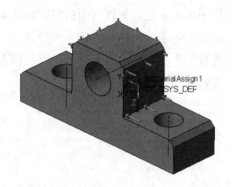，系统弹出"颜色编辑器"对话框，在该对话框中编辑模型中材料的显示颜色。

（2）"参考"选项组用于定义给材料分配的模型。在其下拉列表框中选择参考对象：分量、体积块。

（3）"属性"选项组用于定义当前分配给模型的材料以及材料方向。在下拉列表框中选择加载到模型中的材料和材料方向，单击其后"更多"按钮，系统弹出"材料"对话框或"材料方向"对话框，在对话框中新建、修改材料及材料方向。

下面讲解"分配材料"工具的使用方法：

（1）打开模型"b5.prt"，选择功能区中的"应用程序"→"Simulate"命令，进入到分析界面，在界面中选择功能区中的"主页"→"设置"→"结构模式"命令，进入机构分析模块。

（2）选择功能区面板中的"主页"→"材料"→"材料分配"命令，系统弹出"材料分配"对话框。

（3）单击"材料"选项组中"更多"按钮，系统弹出"材料"对话框，双击"库中的材料"列表框中的"STEEL.mtl"选项，将其加载到"模型中的材料"列表框中，单击"确定"按钮，返回"材料指定"对话框，"STEEL.mtl"添加到"材料"下拉列表框中。

（4）单击"材料方向"选项组中"更多"按钮，系统弹出"材料方向"对话框，单击"新建"按钮，系统弹出"材料方向"对话框。

（5）勾选"坐标系"选项组中的"选定"命令，在3D模型中选择当前坐标系，返回"材料方向"对话框，选择"1"选项组中"X"坐标系，选择"2"选项组中"Y"坐标系，选择"3"选项组中"Z"坐标系，单击"确定"按钮，返回"材料方向"对话框，单击"确定"按钮，该材料方向添加到"材料方向"列表框中，单击"确定"按钮。

（6）返回到"材料分配"对话框中，单击"确定"按钮，材料添加到模型中，如图7-150所示。

图7-149 "材料分配"对话框   图7-150 添加的材料

7.7 创建模拟测量

模拟测量通常会被应用到某些分析中，选择功能区面板中的"主页"→"运行"→"测量"命令 ，系统弹出"测量"对话框，如图 7-151 所示。

（1）"用户定义的"列表框显示用户自定义的模拟测量项。

（2）"说明"文本框显示在列表框中选中的模拟测量项的简要概述。

（3）勾选"显示预定义的测量"复选框，对话框展开"预定义"，如图 7-152 所示，列表框中列出系统预先定义好的测量项。

图 7-151　"测量"对话框

图 7-152　预定义

（4）单击"新建"按钮，系统弹出"测量定义"对话框，如图 7-153 所示。

❑　"名称"文本框用于定义当前新建模拟测量的名称，系统默认为 Measure＋数字，也可以自定义。单击其后的 按钮，对话框展开"指定允许值"设置选项，如图 7-153 所示，在这里设置允许的最大值和最小值。

❑　"说明"文本框用于设置当前新建模拟测量的简要概述。

❑　"数量"下拉列表框用于定义测量项，如应力、应变、位移、速度、加速度等，如图 7-154 所示。

❑　"分量"下拉列表框用于定义指定测量项的具体测量内容，如选择"应力"选项，分量的下拉列表框就列出所有应力的测量内容，如图 7-155 所示，根据选择的内容不同，而选择不同的选项：

❑　"空间评估"选项组用于对创建的结构分析进行评估。

❑　"有效的分析类型"文本框显示选中的测量内容能够应用的分析类型。

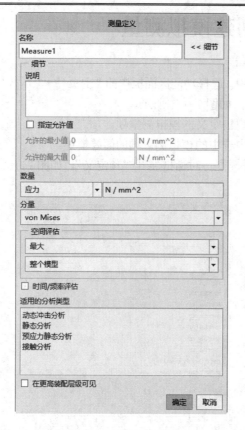

图 7-153　"测量定"义对话框　　　　　　图 7-154　"数量"下拉列表框

7.8　网格划分

网格划分是有限元分析的核心。Creo/Simulate 的集成模式中使用自动网格划分（AutoGEM）。

1．创建网格

（1）"AutoGEM"工具 是创建模型网格的工具。选择功能区面板中的"精细模型"→"AutoGEM"→"AutoGEM"命令 ，系统弹出"AutoGEM"对话框，如图 7-156 所示。

（2）"AutoGEM 参考"下拉列表框用于选择新建网格控制的类型：具有属性的全部几何、体积块、曲面、曲线。

（3）"文件"菜单栏可以加载已有的网格文件、从研究复制网格、保存网格以及关闭等功能。

（4）"信息"菜单栏能够查询网格生成的信息，如模型摘要、边界边、边界表面、逼近的元素、孤立元素、AutoGEM 日志，并验证网格。

（5）"AutoGEM 参考"选项组用于创建新的网格以及删除已有的网格。新建网格时，在下拉列表框中有可选的网格类型：具有属性的全部几何、体积块、曲面、曲线，选取除

"具有属性的全部几何"选项以外的其余三项，然后单击"选取"按钮 ，在 3D 模型中选择所需对象，在"选择"对话框中，单击"确定"按钮，返回"AutoGEM"对话框，单击"创建"按钮，新的网格就开始创建，经过计算机计算生成网格以及摘要、诊断等。删除网格时，在下拉列表框选择删除的网格类型，在 3D 模型中选择已有的网格，单击"删除"按钮，网格就被删除了。

图 7-155　"分量"下拉列表框　　　　　图 7-156　"AutoGEM"对话框

下面以模型 b5. prt 为例讲解创建网格，具体操作步骤如下：

（1）打开模型"b5. prt"，选择功能区中的"应用程序"→"Simulate"命令，进入分析界面，在界面中选择功能区中的"主页"→"设置"→"结构模式"命令，进入结构分析模块。

（2）选择功能区面板中的"精细模型"→"AutoGEM"→"AutoGEM"命令 ，系统弹出图 7-157 所示的"AutoGEM"对话框，单击"创建"按钮，系统对模型按照网格设置和控制信息计算生成网格，弹出"AutoGEM 汇总"对话框和"诊断：AutoGEMMesh"对话框。

（3）关闭"诊断：AutoGEM 网格"对话框和"AutoGEM 汇总"对话框，返回"AutoGEM"对话框，效果如图 7-158 所示。

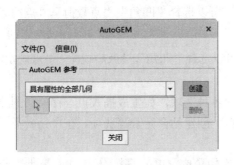

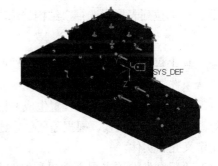

图 7-157　"AutoGEM"对话框　　　　　图 7-158　生成的网格

（4）在"AutoGEM"对话框中单击"关闭"按钮，系统提示是否保存网格。选择"是"保存网格，准备分析使用。

2. 网格设置

"设置"命令是对生成的网格、生成方法以及生成的元素类型进行设置的工具。选择功能区面板中的"精细模型"→"AutoGEM"→"AutoGEM"下拉列表→"设置"命令，系统弹出"AutoGEM 设置"对话框，如图 7-159 所示。

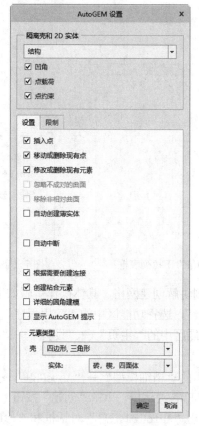

图 7-159　"AutoGEM 设置"对话框

（1）"隔离壳和 2D 实体"选项组用于定义生成网格的类型：结构、热。

❑　在下拉列表框中选择"结构"选项，可以选择"凹角""点载荷""点约束"复选框。

❑　在下拉列表框中选择"热"选项，可以选择"凹角""点热载荷""点规定温度""点对流条件""点辐射条件"复选框。

（2）"设置"选项卡用于设置生成网格的各种选项，如生成插入点，移除和删除现有点，修改和删除现有元素、根据需要创建连接、创建粘合元素等选项，在"元素类型"选项组中定义壳和实体。

（3）"限制"选项卡用于编辑和修改允许的角度（度）、最大长宽比、最大边翻转角度（度）。单击"默认"按钮，系统将各种参数恢复到系统默认值。

3. 审阅几何

选择功能区面板中的"精细模型"→"AutoGEM"→"审阅几何"命令，系统弹出

"模拟几何"对话框,如图 7-160 所示。该对话框用于设置几何和连接的几何元素在模型中的显示颜色。

4. 设置几何公差

选择功能区面板中的"精细模型"→"AutoGEM"→"AutoGEM"下拉列表→"几何公差"命令,弹出"几何公差设置"对话框,如图 7-161 所示。该对话框用于设置最小边长度、最小曲面尺寸、最小尖角、合并公差等网格参数。

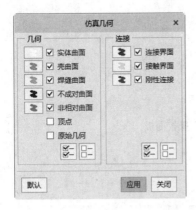

图 7-160　"模拟几何"对话框

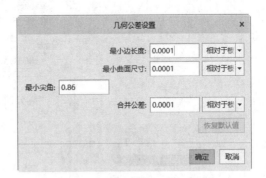

图 7-161　"几何公差设置"对话框

7.9　划分曲面和体积块区域

7.9.1　划分曲面

"划分曲面"工具 是对曲面进行分割的工具。分割后有利于进行 Simulate 接触分析。选择功能区面板中的"精细模型"→"区域"→"划分曲面"命令 ,系统弹出"划分曲面"操控面板,在操控面板中显示分割曲面控制项,如图 7-162 所示。

(1)操控面板及"参考"选项卡中各选项含义如下:

❑　选中"草绘"选项,单击"参考"选项卡草绘文本框后的"定义"按钮,系统弹出"草绘"对话框,在 3D 模型中选择草绘平面,单击"草绘"按钮,系统进入草绘工作台,绘制要分割曲面的草图轮廓。

❑　选中"链"选项,在 3D 模型中选择曲线链。单击单击"参考"选项卡"链"文本框后的"细节"按钮,系统弹出"链"对话框,如图 7-163 所示,在该对话框中设置链参考、长度调整、方向等参数。

(2)在"参考"选项卡中下拉列表框中选择分割曲面的方法如下:

"要分割的曲面"文本框用于显示所要分割的曲面,选中该文本框,在 3D 模型中选择曲面,该曲面就被添加到文本框中。单击"细节"按钮,系统弹出"曲面集"对话框,如图 7-164 所示。

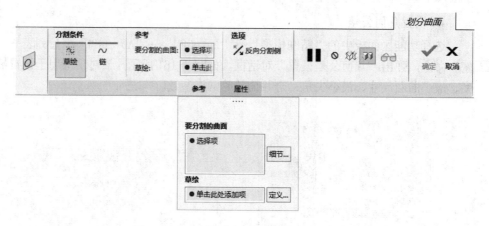

图 7-162 "划分曲面"操控面板

图 7-163 "链"对话框

图 7-164 "曲面集"对话框

❑ "添加"按钮用于在 3D 模型中选择曲面添加到列表框中。

❑ "移除"按钮用于移除在列表框中选中的曲面，即取消选取。

在列表框中选中的曲面类型不同，其下方的选项也不同。

（3）"属性"选项卡用于定义当前划分曲面的名称。

下面以模型 a4.prt 为例，讲解"划分曲面"工具的使用方法。

（1）打开模型 "a4.prt"，选择功能区中的 "应用程序" → "Simulate" 命令，进入分析界面，在界面中选择功能区中的 "主页" → "设置" → "结构模式" 命令，进入结构分析模块。

（2）选择功能区面板中的 "精细模型" → "区域" → "划分曲面" 命令⟨⟩，系统弹出 "划分曲面" 操控面板。

（3）单击 "参考" 下滑按钮，在下滑面板中选择分割曲面的方法为 "通过草绘分割"，单击 "草绘" 文本框后的 "定义" 按钮，系统弹出 "草绘" 对话框。

（4）在 3D 模型中选择模型的上表面，其余设置默认，单击 "草绘" 对话框中的 "草绘" 按钮，进入草图工作台。

（5）在草绘区绘制如图 7-165 所示轮廓曲线，单击 "确定" 按钮，完成草图绘制，返回操控面板。

（6）单击 "参考" 下滑面板中 "要分割的曲面" 文本框，在 3D 模型中选择上表面，单击 "确定" 按钮，完成划分曲面的创建，效果如图 7-166 所示。

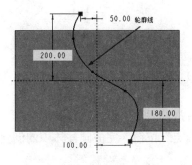
图 7-165　绘制的轮廓曲线

图 7-166　分割的划分曲面

7.9.2　创建体积

"体积块区域" 面板下拉列表内的命令工具是在模型上分割体积时用于进行分析的命令工具。该面板下拉列表包含拉伸、旋转、扫描、螺旋扫描、扫描混合、混合、使用面组等项。

1. 拉伸

"拉伸" 工具⟨⟩，是通过对轮廓曲线的拉伸生成体积的工具。下面以在四方体上创建一个圆柱体积为例，讲解 "拉伸" 工具的使用方法。

（1）选择功能区中的 "文件" → "新建" 命令，系统弹出 "新建" 对话框，点选 "零件" 单选按钮，在 "名称" 文本框中键入 k，取消 "使用默认模板" 复选框，单击 "确定" 按钮，系统弹出 "新文件选项" 对话框。

（2）在 "新文件选项" 对话框中，选中列表框中的 "mmns_part_solid_abs" 选项，单击 "确定" 按钮，进入零件设计平台。

（3）选择功能区中的 "模型" → "形状" → "拉伸" 命令⟨⟩，系统弹出 "拉伸" 操控面板。在"放置"下滑面板中单击"定义"按钮，系统弹出"草图"对话框，在 3D 工作区中，选择 RIGHT 面作为绘图平面，其余默认，单击"草绘"按钮，进入草图绘制平台。

（4）绘制矩形，如图 7-167 所示，单击"确定"按钮，完成草图绘制。在操控面板的厚度设置框中键入 350，单击"确定"按钮，完成模型的设计。

（5）选择功能区中的"应用程序"→"Simulate"命令，进入分析界面，在界面中选择功能区中的"主页"→"设置"→"结构模式"命令，进入结构分析模块。

（6）选择功能区面板中的"精细模型"→"区域"→"体积块区域"→"拉伸"命令 ⬚，系统弹出"拉伸"操控面板。

（7）单击"放置"下滑面板中"草绘"文本框后的"定义"按钮，系统弹出"草绘"对话框。

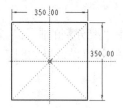

图 7-167　矩形

（8）在 3D 模型中选择上表面，单击"草绘"对话框中的"草绘"按钮，进入草绘工作台，绘制一个圆，如图 7-168 所示。

（9）单击"确定"按钮，完成草图绘制，返回操控面板。

（10）在控制面板中设置深度为 150，单击"确定"按钮，完成圆柱体积的创建，效果如图 7-169 所示。

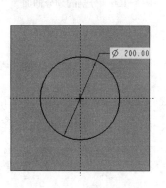

图 7-168　草绘轮廓

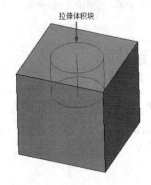

图 7-169　创建的拉伸体积块

2. 旋转

"旋转"工具 ⬚ 是将轮廓围绕旋转轴旋转形成体积块的工具。

下面以前面讲解的例子为例，讲解"旋转"工具的使用方法。

（1）打开模型"k.prt"，选择功能区中的"应用程序"→"Simulate"命令，进入到分析界面，在界面中选择功能区中的"主页"→"设置"→"结构模式"命令，进入结构分析模块。

（2）选择功能区面板中的"精细模型"→"区域"→"体积块区域"→"旋转"命令![旋转图标]，系统弹出"旋转"操控面板。

（3）单击"放置"下滑面板中"草绘"文本框后的"定义"按钮，系统弹出"草绘"对话框。

（4）在 3D 模型中选择 FRONT 面，单击"草绘"对话框中的"草绘"按钮，进入草绘工作台，绘制轴线和关闭轮廓曲线，如图 7-170 所示。

（5）单击"确定"按钮，完成草图绘制，返回操控面板。

（6）单击"确定"按钮，完成旋转体体积的创建，效果如图 7-171 所示。

3. 扫描

"扫描"工具![扫描图标]是截面轮廓曲线沿轨迹曲线运动生成体积块的工具。

下面以 k.prt 为例，讲解"扫描"工具的使用方法。

（1）打开模型"k.prt"，选择功能区中的"应用程序"→"Simulate"命令，进入到分析界面，在界面中选择功能区中的"主页"→"设置"→"结构模式"命令，进入结构分析模块。

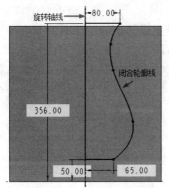

图 7-170　绘制的轮廓

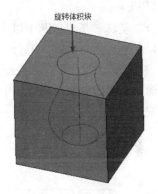

图 7-171　旋转体体积

（2）选择功能区面板中的"精细模型"→"区域"→"体积块区域"→"扫描"命令![扫描图标]，系统弹出"扫描"操控面板，如图 7-172 所示。

图 7-172　"扫描"操控面板

（3）选择面板中的"基准"→"草绘"命令![草绘图标]，系统弹出"草绘"对话框，在 3D 模型中选择 FRONT 面作为绘图平面，其余默认，单击"草绘"按钮，进入草图绘制平台。

（4）在草图绘制平台中绘制图 7-173 所示扫描轨迹曲线，单击"确定"按钮，完成草图轨迹的创建。返回到操控面板中，选取绘制的轨迹线，单击"草绘"按钮✏️，系统自动进入截面草绘平台。

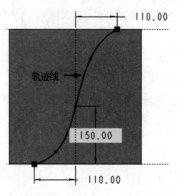

图 7-173　扫描轨迹曲线

（5）绘制如图 7-174 所示截面轮廓，单击"确定"按钮，完成截面轮廓的创建，返回到操控面板。

（6）单击"确定"按钮，完成扫描体积块的创建，效果如图 7-175 所示。

4. 混和

"混合"工具⟠是通过两个以上不同截面拉伸生成体积块的工具。

下面以 k.prt 为例讲解"混合"工具的使用方法。

（1）打开模型"k.prt"，选择功能区中的"应用程序"→"Simulate"命令，进入到分析界面，在界面中选择功能区中的"主页"→"设置"→"结构模式"命令，进入结构分析模块。

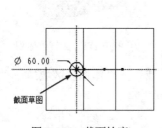

图 7-174　截面轮廓

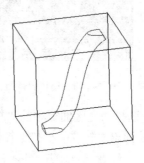

图 7-175　扫描体积块

（2）选择功能区面板中的"精细模型"→"区域"→"体积块区域"→"混合"命令⟠，系统弹出"混合"操控面板，如图 7-176 所示。

（3）单击"截面"下滑面板中"草绘"文本框后的"定义"按钮，系统弹出"草绘"对话框，如图 7-177 所示。系统自动进入草绘平台。

（4）绘制如图 7-178 所示轮廓，单击"确定"按钮，完成草图截面的创建。

（5）返回到"混合"操控面板，单击"截面"下拉面板，选择面板中的"截面 2"在右侧的"偏移自"文本框中输入 200，如图 7-179 所示，单击"确定"按钮，完成拉伸长度的设置。

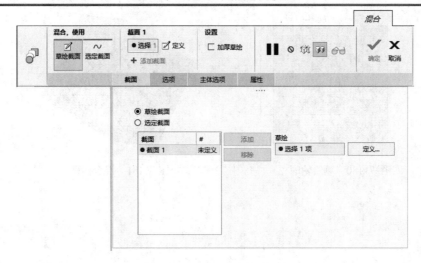

图 7-176　"混合"操控面板

图 7-177　"草绘"对话框

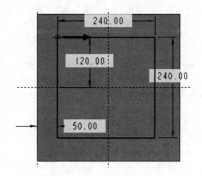

图 7-178　草绘轮廓 1

（6）单击"截面"下拉面板中的"草绘"按钮，绘制如图 7-180 所示的截面，完成后单击"混合"操控面板中的"确定"按钮，完成混合体积块的创建，效果如图 7-181 所示。

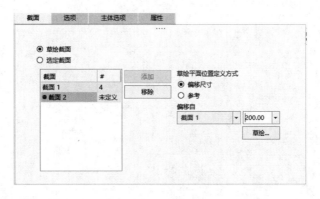

图 7-179　草绘轮廓

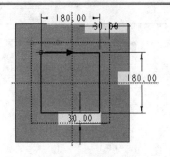

图 7-180　草绘轮廓 2

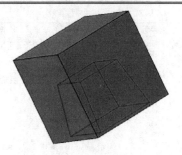

图 7-181　混合体积

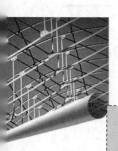

第8章

结构分析

本章导读

    通过第 7 章的学习，读者已经掌握定义材料、载荷、约束及理想化模型等建立模型的条件。在本章中，将学习定义分析,运行模型并显示结果。本章按照分析类型讲解结构分析的操作过程。

重点与难点

- 建立结构分析
- 动态分析
- 设计研究
- 电动机吊座的结构分析

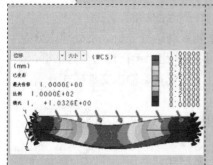

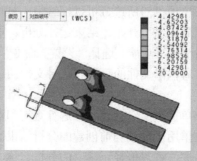

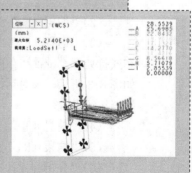

8.1 分析的类型

分析就是计算结构对周围环境所加的条件反应。在完成对模型材料分配、理想化、约束、载荷等一系列设置后，就可以有针对性地建立所需的分析和设计研究。选择功能区面板中的"主页"→"运行"→"分析和研究"命令 ，系统弹出"分析和设计研究"对话框，如图8-1所示。

（1）"文件（F）"菜单是新建各种分析命令的集合，如图8-2所示。该菜单包含了Creo/Simulate 结构提供两类共 10 种分析的类型以及 3 种设计研究，它们的作用见表8-1。

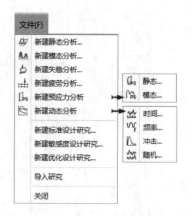

图 8-1 "分析和设计研究"对话框　　　　图 8-2 "文件"菜单

（2）"编辑（E）"菜单提供对所选分析进行编辑、复制、删除的功能。

（3）"运行（R）"菜单提供了开始、结束运行分析、重新启动运行分析、批处理、分布式批处理，设置和存储结果等功能。选择"设置"命令，系统弹出"运行设置"对话框，如图8-3所示，该对话框对输出文件的目录和临时文件的目录、元素、输出文件格式及求解器进行设置。

（4）"信息（I）"菜单提供了对运行状态进行查询和对模型进行检查的功能。

（5）"结果（R）"菜单用于显示当前创建的分析结果。

（6）"分析和设计研究"列表框显示建立的分析名称、类型和状态。

（7）"说明"文本框显示在"分析和设计研究"列表框中选择的分析简要说明概述。

表 8-1　Creo/Simulate 提供的分析类型

模组	分析类型	作用
结构	静态分析	计算模型上的变形、应力和应变，以响应指定的载荷和约束
	模态分析	计算模型上的自然频率和模式形式
	失稳分析	使用来自一个静态分析所决定的临界载荷以及几何上非线性变形和应力
	疲劳分析	使用来自静态分析计算所得到的疲劳载荷效果的结果
	预应力静态分析	使用来自一个静态分析中计算所得到的变形、应力和应变的结果
	预应力模态分析	使用来自模态分析计算所得到的自然频率和模式形式的结果
振动	动态时间分析	计算模型在不同时刻的位移、速度、加速度和应力，并以时间-载荷变化的方式来响应
	动态频率分析	计算模型在不同频率下的高度和周期位移、速度、加速度和应力，并以变化频率下的载荷震荡方式来响应
	动态冲击分析	计算模型的位移和应力的最大值，并以指定反射光谱等基本激发来响应
	动态随机分析	计算模型功率频谱密度和位移的RMS值、速度、加速度和应力，并以指定功率频谱密度的载荷方式来响应
设计研究	标准设计研究	
	敏感度设计研究	
	优化设计研究	

图 8-3　"运行设置"对话框

8.2　建立结构分析

建立分析的重点不在操作。操作是很简单的，难点在分析所代表的设计考虑、布局和探讨未知性。前面已经讲解了进行分析所有需要的定义操作，下面将详细介绍各种分析操作，以实例讲解分析的操作，以及前面所谈内容的布局应用。

8.2.1　静态分析

1. 新建静态分析

"静态分析"用来模拟模型结构的刚度和强度，根据约束和载荷条件计算模型的应力和应变。

运行静态分析的条件：

❑　一个约束集。

❑　一个以上的载荷集。

❑　属于 3D 模型。

在"分析和设计研究"对话框中，选择菜单栏中的"文件（F）"→"新建静态分析"命令，系统弹出"静态分析定义"对话框，如图 8-4 所示。

（1）"名称"文本框用于定义新建静态分析的名称，系统默认为 Analysis＋数字，也可以自定义。

（2）"说明"文本框用于定义新建静态分析的简要概述以区分其他分析，如分析悬臂梁的应力和应变。

（3）"约束"选项组用于定义新建静态分析所施加的约束集。

勾选"组合约束集"复选框，表示分析使用列表框中两个以上约束集共同作用于模型

❑　列表框显示当前模型中创建的所有约束集。

勾选"非线性/使用载荷历史记录"复选框，对话框中展开"非线性选项"选项组，如图 8-5 所示。根据所创建的约束类型，可以选择计算大变形，包括接触、超弹性、塑性等选项进行响应分析。

（4）"载荷"选项组用于定义新建静态分析所需载荷集。

❑　勾选"累计载荷集"复选框，表示使用两个以上载荷集累计作用于模型上进行分析。

❑　列表框中显示当前模型中创建的所有载荷集。

❑　勾选"惯性释放"复选框，表示模型在载荷作用下全约束状态进行分析，约束选项组变成不可用状态。

（5）"收敛"选项卡，如图 8-6 所示，用于定义分析的计算方法。

❑　在"方法"下拉列表框中选择"多通道自适应"选项，表示多次计算，每次都提

高有问题单元的阶数，达到设置的收敛精度或最高阶数时为止。

❑　在"方法"下拉列表框中选择"单通道自适应"选项，表示首先使用低阶多项式完成一次计算，估计出计算结果的精度，然后针对问题的单元提高阶数再计算一次。

❑　在"方法"下拉列表框中选择"快速检查"选项，表示粗略计算，检查模型中可能存在的错误。

图 8-4　"静态分析定义"对话框　　　　　　　　图 8-5　"非线性选项"选项组

（6）"输出"选项卡，如图 8-7 所示，用于定义分析所要输出的计算内容以及显示网格。

❑　"计算"选项组用于设置需要分析计算的应力、旋转、反作用、局部应力误差。

❑　"出图"选项组用于设置生成结果时显示的网格。数值越大生成的结果精度越高，同时需要计算机的资源就越多。

（7）"排除的元素"选项卡，如图 8-8 所示，用于定义在计算过程中可以排除的忽略元素。勾选"排除元素"复选框，在其他选项设置需要排除的元素。

2. 运行分析

在"分析和设计研究"对话框中，选择菜单栏中的"运行（R）"→"开始"命令，或单击工具栏上的"开始运行"按钮🏳，进行分析。分析的过程列举在"运行状况（Analysis1）运行已完成"对话框中，如图 8-9 所示。

图 8-6 "收敛"选项卡内容

图 8-7 "输出"选项卡

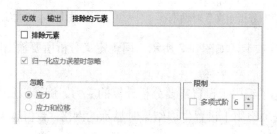

图 8-8 "排除的元素"选项卡

3. 获取分析结果

在"分析和设计研究"对话框中,选中"分析和设计研究"列表框中的静态分析,单击工具栏上的"查看设计研究或有限元分析的结果"按钮 ，系统弹出"结果窗口定义"对话框,如图 8-10 所示。

(1)"名称"文本框用于定义新建分析结果的名称,系统默认为 Window+数字,也可以自定义。

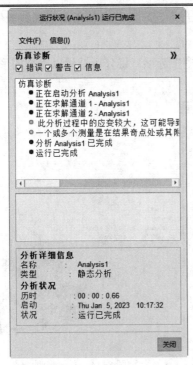

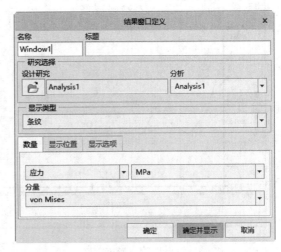

图 8-9　"运行状况（Analysis1）运行已完成"对话框　　图 8-10　"结果窗口定义"对话框

（2）"标题"文本框用于定义新建分析结果的标题，如应力变化曲线。

（3）"研究选择"选项组用于定义新建分析结果窗口的设计研究，单击"打开"按钮 🗁，选择保存在磁盘中的分析目录。

（4）"显示类型"下拉列表框用于定义生成分析结果的显示类型。

❏　在"显示类型"下拉列表框中选择"条纹"选项，将分析结果以条纹状形式表现，效果如图 8-11 所示。

❏　在"显示类型"下拉列表框中选择"矢量"选项，将分析结果以点、线等形式表现，效果如图 8-12 所示。

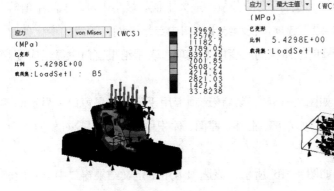

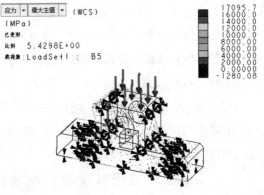

图 8-11　显示条纹　　　　　　　　　　　　　图 8-12　显示矢量

❑ 在"显示类型"下拉列表框中选择"图形"选项，将分析结果以曲线表的形式表现，效果如图 8-13 所示。

❑ 在"显示类型"下拉列表框中选择"模型"选项，将分析结果以模型的形式表现，效果如图 8-14 所示。

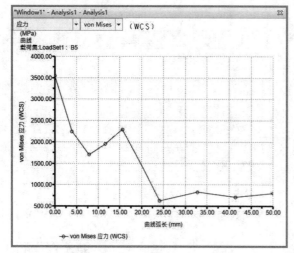

图 8-13　显示图形　　　　　　　　　　　　　图 8-14　显示模型

（5）"数量"选项卡用于定义分析结果显示量。

❑ 在下拉列表框中选择"应力"选项，表示结果窗口中显示压力的变化条纹、线框、曲线、模型等，在其后的下拉列表框中选择压力的单位。在其"分量"下拉列表框中，选择压力的分量：von Mises、最大主值、中间主值、最小主值、最大剪应力等。

❑ 在下拉列表框中选择"位移"选项，表示结果窗口中显示变形的条纹、矢量、图形、模型等，在其后的下拉列表框中选择变形的单位。在其"分量"下拉列表框中，选择变形的分量：大小、X、Y、Z 等。

❑ 在下拉列表框中选择"应变"选项，表示结果窗口中显示应变的变化条纹、矢量、图形。在其"分量"下拉列表框中，选择应变的分量：最大主值、最小主值、中间主值等。

❑ 在下拉列表框中选择"P-级"选项，表示结果窗口中显示 P 网格等级的变化条纹。

❑ 在下拉列表框中选择"每单位体积的应变能"选项，表示结果窗口中显示应变能的变化条纹、线框、曲线。

（6）"显示位置"选项卡，如图 8-15 所示，该选项卡用于定义结果窗口中显示的零件几何元素所对应的静态分析结果，如全部、曲线、曲面、体积块、元件/层等对象的应力、应变、变形等属性。

（7）"显示选项"选项卡，如图 8-16 所示，该选项卡用于定义结果窗口中显示内容的选项。该选项卡可以完成以下设置：

❑ 可以设置图例的等级，是否显示轮廓、标注轮廓、等值面，是否显示连续色调等。

□　是否显示变形，以及显示变形的设置。

□　是否显示元素边、载荷、约束等模型元素。

□　是否显示动画以及显示动画的设置。

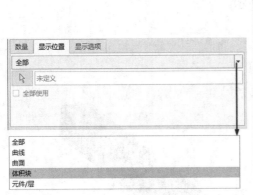

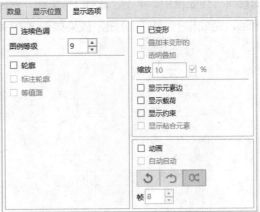

图 8-15　"显示位置"选项卡　　　　　　　图 8-16　"显示选项"选项卡

4. 实例

下面以长度为 1m，截面为 100mm×100mm 的方形梁体为例，讲解静态分析创建的过程。

（1）创建模型。

□　选择功能区中的"文件"→"新建"命令，系统弹出"新建"对话框，点选"零件"单选按钮，在"名称"文本框中键入"A6"，取消"使用默认模板"复选框，单击"确定"按钮，系统弹出"新文件选项"对话框。

□　在"新文件选项"对话框中，选中列表框中的"mmns_part_solid_abs"选项，单击"确定"按钮，进入零件设计平台。

□　选择功能区中的"模型"→"形状"→"拉伸"命令，系统弹出"拉伸"操控面板。在"放置"下滑面板中单击"定义"按钮，系统弹出"草图"对话框，在 3D 工作区中，选择 RIGHT 面作为绘图平面，其余默认，单击"草绘"按钮，进入草图绘制平台。

□　绘制 100mm×100mm 矩形，单击"确定"按钮，完成草图绘制。在操控面板中的厚度设置框中键入 1000，单击"确定"按钮，完成模型的设计，效果如图 8-17 所示。

图 8-17　方形梁体

（2）分配材料。

□　选择功能区中的"应用程序"→"Simulate"命令，进入分析界面，在界面中选择功能区中的"主页"→"设置"→"结构模式"命令，进入结构分析模块。

□ 选择功能区面板中的"主页"→"材料"→"材料分配"命令 🗂，系统弹出"材料分配"对话框，单击"属性"选项组的"材料"选项组中"更多"按钮，系统弹出"材料"对话框，双击"库中的材料"列表框中的"STEEL.mtl"材料，添加到右侧"模型中的材料"列表框中，单击"选择 1"按钮，返回"材料分配"对话框，此时对话框如图 8-18 所示，完成模型材料的分配，效果如图 8-19 所示。

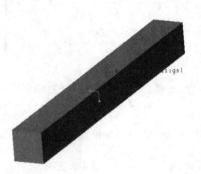

图 8-18　"材料分配"对话框　　　　　图 8-19　分配的材料

（3）添加压力载荷和重力载荷。

□ 选择功能区面板中的"主页"→"载荷"→"压力"命令 🗂，系统弹出"压力载荷"对话框。

注意

系统默认创建一个载荷集 LoadSet1，所以这里就不需要创建载荷集，使用系统默认。

□ 单击"参考"列表框中空白，在 3D 模型中选择方形梁体的上表面，如图 8-20 所示。

图 8-20　压力载荷施加面

□ 在"值"文本框中键入 1000，选中其后的下拉列表框中的"MPa"选项，此时对话框的设置如图 8-21 所示，单击"确定"按钮，完成压力载荷的创建，效果如图 8-22 所示。

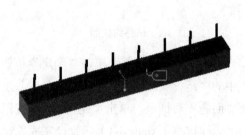

图 8-21　"压力载荷"对话框　　　　　　图 8-22　创建的压力载荷

❑　选择功能区面板中的"主页"→"载荷"→"重力"命令，系统弹出"重力载荷"对话框。

❑　在"加速度"选项组的"Y"文本框中键入-1，其他选项为默认值，单击"确定"按钮，完成重力载荷的添加，效果如图 8-23 所示。

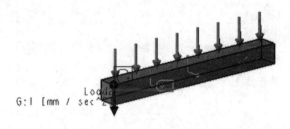

图 8-23　添加的重力载荷

（4）添加约束。

❑　选择功能区面板中的"主页"→"约束"→"位移"命令，系统弹出"约束"对话框。

❑　单击"参考"列表框中的空白，在 3D 模型中选中一端面，如图 8-24 所示，其他选项为默认值，单击"确定"按钮，完成端面位移约束的创建，效果如图 8-25 所示。

❑　使用同样的方法在另一端面添加位移约束。

（5）创建静态分析。

❑　选择功能区面板中的"主页"→"运行"→"分析和研究"命令，系统弹出"分析和设计研究"对话框。

❑　在"分析和设计研究"对话框中，选择菜单栏中的"文件（F）"→"新建静态分析"命令，系统弹出"静态分析定义"对话框，勾选"输出"选项卡的"计算"选项组中

"应力""旋转""反作用"复选框，如图 8-26 所示。

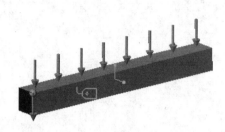

图 8-24　位移约束面

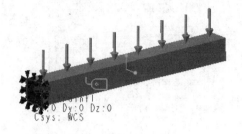

图 8-25　创建的端面位移约束

❑　其他选项为默认值，单击"确定"按钮，返回"分析和设计研究"对话框，选择菜单栏中的"运行（R）"→"开始"命令，或单击工具栏上的"开始运行"按钮，系统弹出"问题"对话框，单击"是（Y）"按钮，系统就开始计算。大约几分钟以后，系统弹出"运行状况（Analysis1）运行已完成"对话框，如图 8-27 所示，对话框中显示静态分析过程以及分析出现的问题。

❑　关闭"运行状况（Analysis1）运行已完成"对话框，分析后的"分析和设计研究"对话框，如图 8-28 所示，保存分析结果以便输出。

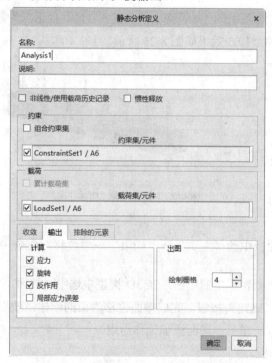

图 8-26　"静态分析定义"对话框

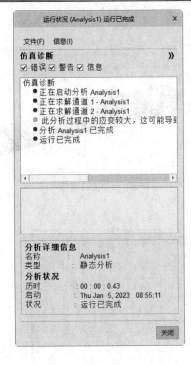

图 8-27　"运行状况（Analysis1）运行已完成"对话框　　　图 8-28　"分析和设计研究"对话框

（6）获取结果。

❑　在"分析和设计研究"对话框中，单击工具栏上的"查看设计研究或有限元分析结果"工具按钮，系统弹出"结果窗口定义"对话框。

❑　在"标题"文本框中键入压力，选择"显示类型"下拉列表框中"条纹"选项。

❑　单击"数量"选项卡，在下拉列表中选择"应力"，单位选择"MPa"，在分量的下拉列表中选择"最大主值"。

❑　单击"显示选项"选项卡，勾选"已变形""显示载荷""显示约束"复选框。

❑　单击"确定并显示"按钮，效果如图 8-29 所示。

❑　退出结果窗口，在"分析和设计研究"对话框中，单击工具栏上的"查看设计研究或有限元分析结果"按钮，系统弹出"结果窗口定义"对话框。

❑　在"标题"文本框中键入应变，选择"显示类型"下拉列表框中"图形"选项。

❑　单击"数量"选项卡，在下拉列表框中选择"应力"选项，在"分量"下拉列表框中选择"最大主值"。

❑　单击"图形位置"选项组中"选取"按钮，系统弹出模型预览窗口，选择一条边，如图 8-30 所示，在"选取"对话框中单击"选择"对话框里的"确定"按钮，弹出"信息"对话框，单击"确定"按钮，返回"结果窗口定义"对话框。

❑　单击"确定并显示"按钮，结果如图 8-31 所示。

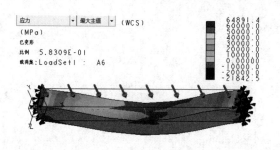

图 8-29　压力条纹图　　　　　　　　图 8-30　选取的边线

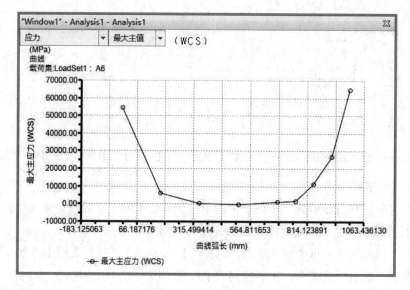

图 8-31　应变曲线图

❑　将窗口及对话框关闭。

8.2.2　模态分析

1. 新建模态分析

"模态分析"模拟模型在受到约束的情况下，计算在自然频率下的模型形态。

运行模态分析的条件：

❑　一个约束集。

❑　属于 3D 模型。

在"分析和设计研究"对话框中，选择菜单栏中的"文件（F）"→"新建模态分析"命令，系统弹出"模态分析定义"对话框，如图 8-32 所示。

图 8-32　"模态分析定义"对话框

（1）"名称"文本框用于定义新建模态分析的名称，系统默认为 Analysis＋数字，也可以自定义。

（2）"说明"文本框用于定义新建模态分析的简要概述以区分其他分析。

（3）"约束"选项组用于设置施加到模型上的载荷。

❑　点选"受约束"单选按钮，在列表框中选择约束集，如果在模型中创建两个以上约束集，"组合约束集"复选框可用，勾选该复选框，表示多个约束集共同作用模型。

❑　点选"无约束"单选按钮，约束集列表框变成不可用状态，表示模型不受约束作用。

（4）"模式"选项卡用于设置模型工作的自然频率和模式。

❑　点选"模式数"单选按钮，在"模式数"文本框中定义模型工作的自然模式数，在"最小频率"文本框中设置模型工作的自然最小频率。

❑　点选"频率范围内的所有模式"单选按钮，在"最小频率"和"最大频率"文本框设置模型工作的自然频率范围。

（5）其他选项的作用和使用方法参见静态分析。

2．运行分析

在"分析和设计研究"对话框中，选择菜单栏中的"运行（R）"→"开始"命令，或单击工具栏上的"开始运行"按钮，进行分析，分析的过程列举在"运行状况（Analysis1）运行已完成"对话框中。

3．获取分析结果

在"分析和设计研究"对话框中，选中"分析和设计研究"列表框中的模态分析，单击工具栏上的"查看设计研究或有限元分析结果"按钮，系统弹出"结果窗口定义"对话框，如图 8-33 所示。

图 8-33 "结果窗口定义"对话框

（1）"名称"文本框用于定义新建分析结果的名称，系统默认为 Window＋数字，也可以自定义。

（2）"标题"文本框用于定义新建分析结果的标题，如应力应变曲线。

（3）"研究选择"选项组用于定义新建分析结果窗口的设计研究以及分析。

❑ 在"设计研究"选项组中，单击"打开"按钮，选择保存在磁盘中的分析目录，在"分析"下拉列表框中选择 Analysis 2。

❑ 在列表框中选择模态分析环境的频率模式，可以多选，单击"缩放"列中的文本框定义缩放比例。

（4）"显示类型"下拉列表框用于定义生成分析结果的显示类型，有条纹、矢量、图形、模型 4 种类型。

（5）"数量"选项卡用于定义分析结果显示量：Disliacement、P—Level。

（6）其他选项的作用同静态分析。

4. 实例

下面以静态分析中的方形梁体为例，讲解模态分析的创建过程。

（1）打开模型"A6.prt"，选择功能区中的"应用程序"→"Simulate"命令，进入分析界面，在界面中选择功能区中的"主页"→"设置"→"结构模式"命令，进入结构分析模块。

注意

关于分配材料、添加约束等操作参见静态分析实例，直接使用前面的例子创建模态分析。

（2）选择功能区面板中的"主页"→"运行"→"分析和设计研究"命令 ，系统弹出"分析和设计研究"对话框。

（3）在对话框中，选择菜单栏中的"文件（F)"→"新建模态分析"命令，系统弹出"模态分析定义"对话框。

（4）单击"模式"选项卡，点选"模式数"单选按钮，在"模式数"和"最小频率"文本框中键入 8 和 30，如图 8-34 所示。

（5）勾选"输出"选项卡中"计算"选项组的"旋转""反作用"复选框，其他选项为默认值，单击"确定"按钮，返回"分析和设计研究"对话框，完成模态分析的创建。

（6）选择菜单栏中的"运行（R)"→"开始"命令，或单击工具栏上的"开始运行"按钮 ，系统弹出"问题"对话框，单击"是（Y)"按钮，系统就开始计算。大约几分钟以后，系统弹出"运行状况（Analysis1）运行已完成"对话框，如图 8-35 所示，对话框中显示模态分析过程以及分析出现的问题。

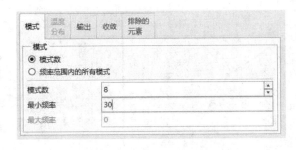

图 8-34　"模式"选项卡　　　　　图 8-35　"运行状况（Analysis1）运行已完成"对话框

（7）关闭"运行状况（Analysis1）运行已完成"对话框，保存分析结果以便输出。

（8）选中"分析和设计研究"列表框中的模态分析，单击工具栏上的"查看设计研究或有限元分析结果"按钮 ，系统弹出"结果窗口定义"对话框。

（9）在"标题"文本框中键入变形曲线，选中"研究选择"选项组的列表框中所有模式。

（10）选中"显示类型"下拉列表框中"图形"选项。

（11）单击"数量"选项卡，在下拉列表框中选择"位移"选项，单击"图形位置"选项组，将显示类型设置为"曲线"，单击"选取"按钮，系统弹出模型预览窗口，选择一条边，如图 8-30 所示，单击"选择"对话框里的"确定"按钮，弹出"信息"对话框，单击"确定"按钮，返回"结果窗口定义"对话框。

（12）其他选项为默认值，单击"确定并显示"按钮，效果如图 8-36 所示。

（13）重复步骤（8）～（12），在第（9）步中选中第一种频率模式，单击"确定并显示"按钮，结果如图 8-37 所示。

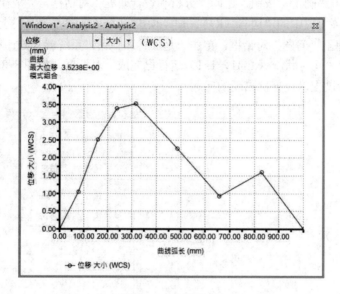

图 8-36 变形曲线

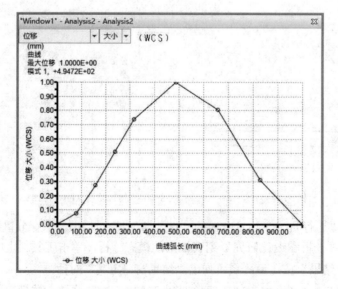

图 8-37 变形曲线

8.2.3　失稳分析

1. 新建失稳分析

"失稳分析"是在静态分析结果的基础上分析模型的稳定性，即分析模型在载荷作用下是如何发生变形的以及变形的大小等。

运行失稳分析的条件：

- ❑ 一个以上的载荷集。
- ❑ 一个静态分析或增加一个设计研究。
- ❑ 属于 3D 模型。

在"分析和设计研究"对话框中，选择菜单栏中的"文件（F）"→"新建失稳分析"命令，系统弹出"失稳分析定义"对话框，如图 8-38 所示。

（1）"前一分析"选项卡用于设置进行失稳分析所使用的静态分析、设计研究和载荷集。

- ❑ 勾选"使用来自前一设计研究的静态分析结果"复选框，在"设计研究"下拉列表框中选择前面创建的设计研究，选中的设计研究的统计分析结果将作为失稳分析的依据。
- ❑ 在"静态分析"下拉列表框中选择前面创建的静态分析并将其结果作为失稳分析的依据。
- ❑ "载荷集"列表框用于显示模型中所创建的载荷集，在此选择载荷集施加与模型进行失稳分析。
- ❑ "失稳模式数"微调框用于调节进行失稳分析的模式数。

（2）其他选项的内容参见静态分析。

2. 运行分析

在"分析和设计研究"对话框中，选择菜单栏中的"运行（R）"→"开始"命令，或单击工具栏上的"开始运行"按钮，弹出"Question（问题）"对话框，单击"是"按钮，进行分析，分析的过程列举在"运行状况（Analysis1）运行已完成"对话框中。

3. 获取分析结果

在"分析和设计研究"对话框中，选中"分析和设计研究"列表框中的失稳分析，单击工具栏上的"查看设计研究或有限元分析的结果"按钮，系统弹出"结果窗口定义"对话框，如图 8-39 所示。该对话框的大部分内容与模态分析所对应的对话框内容相同，其中，"设计研究"列表框中的内容不同，这里列出的是弯曲载荷，单击"失稳载荷因子"列中的数值，可以定义弯曲载荷因子。

4. 实例

下面以静态分析过的例子为例，讲解失稳分析的创建过程。

（1）打开模型"A6.prt"，选择功能区中的"应用程序"→"Simulate"命令，进入分析界面，在界面中选择功能区中的"主页"→"设置"→"结构模式"命令，进入结构分析模块。

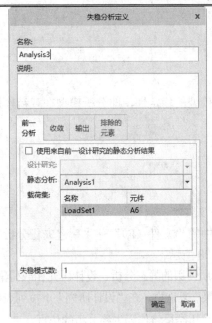

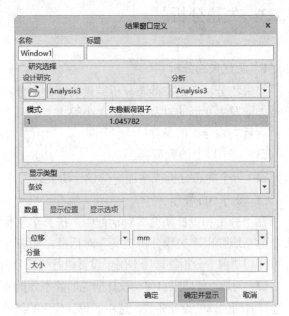

图 8-38 "失稳分析定义"对话框   图 8-39 "结果窗口定义"对话框

（2）选择功能区面板中的"主页"→"运行"→"分析和研究"命令 🏭，系统弹出"分析和设计研究"对话框。

（3）在对话框中选择菜单栏中的"文件（F）"→"新建失稳分析"命令，系统弹出"失稳分析定义"对话框。

（4）单击"前一分析"选项卡，在"静态分析"下拉列表框中选择静态分析 Analysis1，选中"载荷集"列表框中的 LoadSet1 载荷集，调节"失稳模式数"微调框为 4，如图 8-40 所示。

（5）单击"收敛"选项卡，在"方法"下拉列表框中选中"多通道自适应"选项，然后点选"收敛于"选项组中"BLF、局部位移、局部应变能和 RMS 应力"单选按钮，如图 8-41 所示。

图 8-40 "前一分析""选项卡   图 8-41 "收敛"选项卡

（6）单击"输出"选项卡，勾选"应力""旋转""反作用"复选框，调节"出图"

选项组中"绘制网格"微调按钮为8，如图8-42所示。

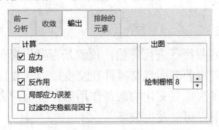

图 8-42 "输出"选项卡

（7）其他选项为默认值，单击"确定"按钮，完成失稳分析模型的建立。

（8）选择菜单栏中的"运行（R)"→"开始"命令，或单击工具栏上的"开始运行"按钮 ，系统弹出"问题"对话框，单击"是（Y)"按钮，系统就开始计算。大约几分钟以后，系统弹出"运行状况（Analysis1）运行已完成"对话框，如图8-43所示，对话框中显示失稳分析过程以及分析出现的问题。

（9）关闭"运行状况（Analysis1）运行已完成"对话框，保存分析结果以便输出结果。

（10）选中"分析和设计研究"列表框中的失稳分析，单击工具栏上的"查看设计研究或有限元分析结果"按钮 ，系统弹出"结果窗口定义"对话框。

（11）在"标题"文本框中键入压力条纹，选中"设计研究"列表框中第四种模式。

（12）选中"显示类型"下拉列表框中"条纹"选项。

（13）单击"数量"选项卡，在下拉列表框中选择"位移"选项。

（14）单击"显示选项"选项卡，勾选"已变形""显示载荷""显示约束"复选框。

（15）其他选项为默认值，单击"确定并显示"按钮，效果如图8-44所示。

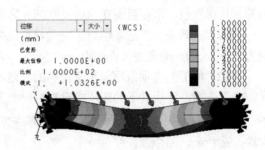

图 8-43 "运行状况（Analysis1）运行已完成"对话框　　　图 8-44 变形条纹

8.2.4 疲劳分析

疲劳分析是对零件的疲劳特征进行评估，预测是否发生疲劳破坏，也可以和其他分析一起对零件进行优化设计。疲劳破坏就是零件在交变载荷重复作用下，材料或结构的破坏现象，当材料或结构受到多次重复变化的载荷作用后，虽然应力值始终没有超过材料的强度极限，甚至低于弹性极限也可能发生破坏。

❑ 疲劳寿命是指发生疲劳破坏时的应力循环次数，或者从开始受重复载荷作用直到断裂所经过的时间。

❑ 疲劳破坏是在交变载荷作用下引起零件的失效或破坏，它不是在一次最大载荷下的作用，而是反复载荷作用下产生的。疲劳破坏通常没有明显的塑性变形迹象。

❑ 安全系数是输入载荷的许用安全系数。当计算出的疲劳寿命比设计寿命长时，疲劳分析能够反过来计算输入载荷的许用安全系数。

❑ 疲劳寿命可信度是经过计算的疲劳和设计寿命的比值。由于疲劳具有统计特征，因此疲劳寿命可信度越大越好。

运行预应力静态分析的条件：

❑ 一个约束集。

❑ 一个以上的载荷集和强制位移。

❑ 一个以上静态分析。

❑ 属于 3D 模型。

1. 材料的疲劳特征

零件抵抗静力破坏的能力，主要取决于材料本身。零件抵抗疲劳破坏的能力不仅与材料有关，而且还与材料的组成、构件的状态和大小、表面状况等有关。在疲劳分析中，不仅确定材料密度、弹性模量、泊松比等参数，还需要设置材料的疲劳特征参数，如最大抗拉强度、材料表面处理、材料放入构成等。

选择功能区面板中的"主页"→"材料"→"材料"命令 🔲，系统弹出"材料"对话框，选中"模型中的材料"列表框中的材料，选择菜单栏中的"编辑"→"属性"命令，系统弹出"材料定义"对话框，如图 8-45 所示。

（1）"材料极限"选项组用于定义材料的拉伸屈服应力、拉伸极限应力、压缩极限应力等材料属性值，取值范围在 50～4000MPa 之间。

（2）"失效条件"选项组用于定义材料的失效方式：无、修正的莫尔理论、最大剪切应力（Tresca）、畸变能（von Mises）。

（3）"疲劳"选项组用于定义材料的工艺特征。在下拉列表框中选择"统一材料法则（UML）"选项，然后其下的选项中设置材料类型、表面粗糙度、失效强度衰减因子。

❑ "材料类型"下拉列表框用于选择零件的材料。系统提供的材料类型有非合金钢、含铁、钛合金、铝合金。

❑ "表面粗糙度"下拉列表框用于定义材料表面的处理情况，疲劳破坏与材料的表面情况有很大的关系。系统提供的材料表面处理情况有已抛光、基础、加工（精）、加工（中）、加工（粗）、热轧、锻造、铸造、水蚀处理、咸水水蚀处理、氮化处理、冷轧、喷丸处理等情况。

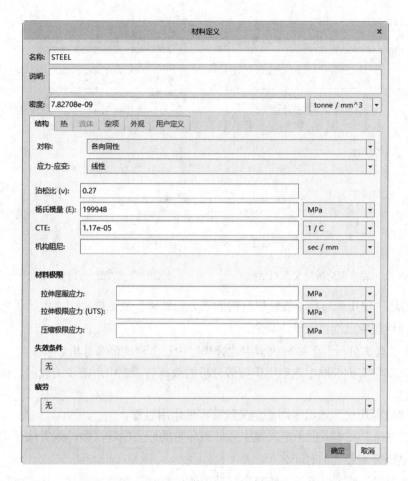

图 8-45　"材料定义"对话框

❑　"失效强度衰减因子"文本框用于定义疲劳强度换算系数，该值为大于 1 的数值。

2. 新建疲劳分析

在"分析和设计研究"对话框中，选择菜单栏中的"文件（F）"→"新建疲劳分析"命令，系统弹出"疲劳分析定义"对话框，如图 8-46 所示。

（1）"名称"文本框用于定义新建疲劳分析的名称，系统默认为 Analysis＋数字，也可以自定义。

（2）"说明"文本框应用于定义新建疲劳分析的简要概述。

（3）"前一分析"选项卡，如图 8-47 所示，该选项卡用于定义进行疲劳分析所需的静态分析、设计研究和载荷集。

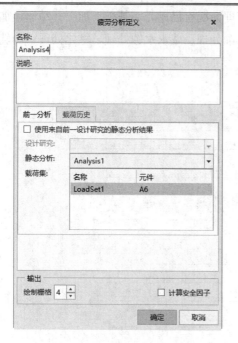 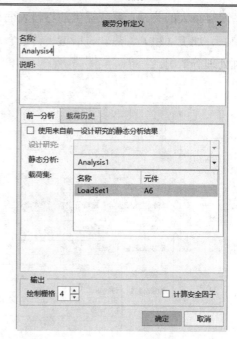

图 8-46　"疲劳分析定义"对话框　　　　图 8-47　"前一分析"选项卡

❑　勾选"使用来自前一设计研究的静态分析结果"复选框，在"设计研究"下拉列表框中选择模型中已创建的设计研究。

❑　在"静态分析"下拉列表框中选择模型中已创建的静态分析。

在"载荷集"列表框中选中用于疲劳分析的载荷集，选中所需要的载荷集使其高亮显示。

（4）"载荷历史"选项卡用于定义载荷零件作用过程。

❑　"寿命"文本框用于定义发生疲劳破坏时的应力循环次数，或者从开始受重复载荷作用直到断裂所经过的时间。

❑　"加载"选项组用于设置交变载荷的幅值特征、载荷的类型。在"类型"下拉列表框中选择载荷幅值变化类型：恒定振幅、可变振幅。如果载荷是随机载荷，则需要选择可变振幅，否则选择恒定振幅。在"振幅类型"下拉列表框中选择幅值类型：峰值-峰值、零值-峰值、用户定义。如果选择用户定义的幅值类型，则需要输入最小载荷因子和最大载荷因子。

（5）"输出"选项组用于定义输出结果的显示的网格和输出计算安全因子。

❑　在"绘制网格"微调框中调整输出结果显示的网格数，该数值为 2～10 之间。

❑　勾选"计算安全因子"复选框，系统在对零件进行疲劳分析的同时计算输入载荷的许用安全系数，并将其输出。

3．运行分析

在"分析和设计研究"对话框中，选择菜单栏中的"运行（R）"→"开始"命令，或

单击工具栏上的"开始运行"按钮 ，可进行分析，分析的过程列举在"运行状况（Analysis1）运行已完成"对话框中。

4．获取分析结果

在"分析和设计研究"对话框中，选中"分析和设计研究"列表框中的疲劳分析，单击工具栏上的"查看设计研究或有限元分析结果"按钮 ，系统弹出"结果窗口定义"对话框，该对话框的内容与前面讲过的静态分析、模态分析的不同之处如下：

❑　"显示类型"定义生成的分析结果显示类型只能是"条纹"一种。

❑　在"数量"选项卡"分量"下拉列表框中选择输出结果的具体内容，有日志生命周期、对数破坏、安全因子、寿命置信度 4 种类型。

5．实例

下面以图 8-48 所示简单的紧固件模型为例，讲解疲劳分析的过程。

技术要求：零件为热轧含铁，最大抗拉强度为 400Mpa，零件受 1000N 的交变载荷作用，设计疲劳寿命为 1000000 次。

（1）建立几何模型。

❑　选择功能区中的"文件"→"新建"命令，系统弹出"新建"对话框，点选"零件"单选按钮，在"名称"文本框中键入"ban"，取消"使用默认模板"复选框，单击"确定"按钮，系统弹出"新文件选项"对话框。

❑　在"新文件选项"对话框中，选中列表框中的"mmns_part_solid_abs"选项，单击"确定"按钮，进入零件设计平台。

❑　选择功能区中的"模型"→"形状"→"拉伸"命令 ，系统弹出"拉伸"操控面板。在"放置"下滑面板中单击"定义"按钮，系统弹出"草图"对话框，在 3D 工作区中，选择 RIGHT 面作为绘图平面，其余默认，单击"草绘"按钮，进入草图绘制平台。

❑　绘制如图 8-49 所示草图，单击"确定"按钮，完成草图绘制。在操控面板的厚度设置框中键入 15，单击"确定"按钮，完成模型的设计。

图 8-48　疲劳分析模型

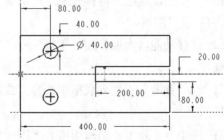

图 8-49　草图

（2）创建基准点。选择功能区中的"模型"→"基准"→"点"命令 ，系统弹出"基准点"对话框，在 3D 模型中点选侧边，如图 8-50 所示。设置偏移为 0.5，创建基准点。同理创建另外一侧基准点。

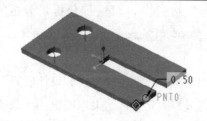

图 8-50　选取边线

（3）定义模型的材料。

❑　选择功能区中的"应用程序"→"Simulate"命令，进入分析界面，在界面中选择功能区中的"主页"→"设置"→"结构模式"命令，进入结构分析模块。

❑　选择功能区面板中的"主页"→"材料"→"材料分配"命令🖱，系统弹出"材料分配"对话框，单击"属性"选项组中"材料"选项组的"更多"按钮，系统弹出"材料"对话框，双击"库中的材料"列表框中的"STEEL.mtl"材料添加到右侧"模型中的材料"列表框中。

❑　在"模型中的材料"列表框中，选中"STEEL"材料选项，选择菜单栏中的"编辑"→"属性"命令，系统弹出"材料定义"对话框。

❑　在"材料极限"选项组的"拉伸屈服应力"文本框中键入 350，在其后下拉列表框中选择"Mpa"单位选项，"拉伸极限应力"文本框中键入 400，在其后下拉列表框中选择"Mpa"单位选项。

❑　选择"失效条件"下拉列表框中的"最大剪应力（Tresca）"选项；选择"疲劳"下拉列表框中的"统一材料法则（UML）"选项，在其下的"材料类型"下拉列表框中选择"含铁"选项，"表面粗糙度"下拉列表框中选择"热轧"选项，在"失效强度衰减因子"文本框中键入2，"材料定义"对话框中的设置如图 8-51 所示。

❑　单击"确定"按钮，完成材料疲劳特性参数的设置。返回"材料"对话框，单击"选择 1"按钮，返回"材料分配"对话框。单击"确定"按钮，完成模型材料的定义。

（4）定义约束。

❑　选择功能区面板中的"主页"→"约束"→"位移"命令🖱，系统弹出"约束"对话框。

❑　在"参考"下拉列表框中选择"曲面"选项，在 3D 模型中选择孔内表面，如图 8-52 所示。

❑　选中"平移"选项组中所有"固定"按钮🖱，单击"确定"按钮，完成位移约束定义。

❑　使用同样约束方法，将另一孔的 6 个自由度都固定，效果如图 8-53 所示。

（5）定义载荷。

❑　选择功能区面板中的"主页"→"载荷"→"力/力矩"命令🖱，系统弹出"力/力矩载荷"对话框。

材料定义　✕

名称: STEEL

说明:

密度: 7.82708e-09　　　　　　　　　　　　　　　　　tonne / mm^3　▾

| 结构 | 热 | 流体 | 杂项 | 外观 | 用户定义 |

对称:　各向同性　▾

应力-应变:　线性　▾

泊松比 (v):　0.27

杨氏模量 (E):　199948　　　　　　　　MPa　▾

CTE:　1.17e-05　　　　　　　　　　　1 / C　▾

机构阻尼:　　　　　　　　　　　　　　sec / mm　▾

材料极限

拉伸屈服应力:　* 350　　　　　　　　MPa　▾

拉伸极限应力 (UTS):　* 400　　　　　MPa　▾

压缩极限应力:　　　　　　　　　　　　MPa　▾

* 必填字段

失效条件

最大剪应力 (Tresca)　▾

疲劳

统一材料法则 (UML)　▾

材料类型:　含铁　▾

表面粗糙度:　热轧　▾

失效强度衰减因子: 2

确定　取消

图 8-51　"材料定义"对话框

图 8-52　约束面

图 8-53　创建的约束

❑ 选择"参考"下拉列表框中的"点"选项，在 3D 模型中点选侧边中点，如图 8-54 所示。

❑ 在"力"选项组的"X"文本框中键入-1000，选择其下方列表框中"N"单位选项，单击"确定"按钮，完成载荷的定义。

❑ 使用同样的方法，在另一侧也添加相同的载荷，效果如图 8-55 所示。

（6）建立并运行静态分析。

❑ 选择功能区面板中的"主页"→"运行"→"分析和研究"命令 ，系统弹出"分析和设计研究"对话框。

❑ 选择菜单栏中的"文件（F）"→"新建静态分析"命令，系统弹出"静态分析定义"对话框，勾选"约束"列表框中的"ConstraintSet1"选项，使其选中显示，勾选"载荷"列表框中"LoadSet1"选项，其他选项为系统默认值，单击"确定"按钮，完成静态分析的建立。

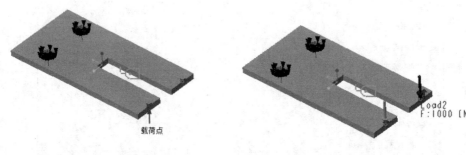

图 8-54　载荷点　　　　　　　　　　　图 8-55　加载的载荷

❑ 选择菜单栏中的"运行（R）"→"开始"命令，或单击工具栏上的"开始运行"按钮 ，系统弹出"问题"对话框，单击"是（Y）"按钮，系统开始进行分析，大约几分钟后，系统弹出"运行状况（Analysis1）运行已完成"对话框，如图 8-56 所示，该对话框显示分析过程中出现的问题以及分析步骤。

（7）建立并运行疲劳分析。

❑ 在"分析和设计研究"对话框中，选择菜单栏中的"文件（F）"→"新建疲劳分析"命令，系统弹出"疲劳分析定义"对话框。

❑ 单击"载荷历史"选项卡，在"寿命"选项组的"所需强度"文本框中键入 1000000，设置栅格数为 8，勾选"计算安全因子"复选框，单击"确定"按钮，完成零件疲劳分析的建立。

❑ 选择菜单栏中的"运行（R）"→"开始"命令，或单击工具栏上的"开始运行"按钮 ，系统弹出"问题"对话框，单击"是（Y）"按钮，系统开始进行分析。大约几分钟后，系统弹出"运行状况（Analysis1）运行已完成"对话框，如图 8-57 所示。该对话框显示分析过程中出现的问题以及分析步骤。

（8）输出疲劳分析结果。

❑ 在"分析和设计研究"对话框中，选中"分析和设计研究"列表框中的疲劳分析。单击工具栏上的"查看设计研究或有限元分析结果"按钮🖼，系统弹出"结果窗口定义"对话框。

❑ 单击"数量"选项卡，在"分量"下拉列表框中选择"对数破坏"选项，单击"确定并显示"按钮。图 8-58 所示的为对数破坏窗口。

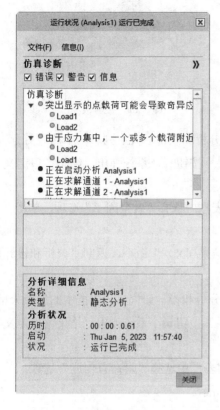
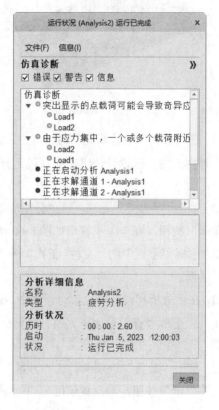

图 8-56 "运行状况（Analysis1）　　图 8-57 "运行状况（Analysis2）运行已完成"对话框
　　　　运行已完成"对话框

❑ 选择菜单栏中的"文件（F）"→"退出结果（X）"命令，返回"分析和设计研究"对话框。

❑ 在"分析和设计研究"对话框中，选中"分析和设计研究"列表框中的疲劳分析，单击工具栏上的"查看设计研究或有限元分析结果"按钮🖼，系统弹出"结果窗口定义"对话框。

❑ 单击"数量"选项卡，在"分量"下拉列表框中选择"日志生命周期"选项，单击"确定并显示"按钮，图 8-59 所示为交变荷作用下的疲劳破坏窗口，最先发生破裂破坏的地方正好位于孔边。

❑ 选择菜单栏中的"文件（F）"→"退出结果（X）"命令，返回"分析和设计研究"对话框。

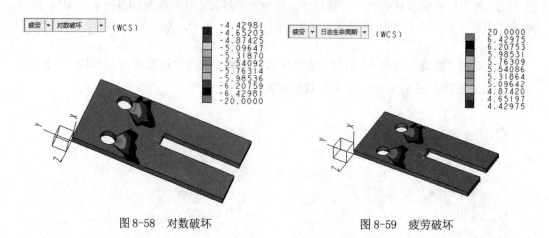

图 8-58　对数破坏　　　　　　　　　　　图 8-59　疲劳破坏

❑　在"分析和设计研究"对话框中，选中"分析和设计研究"列表框中的疲劳分析，单击工具栏上的"查看设计研究或有限元分析结果"按钮，系统弹出"结果窗口定义"对话框。

❑　单击"数量"选项卡，在"分量"下拉列表框中选择"安全因子"选项，单击"确定并显示"按钮，安全因子窗口如图 8-60 所示。

❑　选择菜单栏中的"文件（F）"→"退出结果（X）"命令，返回"分析和设计研究"对话框。

❑　在"分析和设计研究"对话框中，选中"分析和设计研究"列表框中的疲劳分析，单击工具栏上的"查看设计研究或有限元分析结果"按钮，系统弹出"结果窗口定义"对话框。

❑　单击"数量"选项卡，在"分量"下拉列表框中选择"寿命置信度"选项，单击"确定并显示"按钮，寿命置信度窗口如图 8-61 所示。

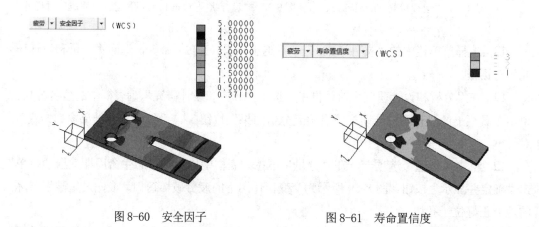

图 8-60　安全因子　　　　　　　　　　　图 8-61　寿命置信度

8.2.5 预应力静态分析

预应力静态分析用来模拟一个预刚度或预应力结构，如何影响模型的变形、应力和应变情况。换句话说，加上指定的载荷后，它可以决定零件各部位结构的强或弱。

预应力静态分析将使用静态分析的结果作为分析的起点。因此，要运行一个预应力静态分析，除了要先运行一个静态分析之外，还能适用以下情况：

❑ 如果希望模型能有一个横向作用。

❑ 如果应用的载荷能影响模型的刚度。例如，一个使用射出力当作载荷的模型。

如果指定载荷在静态分析时，接近一个对应的屈曲载荷的大小，那么预应力的作用是微不足道的。此时应该运行一个预应力静态分析来得到更加具体的信息。

运行预应力静态分析的条件：

❑ 一个约束集。

❑ 一个以上的载荷集和强制位移。

❑ 一个以上静态分析。

❑ 属于 3D 模型。

1. 新建预应力静态分析

在"分析和设计研究"对话框中，在菜单栏中选择"文件（F）"→"新建预应力分析"→"静态"命令，系统弹出"预应力静态分析定义"对话框，如图 8-62 所示。

（1）"名称"文本框用于定义新建预应力静态分析的名称，系统默认为 Analysis＋数字，也可以自定义。

（2）"说明"文本框用于定义新建预应力静态分析的简要概述以区别其他分析。

（3）"约束"选项组用于定义新建预应力静态分析所施加的约束集。

❑ 勾选"组合约束集"复选框，表示使用列表框中两个以上约束集共同作用于模型进行静态分析。当在列表框中选择两个以上约束集，该复选框才可用。

❑ 列表框显示当前模型中创建的所有约束集。

（4）"载荷"选项组用于定义新建预应力静态分析所需载荷集。

❑ 勾选"累计载荷集"复选框，表示使用两个以上载荷集累计作用于模型上进行分析。当在列表框中选择两个以上载荷集，该复选框可用。

❑ 列表框中显示当前模型中创建的所有载荷集。

（5）"前一分析"选项卡用于定义预应力静态分析所使用的已建立的静态分析、设计研究和载荷集。

❑ 勾选"使用来自前一设计研究的静态分析结果"复选框，在"设计研究"下拉列表框中选择前面创建的设计研究，选中的设计研究将统计分析结果将作为预应力静态分析依据。

❑ 在"静态分析"下拉列表框中选择前面创建的静态分析并将其结果作为预应力静态分析的依据。

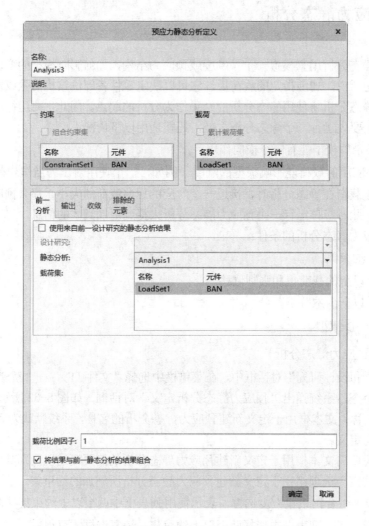

图 8-62 "预应力静态分析定义"对话框

❑ "载荷集"列表框用于显示模型中所创建的载荷集,在此选择载荷集施加与模型进行预应力静态分析。

❑ "载荷比例因子"文本框用于定义"载荷集"列表框中的载荷在预应力静态分析中所起到的作用。

❑ 勾选"将结果与前一静态分析的结果组合"复选框,表示预应力静态分析和所使用的静态分析的结果组合。

(6)"输出"选项卡用于定义预应力静态分析所需输出的计算结果和绘图网格。

❑ "计算"选项组用于设置需要分析计算的内容:应力、旋转、反作用。

❑ "出图"选项组用于设置生成结果时,显示的网格。数值越大生成的结果精度越高,需要的计算机资源就越多。

(7)"收敛"选项卡,用于定义分析的计算方法。

❑　在"方法"下拉列表框中选择"多通道自适应"选项，表示多次计算，每次都提高有问题单元的阶数，达到设置的收敛精度或最高阶数时为止。

❑　在"方法"下拉列表框中选择"单通道自适应"选项，表示首先使用低阶多项式完成一次计算，估计出计算结果的精度，然后针对问题的单元提高阶数再计算一次。

❑　在"方法"下拉列表框中选择"快速检查"选项，表示粗略计算，检查模型中可能存在的错误。

（8）"排除的元素"选项卡，用于定义在计算过程中可以排除的忽略元素。勾选"排除元素"复选框，表示可以进行排除元素，在其他选项设置需要排除元素的选项。

2．运行分析

在"分析和设计研究"对话框中，选择菜单栏中的"运行（R）"→"开始"命令，或单击工具栏上的"开始运行"按钮，进行分析，分析的过程列举在"运行状况（Analysis1）运行已完成"对话框中。

3．获取分析结果

在"分析和设计研究"对话框中，选中"分析和设计研究"列表框中的预应力静态分析，单击工具栏上的"查看设计研究或有限元分析结果"按钮，系统弹出"结果窗口定义"对话框，如图 8-63 所示。

图 8-63　"结果窗口定义"对话框

（1）"名称"文本框用于定义新建预应力静态分析结果的名称，系统默认为 Window＋数字，也可以自定义。

（2）"标题"文本框用于定义新建预应力静态分析结果的标题，如应力应变曲线。

（3）"研究选择"选项组用于定义新建预应力静态分析结果所使用的设计研究以及分析。在"设计研究"选项组中，单击"打开"按钮，选择保存在磁盘中的分析目录，在"分析"下拉列表框中选择所需分析。

（4）"数量"选项卡用于定义分析结果显示量：应力、位移、应变、每单位面积的应变能、反作用、测量、P-级、点约束处的反作用。

（5）"显示位置"选项卡用于定义分析结果所显示的位置，即零件中几何元素所对于的预应力静态分析结果。

（6）"显示选项"选项卡用于定义结果窗口中显示内容的选项。该选项卡可以完成以下设置：

- ❑ 图例的等级，是否显示轮廓、标注轮廓、等值面，是否显示连续色调等。
- ❑ 是否显示变形及变形的显示。
- ❑ 是否显示元素边、载荷、约束等模型元素。
- ❑ 是否显示动画及动画的显示。

4. 实例

下面以模型 a6.prt 为例，进一步讲解预应力静态分析的建立和分析过程。

（1）建立预应力静态分析。

- ❑ 打开模型"a6.prt"，选择功能区中的"应用程序"→"Simulate"命令，进入分析界面，在界面中选择功能区中的"主页"→"设置"→"结构模式"命令，进入结构分析模块。
- ❑ 选择功能区面板中的"主页"→"运行"→"分析和设计研究"命令 ，系统弹出"分析和设计研究"对话框。
- ❑ 在"分析和设计研究"对话框中，在菜单栏选择"文件（F）"→"新建预应力分析"→"静态"命令，系统弹出"预应力静态分析定义"对话框。
- ❑ 选中"约束"列表框中的"ConstraintSet1"约束集选项，使其高亮显示。
- ❑ 选中"载荷"列表框中的"Loadset1"载荷集选项，使其高亮显示。
- ❑ 单击"前一分析"选项卡中"载荷集"列表框中的"LoadSet1"载荷集选项，使其高亮显示，在"载荷比例因子"文本框中键入 1。
- ❑ 其他选项为默认值，单击"确定"按钮，完成预应力静态分析的建立。
- ❑ 选择菜单栏中的"运行（R）"→"开始"命令，或单击工具栏上的"开始运行"按钮 ，系统弹出询问对话框，单击"是（Y）"按钮，系统开始进行分析。大约几分钟后，系统弹出"运行状况（Analysis1）运行已完成"对话框，如图 8-64 所示，该对话框显示分析过程中出现的问题以及分析步骤。

（2）获取分析结果。

- ❑ 在"分析和设计研究"对话框中，选中"分析和设计研究"列表框中的预应力静态分析，单击工具栏上的"查看设计研究或有限元分析结果"按钮 ，系统弹出"结果窗口定义"对话框。
- ❑ 在"显示类型"下拉列表框中选择"图形"选项。
- ❑ 单击"数量"选项卡，选择下拉列表框中的"位移"选项，单击"图形位置"选项组中"选取"按钮 ，系统弹出模型阅览窗口和"选择"对话框，在预览窗口中选择一边，如图 8-65 所示。

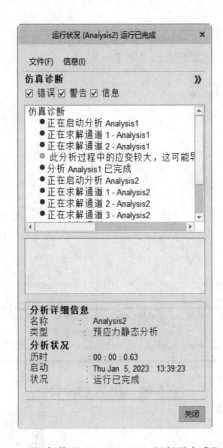

图 8-64　"运行状况（Analysis1）运行已完成"对话框

图 8-65　选取边线

❑　单击"确定"按钮，弹出"信息"对话框，单击"确定"按钮，返回"结果窗口定义"对话框。

❑　其他选项为系统默认值，单击"确定并显示"按钮，效果如图 8-66 所示。

❑　退出结果窗口，返回"分析和设计研究"对话框，选中"分析和设计研究"列表框中的预应力静态分析，单击工具栏上的"查看设计研究或有限元分析结果"按钮，系统弹出"结果窗口定义"对话框。

❑　在"显示类型"下拉列表框中选择"条纹"选项。

❑　单击"数量"选项卡，选择下拉列表框中的"位移"选项。

❑　单击"显示选项"选项卡勾选"已变形""显示载荷""显示约束"复选框。

❑　其他选项为系统默认值，单击"确定并显示"按钮，效果如图 8-67 所示。

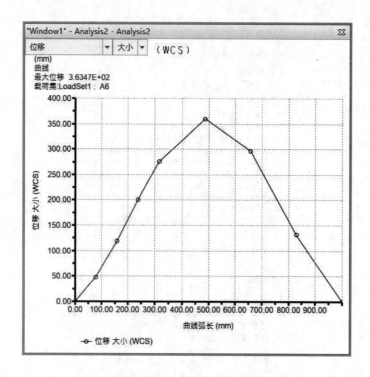

图 8-66　边线的变形曲线

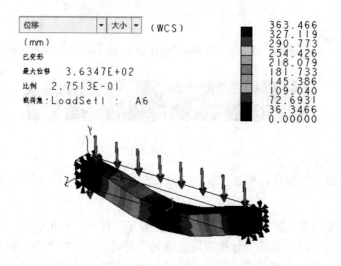

图 8-67　变形条纹

8.2.6　预应力模态分析

预应力模态分析使用一个来自静态分析的结果计算模型的自然频率和模态。例如，像要在一个静态分析以后运行预应力模态分析，以取得有关应用载荷和载荷的强弱等更加详细的信息。

运行预应力静态分析的条件：

❑　0 或 1 个约束集。

❑　一个静态分析。

❑　属于 3D 模型。

1．建立预应力模态分析

在"分析和设计研究"对话框中，选择菜单栏中的"文件（F）"→"新建预应力分析"→"模态"命令，系统弹出"预应力模态分析定义"对话框，如图 8-68 所示。

（1）"名称"文本框用于定义新建预应力模态分析的名称，系统默认为 Analysis＋数字，也可以自定义。

（2）"说明"文本框用于定义新建预应力模态分析的简要概述以区别其他分析。

（3）"约束"选项组中"受约束"单选按钮表示分析模型受到约束限制，否则为不受约束限制。

（4）"模式"选项卡用于设置模型工作的自然频率和模式。

❑　点选"模式数"单选按钮，在"模式数"文本框中定义模型工作的自然模式数，在"最小频率"文本框中设置模型工作的自然最小频率。

❑　点选"频率范围内的所有模式"单选按钮，在"最小频率"和"最大频率"文本框设置模型工作的自然频率范围。

（5）其他选项的使用方法与左右参见预应力静态分析。

2．运行分析

在"分析和设计研究"对话框中，选择菜单栏中的"运行（R）"→"开始"命令，或单击工具栏上的"开始运行"按钮，进行分析，分析的过程列举在"运行状况（Analysis1）运行已完成"对话框中。

3．获取分析结果

在"分析和设计研究"对话框中，选中"分析和设计研究"列表框中的预应力模态分析分析，单击工具栏上的"查看设计研究或有限元分析结果"按钮，系统弹出"结果窗口定义"对话框，如图 8-69 所示。

（1）"名称"文本框用于定义新建预应力模态分析结果的名称，系统默认为 Window＋数字，也可以自定义。

（2）"标题"文本框用于定义新建预应力模态分析结果的标题，如应力应变曲线。

（3）"研究选择"选项组用于定义新建分析结果窗口所需的设计研究以及分析。

❑　在"设计研究"选项组中，单击"打开"按钮，选择保存在磁盘中的分析目录，在"分析"下拉列表框中选择分析。

❑　在列表框中选择预应力模态分析环境的频率模式，使其高亮显示。

（4）"显示类型"下拉列表框用于定义生成分析结果的显示类型，有条纹、矢量、图形、模型 4 种类型。

（5）"数量"选项卡用于定义分析结果显示量：位移、P-级。

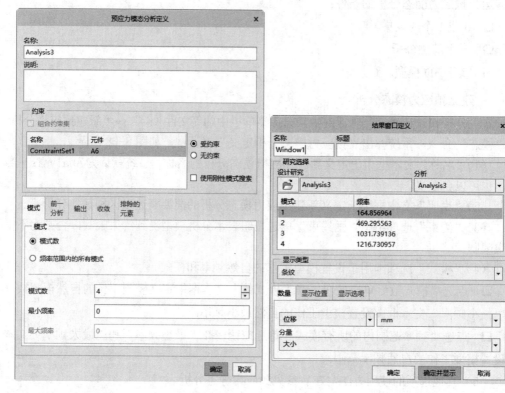

图 8-68　"预应力模态分析定义"对话框　　　　图 8-69　"结果窗口定义"对话框

（6）其他选项的使用方法与作用参见预应力静态分析。

4．实例

下面以模型 a6.prt 为例，讲解预应力模态分析的建立和分析过程。

（1）建立预应力模态分析。

❑ 打开模型"a6.prt"，选择功能区中的"应用程序"→"Simulate"命令，进入分析界面，在界面中选择功能区中的"主页"→"设置"→"结构模式"命令，进入结构分析模块。

❑ 选择功能区面板中的"主页"→"运行"→"分析和研究"命令🖥，系统弹出"分析和设计研究"对话框。

❑ 在"分析和设计研究"对话框中，选择菜单栏中的"文件（F）"→"新建预应力分析"→"模态"命令，系统弹出"预应力模态分析定义"对话框。

❑ 选中"约束"列表框中的"ConstraintSet1"约束集选项，使其高亮显示，点选其后的"受约束"单选按钮。

❑ 单击"模式"选项卡，点选"模式数"单选按钮，调节"模式数"微调框中数值为 5，在"最小频率"文本框中键入 20，"预应力模态分析定义"对话框设置如图 8-70 所示。

❏　单击"前一分析"选项卡中"载荷集"列表框中的"LoadSet1"载荷集选项，使其高亮显示，在"载荷比例因子"文本框中键入 1。

❏　其他选项为默认值，单击"确定"按钮，完成预应力模态分析的建立。

❏　选择菜单栏中的"运行（R）"→"开始"命令，或单击工具栏上的"开始运行"按钮，系统弹出询问对话框，单击"是（Y）"按钮，系统开始进行分析。大约几分钟后，系统弹出"运行状况（Analysis1）运行已完成"对话框，如图 8-71 所示，该对话框显示分析过程中出现的问题以及分析步骤。

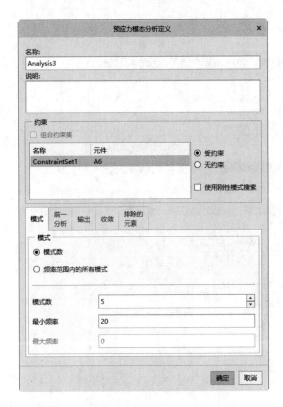

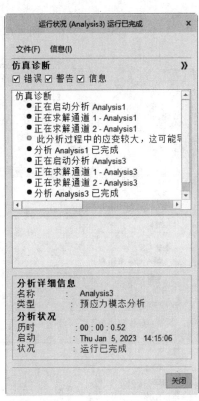

图 8-70　"预应力模态分析定义"对话框　　图 8-71　"运行状况（Analysis1）运行已完成"对话框

（2）获取分析结果。

❏　在"分析和设计研究"对话框中，选中"分析和设计研究"列表框中的预应力模态分析，单击工具栏上的"查看设计研究或有限元分析结果"按钮，系统弹出"结果窗口定义"对话框。

❏　选中"研究选择"列表框中模式 2，使其高亮显示，在"显示类型"下拉列表框中选择"图形"选项，单击"数量"选项卡，选择下拉列表框中的"位移"选项，单击"图形位置"选项组中"选取"按钮，系统弹出模型阅览窗口和"选择"对话框，在预览窗口中选择一边，如图 8-72 所示。

❏　单击"确定"按钮，弹出"信息"对话框，单击"确定"按钮，返回"结果窗口定义"对话框，如图 8-73 所示。

图 8-72　选取的边线

图 8-73　"结果窗口定义"对话框

❑　其他选项为系统默认值，单击"确定并显示"按钮，结果如图 8-74 所示。

❑　退出结果窗口，返回"分析和设计研究"对话框，选中"分析和设计研究"列表框中的预应力模态分析，单击工具栏上的"查看设计研究或有限元分析结果"按钮，系统弹出"结果窗口定义"对话框。

❑　在"显示类型"下拉列表框中选择"矢量"选项。

❑　单击"数量"选项卡，选择下拉列表框中的"位移"选项。

❑　单击"显示选项"选项卡，勾选"已变形""显示载荷""显示约束"复选框。

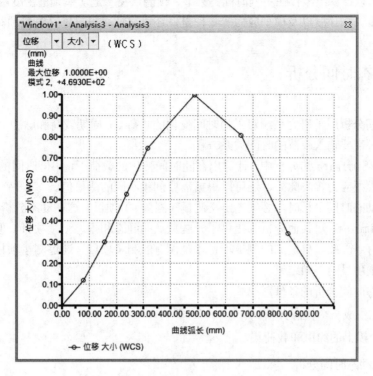

图 8-74　边线的变形曲线

其他选项为系统默认值，单击"确定并显示"按钮，效果如图 8-75 所示。

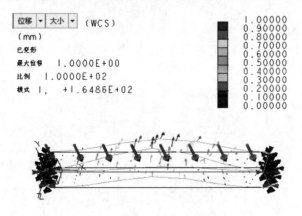

图 8-75　线框变形图

8.3　动态分析

动态分析包括动态时间分析、动态频率分析、动态冲击分析和动态随机分析 4 种。它是研究零件在受到载荷的作用下，随时间、频率、频谱以及一定功率频谱密度函数（PSD）

的反应。它可以计算出零件在不同时间、频率、频谱以及一定功率频谱密度函数（PSD）下的位移、速度、加速度以及模型应力等物理量，还可以计算出自定义测量项。

8.3.1　动态时间分析

动态时间分析用于研究系统对于随时间变化的载荷（非周期载荷和脉冲载荷）的反应。所以，计算时需要输入载荷的时间关系方程。

在 Creo/Simulate 的分析中，计算出在随时间变化的载荷下，不同时间的位移、速度、加速度以及模型应力等。此外，还可以根据需要创建不同的测量值。

在进行动态时间分析时，必须先定义测量（测量 s）项目，这在动态分析里非常重要。虽然 Creo/Simulate 对其他分析都提供了一些默认的静态和模态测量项目，但是对动态时间分析却没有。因此，自定义的测量项目才是仅有的测量项目。通过测量项目，可以得到模型中各测量项目的不同结果。

运行动态时间分析的条件：

❑　首先生成一个模态分析。

❑　一个以上的约束和载荷集。

1. 新建动态时间分析

在"分析和设计研究"对话框中，选择菜单栏中的"文件（F）"→"新建动态分析"→"时间"命令，系统弹出"动态时间分析定义"对话框，如图 8-76 所示。

图 8-76　"动态时间分析定义"对话框

（1）"名称"文本框用于定义新建动态时间分析的名称，系统默认为 Analysis＋数字，也可以自定义。

（2）"说明"文本框用于定义新建动态时间分析的简要说明，以区别其他分析便于识别。

（3）"加载"下拉列表框用于定义新建动态时间分析所施加的载荷，有两种方式的载荷：载荷函数、基础激励。

❑　载荷函数，如图 8-77 所示，用于设置施加到分析零件上的载荷。勾选"累计载荷集"复选框表示使用多个载荷集累计作用零件进行分析。选中列表框中载荷集前的复选框，表示该载荷集被加载到零件上用于分析，其后的函数表示该载荷在施加到零件上所起的作用。

❑　基础激励，如图 8-78 所示，用于设置施加到分析零件上的加速度。在"方向"选项组中"X、Y、Z"文本框中键入方向向量用于定义加速度的方向。

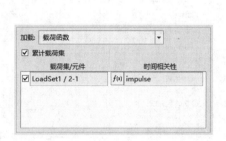

图 8-77　载荷函数　　　　　　　　　图 8-78　基础激励

（4）"模式"选项卡用于定义作用于分析零件上的模式，包括环境频率和阻尼。

❑　点选"全部"单选按钮，表示零件在全部频率范围内进行分析；点选"低于指定频率"单选按钮，在其后文本框中键入零件的分析环境频率。

❑　"阻尼系数（％）"选项组用于在分析中分派阻尼因子到模型。阻尼的因子是临界的阻尼百分比，100％表示模型不受振动，阻尼因子越小零件摆动越大。选择下拉列表框中的"对于所有模式"选项，表示分派惟一的阻尼因子到所有模式上，在其下文本框中键入阻尼系数；选泽"对于单个模式"选项，表示分派各自的阻尼因子给各模型，在列表框的 1～4 文本框中键入分派的阻尼因子；选择"频率函数"选项定义阻尼当作频率的函数，单击"函数"按钮 $f^{(x)}$ ，系统弹出"函数"对话框，单击"新建"按钮，系统弹出"函数定义"对话框，如图 8-79 所示，在该对话框中编辑频率函数。

（5）"前一分析"用于定义动态时间分析所使用的已有的设计研究、模态分析、约束集。

（6）"输出"选项组，如图 8-80 所示，该选项卡用于定义动态时间分析所需要计算的内容，以及所输出计算结果的时间间隔。

❑　勾选"应力"复选框，表示系统计算应力。如果不需要应力结果，就取消该选项。

❑ 勾选"旋转"复选框，表示系统计算出整个模型各 WCS 轴的旋转。如果模型包括 3 D 实体、2 D 实体或 2 D 平面元素，那么勾选该复选框，系统也不会计算旋转。

❑ 勾选"质量参与因子"复选框，表示系统计算质量参与因子。

2．运行分析

在"分析和设计研究"对话框中，选择菜单栏中的"运行（R）"→"开始"命令，或单击工具栏上的"开始运行"按钮，进行分析，分析的过程列举在"运行状况（Analysis1）运行已完成"对话框中。

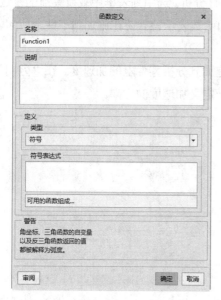

图 8-79　"函数定义"对话框　　　　　　图 8-80　"输出"选项组

3．获取分析结果

在"分析和设计研究"对话框中，选中"分析和设计研究"列表框中的动态时间分析，单击工具栏上的"查看设计研究或有限元分析结果"按钮，系统弹出"结果窗口定义"对话框，如图 8-81 所示，该对话框的内容参见静态分析中的相应内容。

4．实例

下面以图 8-82 所示图形为例，讲解动态时间分析的创建和分析过程。

技术要求：零件为碳钢，固定板固定在墙上，悬臂梁受到 1000kN 力和 500N·m 作用，试分析零件随时间变化的结果。

（1）建立模型。

❑ 选择功能区中的"文件"→"新建"命令，系统弹出"新建"对话框，点选"零件"单选按钮，在"名称"文本框中键入"1"，取消"使用默认模板"复选框，单击"确定"按钮，系统弹出"新文件选项"对话框。

❑ 在"新文件选项"对话框的列表框中选中"mmns_part_solid_abs"选项，单击"确定"按钮，进入零件设计平台。

图 8-81　"结果窗口定义"对话框

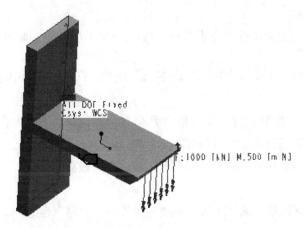

图 8-82　分析对象

❑　选择功能区中的"模型"→"形状"→"拉伸"命令，系统弹出"拉伸"操控面板。在"放置"下滑面板中单击"定义"按钮，系统弹出"草图"对话框，在 3D 工作区中，选择 RIGHT 面作为绘图平面，其余默认，单击"草绘"按钮，进入草图绘制平台。

❑　绘制如图 8-83 所示草图，单击"确定"按钮，完成草图绘制。在操控面板中的厚度设置框中键入 100，单击"确定"按钮，完成模型的设计。

（2）分派材料。

❑　选择功能区中的"应用程序"→"Simulate"命令，进入分析界面，在界面中选择功能区中的"主页"→"设置"→"结构模式"命令，进入结构分析模块。

❑　选择功能区面板中的"主页"→"材料"→"材料分配"命令，系统弹出"材料分配"对话框，单击"属性"选项组中"材料"选项组的"更多"按钮，系统弹出"材料"对话框，双击"库中的材料"列表框中的"STEEL.mtl"材料添加到右侧"模型中的材料"列表框中,单击"选择 1"按钮,返回"材料分配"对话框,此时对话框如图 8-84 所示,完成模型材料的分配,效果如图 8-85 所示。

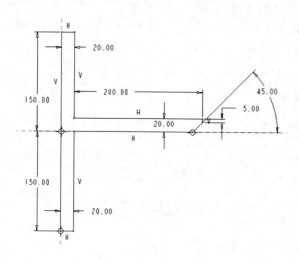

图 8-83　草图　　　　　　　　　　图 8-84　"材料分配"对话框

（3）定义载荷。

❑　选择功能区面板中的"主页"→"载荷"→"力/力矩"命令▭,系统弹出"力/力矩载荷"对话框;

❑　选择"参考"下拉列表框中"边/曲线"选项,在 3D 模型中选择悬臂梁的边线,如图 8-86 所示。

❑　在"力"选项组中"Z"文本框中键入 1000,选择其下拉列表框中"kN"单位选项。"力/力矩载荷"对话框的设置如图 8-87 所示。

❑　其他选项为默认值,单击"确定"按钮,完成载荷的定义。

（4）定义约束。

❑　选择功能区面板中的"主页"→"约束"→"位移"命令▧,系统弹出"约束"对话框。

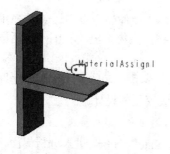

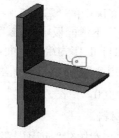

图 8-85　分配材料后的模型　　　　　　图 8-86　选择的载荷加载边线

❑　选择"参考"下拉列表框中的"曲面"选项,在 3D 模型中选择固定板固定面,如图 8-88 所示。

❑ 选中"平移"选项组中 X、Y、Z 轴的"固定"按钮 ，单击"确定"按钮，完成模型的约束定义。

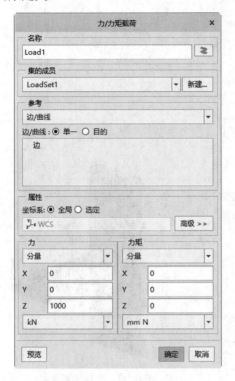

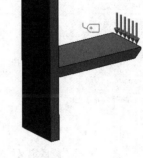

图 8-87　"力/力矩载荷"对话框　　　　　　　　图 8-88　固定面

（5）定义测量。

❑ 选择功能区面板中的"主页"→"运行"→"测量"命令 ，系统弹出"测量"对话框，单击"新建"按钮，系统弹出"测量定义"对话框。

❑ 选择"数量"下拉列表框中的"von Mises"选项，选择"空间评估"下拉列表框中"最大"选项和"整个模型"选项，勾选"时间/频率评估"复选框，然后选择"动态评估"下拉列表框中的"每个步骤处"选项，对话框的设置如图 8-89 所示。

❑ 在 3D 模型中选择悬臂梁的上表面，如图 8-90 所示，单击"确定"按钮，返回到"测量"对话框，单击"关闭"按钮，完成测量的定义。

（6）建立模态分析并运行。

❑ 选择功能区面板中的"主页"→"运行"→"分析和研究"命令 ，系统弹出"分析和设计研究"对话框。

❑ 选择菜单栏中的"文件（F）"→"新建模态分析"命令，系统弹出"模态分析定义"对话框。

❑ 选择"约束"列表框中的"ConstraimtSet1"约束集选项，点选其后的"受约束"单选按钮。

❑ 单击"模式"选项卡，点选"模式数"单选按钮，在"模式数"微调框中键入 5，"最小频率"文本框中键入 20。

图 8-89 "测量定义"对话框　　　　图 8-90 选择的测量面

　　❑ 单击"输出"选项卡，勾选"应力""旋转""反作用""局部应力误差"复选框，其他选项为默认值，对话框的设置如图 8-91 所示，单击"确定"按钮，完成模态分析的建立。

　　❑ 选择菜单栏中的"运行（R）"→"开始"命令，或单击工具栏上的"开始运行"按钮 ，系统弹出询问对话框，单击"是（Y）"按钮，系统开始进行分析。大约几分钟后，系统弹出"运行状况（Analysis1）运行已完成"对话框，如图 8-92 所示，该对话框显示分析过程中出现的问题以及分析步骤。

　　（7）建立动态时间分析并运行。

　　❑ 关闭"运行状况（Analysis1）运行已完成"对话框，选择菜单栏中的"文件（F）"→"新建动态分析"→"时间"命令，系统弹出"动态时间分析定义"对话框。

　　❑ 选择"加载"下拉列表框中"载荷函数"选项，勾选"累计载荷集""LoadSet1/1"复选框。

　　❑ 单击"模式"选项卡，点选"所包括的模式"选项组中的"全部"单选按钮，选中"阻尼系数（%）"下拉列表框中"对于所有模式"选项，在其下的文本框中键入 20。

　　❑ 其他选项为默认值，对话框的设置如图 8-93 所示，单击"确定"按钮，完成动态时间分析的创建。

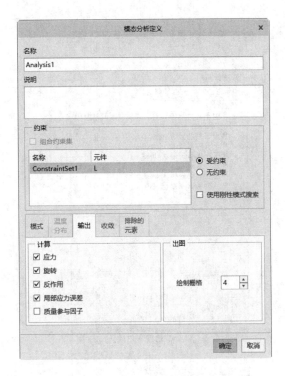

图 8-91　"静态分析定义"对话框

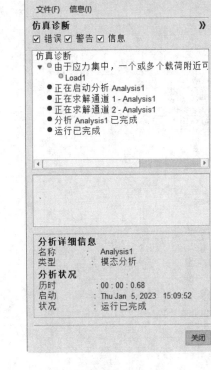

图 8-92　"运行状况（Analysis1）

运行已完成"对话框

❑　选择菜单栏中的"运行（R）"→"开始"命令，或单击工具栏上的"开始运行"按钮，系统弹出询问对话框，单击"是（Y）"按钮，系统开始进行分析。大约几分钟后，系统弹出"运行状况（Analysis1）运行已完成"对话框，如图 8-94 所示，该对话框显示分析过程中出现的问题以及分析步骤。

（8）获取分析结果。

❑　在"分析和设计研究"对话框中，选中"分析和设计研究"列表框中的动态时间分析，单击工具栏上的"查看设计研究或有限元分析结果"按钮，系统弹出"结果窗口定义"对话框。

❑　选中"显示类型"下拉列表框中的"图形"选项。

❑　单击"数量"选项卡中"测量"按钮，系统弹出"测量"对话框，如图 8-95 所示，选中"用户定义的"列表框中"Messure1"测量项，使其高亮显示，单击"确定"按钮。

❑　选择"图形纵坐标（竖直）轴"下拉列表框中的"时间"选项，单击"确定并显示"按钮，完成结果的获取，结果如图 8-96 所示。

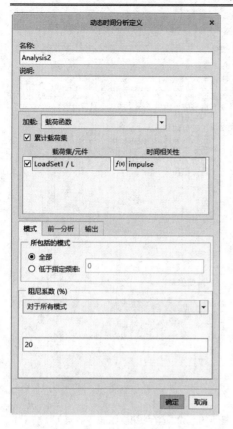

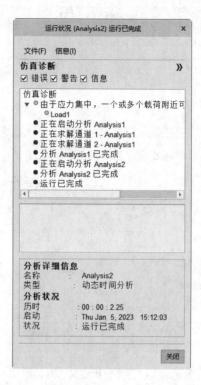

图 8-93　"动态时间分析定义"对话框　　　图 8-94　"运行状况（Analysis1）运行已完成"对话框

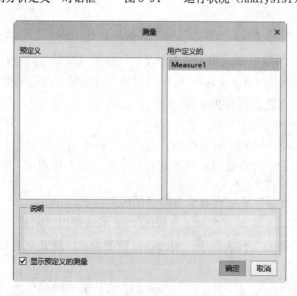

图 8-95　"测量"对话框

❑ 关闭结果、分析和设计研究对话框。

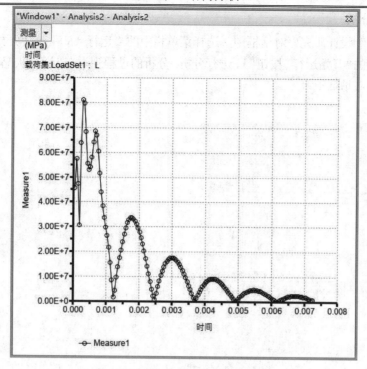

图 8-96　压力动态时间分析曲线

8.3.2　动态频率分析

动态频率分析用于研究系统对于随频率变化载荷（周期载荷或循环载荷）的反应。动态频率分析可以显示不同频率间隔的结果。计算时需要输入载荷的频率和幅值。

在动态频率分析中，Creo/Simulate 计算出在不同频率的载荷下，不同频率的位移、速度、加速度以及模型的应力等。此外，还可以根据需要创建不同的测量值。

在进行动态频率分析时，必须先定义测量项目，测量的定义在动态分析里非常重要。虽然 Creo/Simulate 对其他分析都提供了一些默认的静态和模态测量项目，但是对动态频率分析却没有。因此，自定义的测量项目才是仅有的测量项目。通过测量项目，可以得到模型中各测量项目的不同结果。

运行动态时间分析的条件：

❑　首先生成一个模态分析。

❑　一个以上的约束或载荷集。

1. 新建动态频率分析

在"分析和设计研究"对话框中，选择菜单栏中的"文件（F）"→"新建动态分析"→"频率"命令，系统弹出"动态频率分析"对话框，如图 8-97 所示，该对话框的内容与"动态时间分析"对话框基本相同，不同之处是在"加载"下拉列表框中选择"载荷函数"选项，如图 8-98 所示，列表框中增加了"相位（弧度）"和"幅度"选项。

2．运行分析

在"分析和设计研究"对话框中，选择菜单栏中的"运行（R）"→"开始"命令，或单击工具栏上的"开始运行"按钮 ，进行分析，分析的过程列举在"运行状况（Analysis1）运行已完成"对话框中。

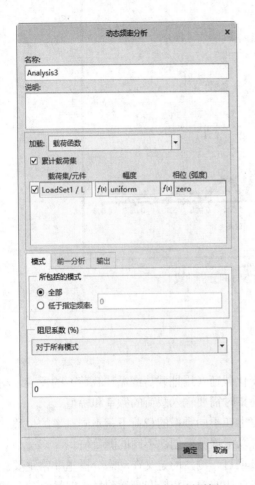

图 8-97　"动态频率分析"对话框

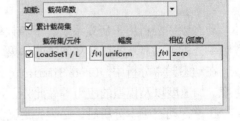

图 8-98　选择"载荷函数"选项

3．获取分析结果

在"分析和设计研究"对话框中，选中"分析和设计研究"列表框中的动态频率分析，单击工具栏上的"查看设计研究或有限元分析结果"按钮 ，系统弹出"结果窗口定义"对话框，如图 8-99 所示。

（1）"名称"文本框用于定义新建分析结果的名称，系统默认为 Window＋数字，也可以自定义。

（2）"标题"文本框用于定义新建分析结果的标题，如应力变化曲线。

（3）"研究选择"选项组用于定义新建分析结果窗口的设计研究，单击"打开"按钮 ，选择保存在磁盘中的分析目录。

（4）"显示类型"下拉列表框用于只有"图形"一种类型显示分析结果。

（5）"数量"选项卡用于定义分析结果所显示的量。单击"测量"按钮 ，系统弹出"测量"对话框，在该对话框中选择已定义的测量。在"图形纵坐标（竖直）轴"下拉列表框中选择"频率"选项，表示分析结果显示测量与频率之间的关系。

4. 实例

下面以模型 1.prt 为例，讲解动态频率分析的创建和分析过程。

（1）打开模型"1.prt"，选择功能区中的"应用程序"→"Simulate"命令，进入分析界面，在界面中选择功能区中的"主页"→"设置"→"结构模式"命令，进入结构分析模块。

（2）选择功能区面板中的"主页"→"运行"→"分析和研究"命令，系统弹出"分析和设计研究"对话框。

图 8-99　"结果窗口定义"对话框

（3）在"分析和设计研究"对话框中，选择菜单栏中的"文件（F）"→"新建动态分析"→"频率"命令，系统弹出"动态频率分析"对话框。

（4）在"加载"下拉列表框中选择"载荷函数"选项，勾选"累计载荷集"复选框。

（5）单击"模式"选项卡，选择"阻尼系数（%）"下拉列表框中的"对于所有模式"选项，在其下的文本框中键入 20，如图 8-100 所示。

（6）单击"输出"选项卡，勾选"计算"选项组中的"应力""旋转"复选框，选中"输出步长"下拉列表框中的"范围内的自动步长"选项，在"最小频率"文本框中键入 5，如图 8-101 所示。

（7）其他选项为默认值，单击"确定"按钮，完成动态频率分析的创建。

图 8-100 "模式"选项卡

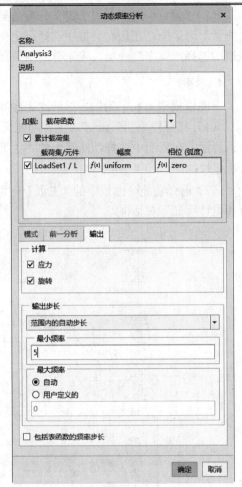

图 8-101 "输出"选项卡

（8）选择菜单栏中的"运行（R）"→"开始"命令，或单击工具栏上的"开始运行"按钮 ，系统弹出询问对话框，单击"是（Y）"按钮，系统开始进行分析。大约几分钟后，系统弹出"运行状况（Analysis1）运行已完成"对话框，如图 8-102 所示，该对话框显示分析过程中出现的问题以及分析步骤。

（9）在"分析和设计研究"对话框中，选中"分析和设计研究"列表框中的动态频率分析，单击工具栏上的"查看设计研究或有限元分析结果"按钮 ，系统弹出"结果窗口定义"对话框。

（10）选中"显示类型"下拉列表框中的"图形"选项。

（11）单击"数量"选项卡，单击"测量"按钮 ，系统弹出"测量"对话框，选中"用户定义的"列表框中"Messure1"测量项，使其高亮显示，单击"确定"按钮。

（12）其他选项为默认值，单击"确定并显示"按钮，系统弹出结果曲线，如图 8-103 所示。

（13）关闭结果、分析和设计研究对话框。

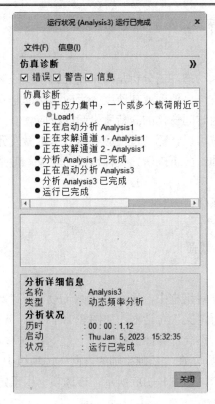

图 8-102　"运行状况（Analysis1）运行已完成"对话框

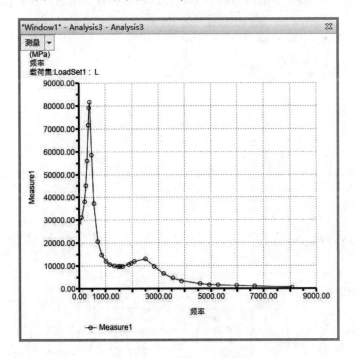

图 8-103　动态频率分析曲线

8.3.3　动态冲击分析

在 Creo/Simulate 中，动态冲击分析是用来研究由于反应频谱所引起的系统反应。其载荷输入通常是一个带有位移、速度或加速度等反应频谱的基本激发元素。因此，动态冲击分析不适合分析那些会因时间变化的载荷所引起的反应。

动态冲击分析中，系统可以计算通过反应频谱等基本激发元素所引起的最大的位移和应力结果。可以使用动态冲击分析来研究类似地震的现象，但是不能将其用于脉冲输入所引起的反应。

运行动态冲击分析的条件：

❑　先生成一个模态分析。

❑　一个以上的约束和载荷集。

1．新建动态冲击分析

在"分析和设计研究"对话框中，选择"文件（F）"→"新建动态分析"→"冲击"命令，系统弹出"冲击分析定义"对话框，如图 8-104 所示，该对话框的内容与"动态时间分析"对话框基本相同，不同部分如下：

（1）只能加载基础激励，在"基础激励的方向"选项组中定义基础激励的方向向量。

（2）"响应谱"选项卡，如图 8-105 所示，该选项卡用于定义冲击分析响应谱的光谱方式和模态组合方法。

（3）"输出"选项卡，如图 8-106 所示，该选项卡设置输出的计算对象：应力、旋转、质量参与因子。

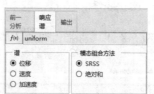
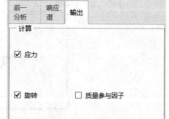

图 8-104　"冲击分析定义"对话框　图 8-105　"响应谱"选项卡　图 8-106　"输出"选项卡

2．运行分析

在"分析和设计研究"对话框中，选择菜单栏中的"运行（R）"→"开始"命令，或单击工具栏上的"开始运行"按钮 🔧，进行分析，分析的过程列举在"运行状况（Analysis1）运行已完成"对话框中。

3．获取分析结果

在"分析和设计研究"对话框中，选中"分析和设计研究"列表框中的动态冲击分析，单击工具栏上的"查看设计研究或有限元分析结果"按钮 🔳，系统弹出"结果窗口定义"对话框，如图 8-107 所示。该对话框的内容与静态分析相应对话框的内容基本相同，这里就不再重复介绍。

图 8-107　"结果窗口定义"对话框

4．实例

下面以模型 1.prt 为例，讲解动态冲击分析的创建和分析过程。

（1）打开模型"1.prt"，选择功能区中的"应用程序"→"Simulate"命令，进入分析界面，在界面中选择功能区中的"主页"→"设置"→"结构模式"命令，进入机构分析模块。

（2）选择功能区面板中的"主页"→"运行"→"分析和研究"命令 🔧，系统弹出"分析和设计研究"对话框。

（3）在"分析和设计研究"对话框中，选择菜单栏中的"文件（F）"→"新建动态分析"→"冲击"命令，系统弹出"冲击分析定义"对话框。

（4）在"基础激励的方向"选项组的"Y"文本框中键入 1，如图 8-108 所示。

（5）单击"响应谱"选项卡，点选"谱"选项组中"加速度"单选按钮，点选"模态组合方法"选项组中"绝对和"单选按钮。

（6）单击"输出"选项卡，勾选"应力""旋转""质量参与因子"复选框。

（7）其他选项为默认值，单击"确定"按钮，完成动态冲击分析的定义。

（8）选择菜单栏中的"运行（R）"→"开始"命令，或单击工具栏上的"开始运行"按钮，系统弹出询问对话框，单击"是（Y）"按钮，系统开始进行分析。大约几分钟后，系统弹出"运行状况（Analysis1）运行已完成"对话框，如图 8-109 所示，该对话框显示分析过程中出现的问题以及分析步骤。

（9）在"分析和设计研究"对话框中，选中"分析和设计研究"列表框中的动态冲击分析，单击工具栏上的"查看设计研究或有限元分析结果"按钮，系统弹出"结果窗口定义"对话框。

（10）在"显示类型"下拉列表框中选择"图形"选项。

（11）单击"数量"选项卡，选择下拉列表框中的"位移"选项，选择"图形横坐标（水平）轴"选项组中"相对于"下拉列表框中的"曲线弧长"选项。

（12）选择"图形位置"下拉列表框中的"曲线"选项，单击"选取"按钮，系统弹出"选取"对话框和模型预览窗口，选择图形的一条边，如图 8-110 所示，单击"选择"对话框中的"确定"按钮，弹出"信息"对话框，单击"确定"按钮，返回"结果窗口定义"对话框。

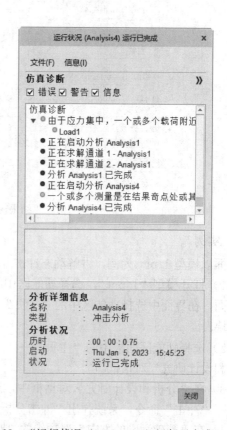

图 8-108　"冲击分析定义"对话框　　　　图 8-109　"运行状况（Analysis1）运行已完成"对话框

（13）其他选项为默认值，单击"确定并显示"按钮，分析曲线如图 8-111 所示。

（14）关闭结果、分析和设计研究对话框。

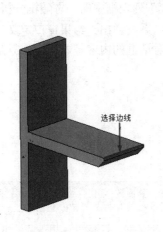

图 8-110　选取的边线

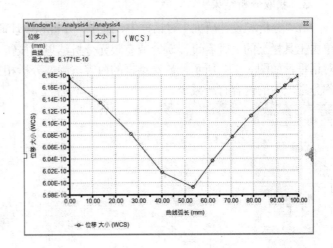

图 8-111　动态冲击边线曲线

8.3.4　动态随机分析

在工业产品中，有很多零件是会受随机振动影响的。例如，行驶于路面不平的汽车上，所有零件都会受到振动；风或气流引起房屋和飞机的结构振动；海浪的拍打而引起的船舶振动；噪声所引起的工地结构振动等。在振动中，有些是确定性的常态振动，有些则是随机的。

在 Creo/Simulate 中随机振动分析功能用来研究系统对一定功率频谱密度函数（PSD）的反应。载荷输入按照在一定频率范围内的力或加速度的频谱密度函数。由于频谱密度函数是根据时间取样的，所以取样时间越长，曲线的准确度就越高。

在随机振动中，Creo/Simulate 能够根据指定的功率频谱函数载荷输入计算模型中指定点的位移、速度、加速度和应力等的功率频谱密度。

运行随机振动分析的条件：

- 先生成一个模态分析。
- 一个以上的约束或载荷集。

1. 建立动态随机分析

在"分析和设计研究"对话框中，选择菜单栏中的"文件（F）"→"新建动态分析"→"随机"命令，系统弹出"动态随机分析"对话框，如图 8-112 所示，该对话框的内容与"动态时间分析"对话框基本相同，只有"输出"选项卡中"计算"选项组不同。该选项卡只能输出位移和应力的完整 RMS 结果。

2. 运行分析

在"分析和设计研究"对话框中，选择菜单栏中的"运行（R）"→"开始"命令，或单击工具栏上的"开始运行"按钮，进行分析，分析的过程列举在"运行状况（Analysis1）运行已完成"对话框中。

3. 获取分析结果

在"分析和设计研究"对话框中，选中"分析和设计研究"列表框中的动态随机分析，单击工具栏上的"查看设计研究或有限元分析结果"按钮![icon]，系统弹出"结果窗口定义"对话框，如图 8-113 所示。该对话框的内容与静态分析相应对话框的内容基本相同，只是部分选项中的内容有所减少。

图 8-112 "动态随机分析"对话框　　　　图 8-113 "结果窗口定义"对话框

（1）在"显示类型"下拉列表框列出条纹、图形、模型三种显示形式。

（2）"数量"下拉列表框中列出 Stress(压力)、Displacement(位移)、Strain(应变)、Velocity(速度)、Acceleration 加速度 5 种模量。

4. 实例

下面以模型 1.prt 为例，讲解动态随机分析的创建和分析过程。

（1）打开模型"1.prt"，选择功能区中的"应用程序"→"Simulate"命令，进入分析界面，在界面中选择功能区中的"主页"→"设置"→"结构模式"命令，进入结构分析模块。

（2）选择功能区面板中的"主页"→"运行"→"分析和研究"命令![icon]，系统弹出"分析和设计研究"对话框。

（3）在"分析和设计研究"对话框中，选择菜单栏中的"文件（F）"→"新建动态分析"→"随机"命令，系统弹出"动态随机分析"对话框。

（4）在"加载"下拉列表框中选择"载荷函数"选项，选中"LoadSet1/1"前的复选框，勾选"累计载荷集"复选框。

（5）单击"模式"选项卡，选择"阻尼系数（%）"下拉列表框中"对于所有模式"选项，在其下的文本框中键入 50。

（6）单击"输出"选项卡，勾选"计算"选项组中的"位移和应力的完整 RMS 结果"复选框，选中"输出步长"下拉列表框中的"范围内的自动步长"选项，在"最小频率"文本框中键入 20。

（7）其他选项为默认值，单击"确定"按钮，完成动态随机分析定义。

（8）选择菜单栏中"运行（R）"→"开始"命令，或单击工具栏上的"开始运行"按钮 🚩，系统弹出询问对话框，单击"是（Y）"按钮，系统开始进行分析。大约几分钟后，系统弹出"运行状况（Analysis1）运行已完成"对话框，如图 8-114 所示，该对话框显示分析过程中出现的问题以及分析步骤。

（9）在"分析和设计研究"对话框中，选中"分析和设计研究"列表框中的动态随机分析，单击工具栏上的"查看设计研究或有限元分析结果"按钮 🖼，系统弹出"结果窗口定义"对话框。

（10）选择"显示类型"下拉列表框中的"条纹"选项。

（11）单击"数量"选项卡，选择下拉列表框中的"位移"选项，选择"分量"下拉列表框中的"X"选项。

（12）单击"显示选项"选项卡，勾选"轮廓""显示载荷"和"显示约束"复选框。

（13）其他选项为默认值，单击"确定并显示"按钮，结果显示如图 8-115 所示。

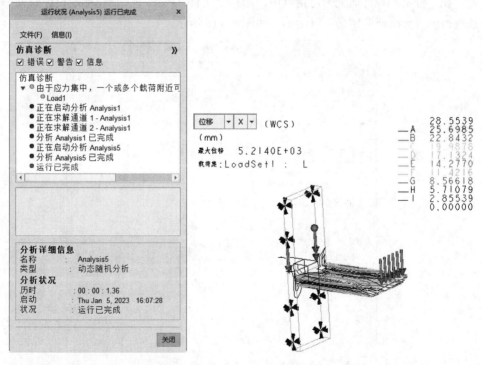

图 8-114　"运行状况（Analysis1）运行已完成"对话框　　图 8-115　变形条纹图

（14）关闭结果、分析和设计研究对话框。

8.4　设计研究

有限元分析的最终目的是进行优化设计。优化设计就是计算满足给定约束条件下的目标函数的极大值，例如要求零件在满足不超过许用应力的条件下，其质量最轻。类似的优化问题在计算设计中大量存在。在优化设计前，需要对设计参数进行筛选，通过筛选确定对优化目标函数影响最大的设计参数。敏感度分析可以完成参数筛选工作，为进一步优化奠定基础。

8.4.1　标准设计研究

标准设计研究是一种定量分析工具。通过对模型中的设计参数进行设置，分析其对模型性能的影响。

1. 新建标准设计研究

在"分析和设计研究"对话框中，选择"文件（F）"→"新建标准设计研究"命令，系统弹出"标准研究定义"对话框，如图 8-116 所示。

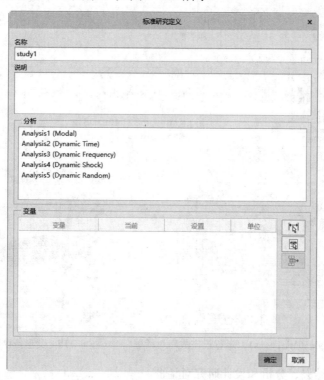

图 8-116　"标准研究定义"对话框

（1）"名称"文本框用于定义新建标准研究的名称，系统默认为 study＋数字，也可以自定义。

（2）"说明"文本框用于定义新建标准研究的简要说明，以区别其他设计研究。

（3）"分析"列表框显示定义用于标准研究的分析，可以多选，选中的越多分析就越慢，选中的分析为高亮显示。

（4）"变量"列表框用于显示和设置模型尺寸的数值。

❏　单击右侧的"从模型中选择尺寸"按钮 ，选中模型，模型的设计尺寸就显示出来，如图 8-117 所示，单击所研究的尺寸，返回"标准研究定义"对话框，选择的尺寸就添加到"变量"列表框中。单击"设置"文本框，输出所要研究的尺寸数值。

❏　单击"从模型中选择参数"按钮 ，系统弹出"选择参数"对话框，如图 8-118所示，在列表框中选择所需的参数，单击"应变"按钮，返回"标准研究定义"对话框，选中的参数就被添加到"变量"列表框中，单击"设置"文本框，对其赋值。

❏　单击"删除选定行"按钮 ，在"变量"列表框中选中的参数就被移除掉，不再进行设计研究。

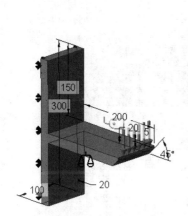

图 8-117　显示尺寸的模型　　　　　图 8-118　"选择参数"对话框

2．运行分析

在"分析和设计研究"对话框中，选择菜单栏中的"运行（R）"→"开始"命令，或单击工具栏上的"开始运行"按钮 ，进行分析，分析的过程列举在"运行状况（Analysis1）运行已完成"对话框中。

3．获取研究结果

在"分析和设计研究"对话框中，选中"分析和设计研究"列表框中的标准研究，单击工具栏上的"查看设计研究或有限元分析结果"按钮 ，系统弹出"结果窗口定义"对话框，该对话框的内容参见静态分析中相应内容。

4．实例

下面以 1.prt 为例，讲解标准设计研究的创建和分析过程。

（1）打开模型"1.prt"，选择功能区中的"应用程序"→"Simulate"命令，进入分析界面，在界面中选择功能区中的"主页"→"设置"→"结构模式"命令，进入结构分析模块。

（2）选择功能区面板中的"主页"→"运行"→"分析和研究"命令 ，系统弹出"分析和设计研究"对话框。

（3）在"分析和设计研究"对话框中，选择菜单栏中的"文件（F）"→"新建标准设计研究"命令，系统弹出"标准研究定义"对话框。

（4）选中"分析"列表框中所有分析，单击"变量"列表框右侧的"从模型中选择尺寸"按钮 。

（5）在工作区中选中 3D 模型，然后选中悬臂梁的厚度尺寸 20，返回"标准研究定义"对话框，如图 8-119 所示。

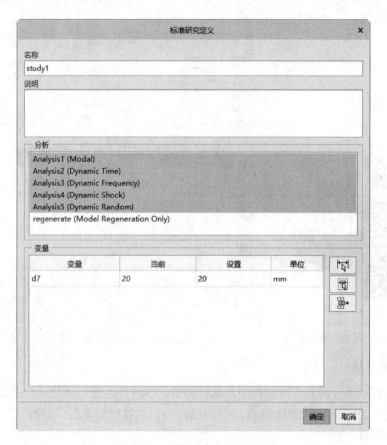

图 8-119 "标准研究定义"对话框

（6）单击"设置"列中 d8 对应的文本框，键入 10，单击"确定"按钮，返回"分析和设计研究"对话框。

（7）选择菜单栏中的"运行（R）"→"开始"命令，或单击工具栏上的"开始运行"按钮 ，系统弹出询问对话框，单击"是（Y）"按钮，系统开始进行分析。大约几分钟后，系统弹出"运行状况（Analysis1）运行已完成"对话框，该对话框显示分析过程中出现的问题以及分析步骤。关闭"运行状况（Analysis1）运行已完成"对话框。

（8）在"分析和设计研究"对话框中，选中"分析和设计研究"列表框中的标准设计研究，单击工具栏上的"查看设计研究或有限元分析结果"按钮 ，系统弹出"结果窗口定义"对话框。

（9）选择"显示类型"下拉列表框中的"条纹"选项。

（10）单击"数量"选项卡，选择下拉列表框中的"位移"选项，选中其后下拉列表框中的"mm"选项，选择"分量"下拉列表框中的"大小"选项。

（11）单击"显示选项"选项卡，勾选"已变形""显示载荷"和"显示约束"复选框，单击"确定并显示"按钮，模型的变形条纹如图 8-120 所示。

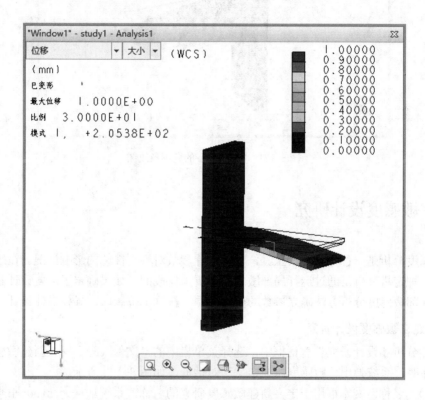

图 8-120 板厚 10mm 的变形条纹图

（12）退出结果显示窗口，返回"分析和设计研究"对话框，选中刚才创建的标准设计研究，单击工具栏上的"编辑研究"按钮 ，或选择菜单栏中的"编辑"→"分析/研究"命令，系统弹出"标准研究定义"对话框。

（13）单击"设置"列中 d8 对应的文本框，键入 30，单击"确定"按钮，返回"分析和设计研究"对话框。

（14）重复步骤（7）～（11），模型的变形条纹如图 8-121 所示，可见改变悬臂梁板厚，悬臂梁变形发生的变化，10mm 板厚变形范围明显大于 30mm 板厚的变形范围。

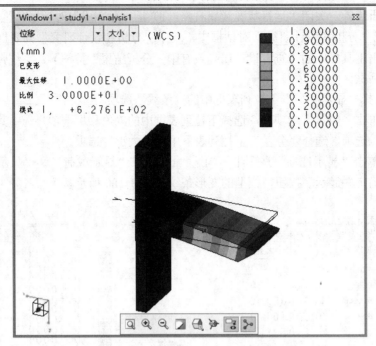

图 8-121　板厚 30mm 的变形条纹图

8.4.2　敏感度设计研究

敏感度分析是一种定量分析工具，研究设计参数对模型性能的影响情况。在敏感度分析中，这种定量分析是通过运行局部敏感度分析来完成的。如果确定了主要设计参数，可以运用局部敏感度分析方法确立参数的变化范围。在这个范围内，寻找最佳设计。

1．建立敏感度设计研究

在"分析和设计研究"对话框中，选择菜单栏中的"文件（F）"→"新建敏感度设计研究"命令，系统弹出"敏感度研究定义"对话框，如图 8-122 所示。

（1）"名称"文本框用于定义新建敏感度研究的名称，系统默认为 study＋数字，也可以自定义。

（2）"说明"文本框用于定义新建敏感度研究的简要说明，以区别其他设计研究。

（3）"类型"下拉列表框用于定义敏感度研究的类型。

❑　局部敏感度用来对设计参数进行一种定量分析。它对模型参数的动态变化过程进行分析，研究参数对模型性能的影响情况。即研究模型特定变化对于参数变化的灵敏程度。同时，可显示特定设计参数的改变是否对研究目标有较大的影响，从而缩小研究范围。

❑　全局敏感度分析可以选择一个或多个在一定范围内变化的模型参数进行敏感度分析，并以图形方式显示研究目标随着设计参数变化的情况。进行全局敏感度分析，可以用来确定参数对模型某一性能的整体影响，尤其对分析参数在变化过程中可能引起的突变尤为重要。

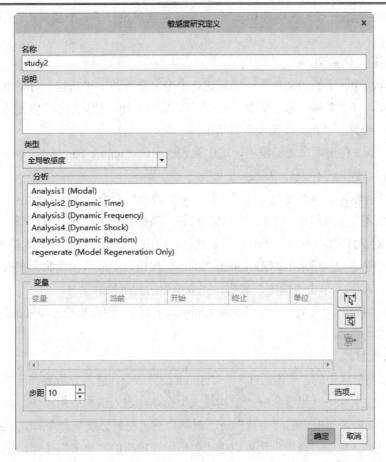

图 8-122　"敏感度研究定义"对话框

（4）"分析"列表框显示用于进行标准研究的分析，可以多选，当然选中的越多分析就越慢，选中的分析为高亮显示。

（5）"变量"列表框用于显示和设置模型尺寸的数值。具体的使用方法参见标准设计研究相关内容。

2．运行分析

在"分析和设计研究"对话框中，选择菜单栏中的"运行（R）"→"开始"命令，或单击工具栏上的"开始运行"按钮 🚩，进行分析，分析的过程列举在"运行状况（Analysis1）运行已完成"对话框中。

3．获取分析结果

在"分析和设计研究"对话框中，选中"分析和设计研究"列表框中的敏感度研究，单击工具栏上的"查看设计研究或有限元分析结果"按钮 🖼，系统弹出"结果窗口定义"对话框，该对话框的内容参见静态分析中相应内容。

4．实例

下面以单槽带轮为例，讲解敏感度设计研究的创建、分析过程。

技术要求：为减轻带轮的惯性和质量，在带轮的圆周设计了 6 个减重孔，孔直径在 30～50mm 之间。

（1）创建简化模型。

❑ 选择功能区中的"文件"→"新建"命令，系统弹出"新建"对话框，点选"零件"单选按钮，在"名称"文本框中键入"N"，取消"使用默认模板"复选框，单击"确定"按钮，系统弹出"新文件选项"对话框。

❑ 在"新文件选项"对话框中，选中列表框中的"mmns_part_solid_abs"选项，单击"确定"按钮，进入零件设计平台。

❑ 选择功能区中的"模型"→"形状"→"拉伸"命令 ，系统弹出"拉伸"操控面板。在"放置"下滑面板中单击"定义"按钮，系统弹出"草图"对话框，在 3D 工作区中，选择 RIGHT 面作为绘图平面，其余默认，单击"草绘"按钮，进入草图绘制平台。

❑ 绘制图 8-123 所示的草图，单击"确定"按钮，完成草图绘制。在操控面板中厚度设置框中键入 20，单击"确定"按钮，完成模型的基础轮廓设计。

❑ 使用"拉伸""阵列"工具在直径 120mm 的圆周上创建直径为 40mm 的 6 个圆孔，效果如图 8-124 所示。

（2）分配材料。

❑ 选择功能区中的"应用程序"→"Simulate"命令，进入分析界面，在界面中选择功能区中的"主页"→"设置"→"结构模式"命令，进入结构分析模块。

❑ 选择功能区面板中的"主页"→"材料"→"材料分配"命令 ，系统弹出"材料分配"对话框，单击"属性"选项组中"材料"选项组的"更多"按钮，系统弹出"材料"对话框，双击"库中的材料"列表框中的"STEEL.mtl"材料添加到右侧"模型中的材料"列表框中，单击"选择 1"按钮，返回"材料分配"对话框，完成模型材料的分配。

（3）定义约束。

❑ 选择功能区面板中的"主页"→"约束"→"位移"命令 ，系统弹出"约束"对话框。

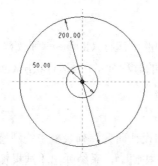

图 8-123 草图

图 8-124 简化后的带轮

❑ 单击"参考"列表框中的空白，在 3D 模型中选中轴孔曲面，如图 8-125 所示。

❑ 选项为默认值，单击"确定"按钮，完成轴孔位移约束的创建，效果如图 8-126

所示。

图 8-125 "约束"对话框

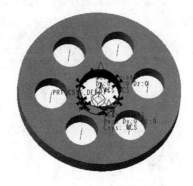

图 8-126 创建的位移约束

（4）定义载荷。

❑ 选择功能区面板中的"精细模型"→"区域"→"划分曲面"命令，系统弹出"划分曲面"操控面板，在操控面板中显示分割曲面控制项。

❑ 在操控面板中选择分割曲面的方法为"草绘"。单击"参考"下滑按钮，单击"草绘"文本框后的"定义"按钮，系统弹出"草绘"对话框，选择 RIGHT 面作为绘图平面，其余默认，单击"草绘"按钮，进入草图绘制平台。

❑ 绘制图 8-127 所示的草图。单击"确定"按钮，完成草图绘制。单击"参考"下滑面板中"曲面"文本框，在 3D 模型中选择欲创建曲面区域的半圆周曲面，单击"确定"按钮，完成曲面区域的创建，效果如图 8-128 所示。

❑ 选择功能区面板中的"主页"→"载荷"→"力/力矩"命令，系统弹出"力/力矩载荷"对话框。

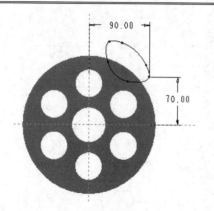

图 8-127　绘制的草图　　　　　　　　图 8-128　创建的曲面区域

❑　在"参考"下拉列表框中选择"曲面"选项，在 3D 模型中选择刚才创建的曲面区域，在"力"下拉列表框中选择"分量"选项，在"X""Y"文本框中分别键入-50、100，选中其下拉列表框中的"kN"选项，此时对话框的设置如图 8-129 所示，单击"确定"按钮，完成压力载荷的创建，效果如图 8-130 所示。

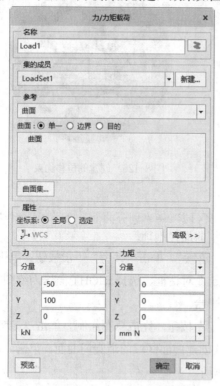

图 8-129　"力/力矩载荷"对话框　　　　　图 8-130　创建的力/力矩载荷

注意：因为各自在建模时，坐标系的方向会不一样，这时，为了达到力矩载荷的效果，可以在保证"X、Y、X"轴值不变的情况下，改变"X、Y、Z"轴的矢量方向。

（5）新建静态分析并运行。

❑ 选择功能区面板中的"主页"→"运行"→"分析和研究"命令🗒，系统弹出"分析和设计研究"对话框。

❑ 在对话框中，选择菜单栏中的"文件（F）"→"新建静态分析"命令，系统弹出"静态分析定义"对话框，勾选"输出"选项卡的"计算"选项组中"应力""旋转""反作用"复选框。

❑ 其他选项为默认值，单击"确定"按钮，返回"分析和设计研究"对话框，选择菜单栏中的"运行（R）"→"开始"命令，或单击工具栏上的"开始运行"按钮🗡，系统弹出提示询问对话框，单击"是（Y）"按钮，系统开始计算。大约几分钟以后，系统弹出"运行状况（Analysis1）运行已完成"对话框，对话框中显示静态分析过程以及分析出现的问题。

❑ 关闭"运行状况（Analysis1）运行已完成"对话框，保存分析结果以便输出。

（6）进行布局敏感度设计研究并运行。

❑ 在"分析和设计研究"对话框中，选择菜单栏中的"文件（F）"→"新建敏感度设计研究"命令，系统弹出"敏感度研究定义"对话框。

❑ 选择"类型"下拉列表框中的"局部敏感度"选项，选中"分析"列表框中的分析选项。

❑ 单击"变量"右侧的"从模型中选择尺寸"按钮🗡，然后选中模型，模型的设计尺寸就显示出来，选中 $\phi40mm$ 的圆孔尺寸，返回"标准研究定义"对话框，选择的尺寸就添加到"变量"列表框中，设置数值 d5 为 45。

❑ 采用同样的方法，添加减重孔中心到轴孔中心的 60mm 尺寸到列表框中，设置 d6 数值为 65，如图 8-131 所示。

❑ 其他选项为默认值，单击"确定"按钮，完成敏感度研究的创建，返回"分析和设计研究"对话框，选择菜单栏中的"运行（R）"→"开始"命令，或单击工具栏上的"开始运行"按钮🗡，系统弹出提示询问对话框，单击"是（Y）"按钮，系统就开始计算，大约几分钟以后，系统弹出"运行状况（Analysis1）运行已完成"对话框，对话框中显示静态分析过程以及分析出现的问题。

❑ 关闭"运行状况（Analysis1）运行已完成"对话框，保存分析结果以便输出。

（7）获取研究结果。

❑ 在"分析和设计研究"对话框中，选中列表框中敏感度研究，单击工具栏上的"查看设计研究或有限元分析结果"按钮🖼，系统弹出"结果窗口定义"对话框。

❑ 选择"显示类型"下拉列表框中的"图形"选项。

❑ 单击"数量"选项卡，选择"图形纵坐标（竖直）轴"列表框中的"测量"选项，单击"测量"按钮✏，系统弹出"测量"对话框，选中"预定义"列表框中的"Total_mass"选项，单击"确定"按钮，返回"结果窗口定义"对话框。

❑ 选择"图形横坐标（水平）轴"下拉列表框中的"设计变量"和"d5：N"选项，单击"确定并显示"按钮，总质量与 d5 尺寸参数的关系曲线如图 8-132 所示。

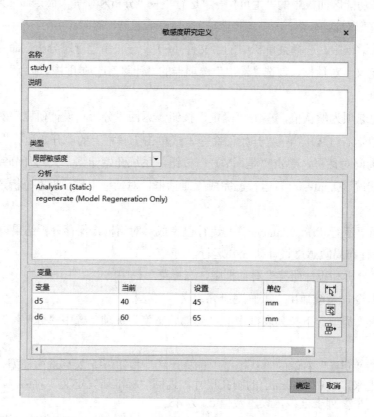

图 8-131　"敏感度研究"对话框

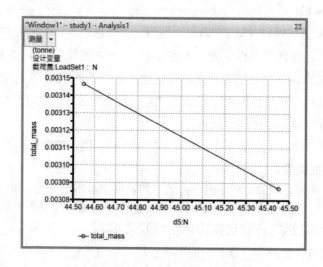

图 8-132　总质量与 d5 尺寸参数关系曲线

□　退出显示结果窗口，返回"分析和设计研究"对话框，选中列表框中敏感度研究，单击工具栏上的"查看设计研究或有限元分析结果"按钮，系统弹出"结果窗口定义"对话框。

□　选择"显示类型"下拉列表框中的"图形"选项。

❑　单击"数量"选项卡，选择"图形纵坐标（竖直）轴"列表框中的"测量"选项，单击"测量"按钮，系统弹出"测量"对话框，选中"预定义"列表框中的"total_mass"选项，单击"确定"按钮，返回"结果窗口定义"对话框。

❑　选择"图形横坐标（水平）轴"下拉列表框中的"设计变量"和"d6：N"选项，单击"确定并显示"按钮，总质量与 d6 尺寸参数的关系曲线如图 8-133 所示。

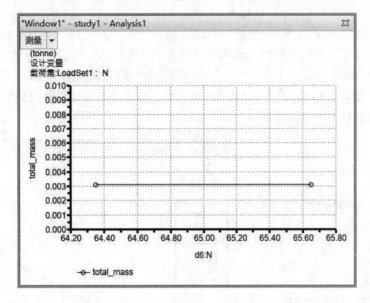

图 8-133　总质量与 d27 尺寸参数关系曲线

可见改变孔的直径，对质量有显著的影响，而改变两孔间距对质量没有影响。因此，对于质量最小的优化目标就是减重孔的直径，减重孔的直径可以作为优化设计的参数。

（8）建立全局敏感度设计研究。

❑　在"分析和设计研究"对话框中，选择菜单栏中的"文件（F）"→"新建敏感度设计研究"命令，系统弹出"敏感度研究定义"对话框。

❑　选择"类型"下拉列表框中的"全局敏感度"选项，选中"分析"列表框中的分析选项。

❑　单击"变量"右侧的"从模型中选择尺寸"按钮，然后选中模型，模型的设计尺寸就显示出来，选中 ϕ40mm 的圆孔尺寸，返回"敏感度研究定义"对话框，选择的尺寸就添加到"变量"列表框中，设置开始和终止数值为 30 和 50。

❑　单击右下角"选项"按钮，系统弹出"设计研究选项"对话框，如图 8-134 所示，勾选"重复 P 环收敛"复选框，单击"关闭"按钮，返回"敏感度研究定义"对话框。

❑　其他选项为默认值，单击"确定"按钮，完成敏感度研究的创建，返回"分析和设计研究"对话框，选择菜单栏中的"运行（R）"→"开始"命令，或单击工具栏上的"开始运行"按钮，系统弹出提示询问对话框，单击"是（Y）"按钮，系统开始计算。大约几分钟以后，系统弹出"运行状况（Analysis1）运行已完成"对话框，对话框中显示静态分析过程以及分析出现的问题。

❑ 关闭"运行状况（Analysis1）运行已完成"对话框，保存分析结果以便输出。

（9）获取分析结果。

❑ 在"分析和设计研究"对话框中，选中列表框中敏感度研究，单击工具栏上的"查看设计研究或有限元分析结果"按钮，系统弹出"结果窗口定义"对话框。

❑ 选择"显示类型"下拉列表框中的"图形"选项。

❑ 单击"数量"选项卡，选择"图形纵坐标（竖直）轴"列表框中的"测量"选项，单击"测量"按钮，系统弹出"测量"对话框，选中"预定义"列表框中的"max_stress_vm"选项，单击"确定"按钮，返回"结果窗口定义"对话框。

❑ 选择"图形横坐标（水平）轴"下拉列表框中的"设计变量"和"d5：N"选项，单击"确定并显示"按钮，最大应力与 d5 尺寸参数的关系曲线如图 8-135 所示，减重孔直径越大，零件的最大应力就越大。

图 8-134　"设计研究选项"对话框　　　图 8-135　最大应力与 d5 尺寸参数的关系曲线

8.4.3　优化设计研究

优化设计是一种寻找最佳设计方案的技术。它是由用户指定研究目标、约束条件和设计参数等，然后在参数的指定范围内求出可满足研究目标和约束条件的最佳解决方案。

1. 建立优化设计研究

在"分析和设计研究"对话框中，选择菜单栏中的"文件（F）"→"新建优化设计研究"命令，系统弹出"优化研究定义"对话框，如图 8-136 所示。

（1）"名称"文本框用于定义新建优化研究的名称，系统默认为 study＋数字，也可以自定义。

（2）"说明"文本框用于定义新建优化研究的简要说明，以区别其他设计研究。

（3）"类型"下拉列表框用于定义优化研究的类型。

❑ 优化就是在指定的参数范围内，寻找满足研究目的和约束条件的最佳方案。选择该项要在其下的"目标"选项组中选定优化的目标。

❑　可行性就是在指定的参数范围内，分析是否满足研究目的和约束条件。

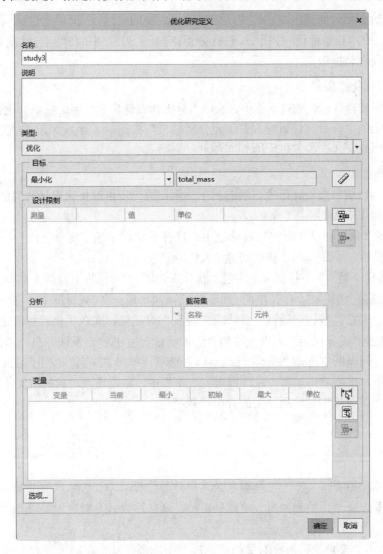

图 8-136　"优化研究定义"对话框

（4）"设计极限"列表框定义优化设计研究的极限参范围。

❑　单击右侧的"添加测量"按钮，系统弹出"测量"对话框，在"预定义"或"用户定义的"列表框中选择测量项，单击"确定"按钮，所选测量就添加到列表框中。

❑　选中列表框中的测量项，单击"移除测量"按钮，选中的测量项就移除出列表框。

❑　"分析"和"载荷集"选项组用于显示决定测量项所对应的分析和载荷集。

（5）"变量"列表框用于显示和设置模型尺寸的数值。具体的使用方法参见标准设计研究相关内容。

（6）单击"选项"按钮，系统弹出"设计研究选项"对话框，在该对话框中定义设计研究优化算法、优化收敛系数、最大迭代次数以及收敛方式等。

2．运行分析

在"分析和设计研究"对话框中，选择菜单栏中的"运行（R）"→"开始"命令，或单击工具栏上的"开始运行"按钮，进行分析，分析的过程列举在"运行状况（Analysis1）运行已完成"对话框中。

3．获取优化结果

在"分析和设计研究"对话框中，选中"分析和设计研究"列表框中的优化设计研究，单击工具栏上的"查看设计研究或有限元分析结果"按钮，系统弹出"结果窗口定义"对话框，其内容参见静态分析中的相应部分。

4．实例

下面继续以敏感度设计研究讲解的例子为例，进一步讲解优化设计研究的创建和分析过程，具体操作步骤如下：

（1）在"分析和设计研究"对话框中，选择菜单栏中的"文件（F）"→"新建优化设计研究"命令，系统弹出"优化研究定义"对话框。

（2）选择"类型"下拉列表框中的"优化"选项，"目标"下拉列表框中的"最小化"选项，单击"测量"按钮，在弹出的"测量"对话框中"预定义"列表框中选择"total_mass"选项，单击"确定"按钮，返回"优化研究定义"对话框，完成优化目标的定义。

（3）单击"设计极限"列表框右侧"添加测量"按钮，系统弹出"测量"对话框，在"预定义"列表框中选择"max_stress_vm"选项，单击"确定"按钮，返回"优化研究定义"对话框，该项被添加到"设计极限列表框"中，单击该项对应的值文本框，键入1，"分析"和"载荷集"显示所使用的分析和载荷集。

注意

这里设置的数字 1，不一定是符合金属材料的许用应力。为生成明显的优化结果，该值是根据图 8-132 所示的最大应力曲线确定的。在实际产品分析中，要遵循产品的特性来设定。

（4）单击"变量"列表框右侧的"从模型中选择尺寸"按钮，然后选中模型，模型的设计尺寸就显示出来，选中 $\phi40mm$ 的圆孔尺寸，返回"优化研究定义"对话框，选择的尺寸就添加到"变量"列表框中，设置数值 d5 的最小、最大值为 30、50，设置后的"优化研究定义"对话框如图 8-137 所示。

（5）单击左下角"选项"按钮，系统弹出设计研究选项，在"优化收敛"微调框中键入 2，勾选"重复 P 环收敛"复选框，单击"关闭"按钮，返回"优化研究定义"对话框。

（6）其他选项为默认值，单击"确定"按钮，返回"分析和设计研究"对话框，完成优化设计研究的创建。

（7）在"分析和设计研究"对话框中，选中刚才创建的优化设计研究，选择菜单栏中的"运行（R）"→"开始"命令，或单击工具栏上的"开始运行"按钮，系统弹出提示询问对话框，单击"是（Y）"按钮，系统开始计算。大约几分钟以后，系统弹出"运行状况（Analysis1）运行已完成"对话框，对话框中显示优化设计研究过程以及分析出现的问题。

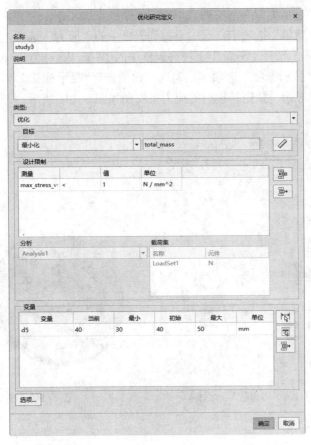

图 8-137 "优化研究定义"对话框

（8）关闭"运行状况（Analysis1）运行已完成"对话框，保存分析结果以便输出，返回"分析和设计研究"对话框。

（9）选择菜单栏中的"信息（I）"→"优化历史"命令，系统弹出信息输入窗口，如图 8-138 所示，单击对话框中的"接收值"按钮 ✔，重复几次后，完成模型的优化。

图 8-138 信息输入窗口

（10）关闭"分析和设计研究"对话框，选择功能区面板中的"检查"→"测量"→"直径"命令 ⊘，系统弹出"测量：直径"对话框，在 3D 模型中选择减重孔内侧曲面，如图 8-139 所示，模型的效果如图 8-140 所示。

（11）关闭"测量：直径"对话框，单击"主页"功能区，选择"运行"→"分析和研究"命令，系统弹出"分析和设计研究"对话框。

（12）在"分析和设计研究"对话框中，选中列表框中刚才创建的优化设计研究，单击工具栏上的"查看设计研究或有限元分析结果"按钮🖼️，系统弹出"结果窗口定义"对话框。

（13）选择"显示类型"下拉列表框中的"条纹"选项。

（14）单击"数量"选项卡，选中下拉列表框中的"应力"选项，选择其后下拉列表框中的"Mpa"选项，选择"分量"下拉列表框中的"von Mises"选项。

（15）单击"显示选项"选项卡，勾选"已变形""显示载荷"和"显示约束"复选框，单击"确定并显示"按钮，模型的应力条纹图如图 8-141 所示。

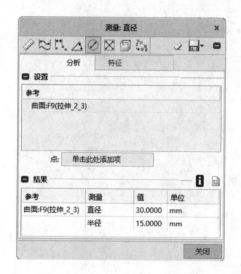

图 8-139　"直径"对话框

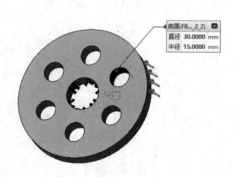

图 8-140　测量直径

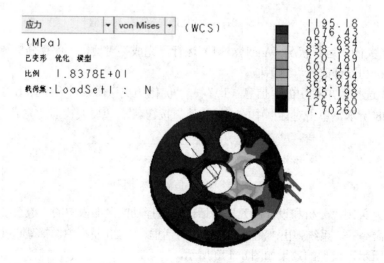

图 8-141　应力条纹图

8.5　电动机吊座的结构分析

电动机吊座是用于悬挂大型电动机的。电动机重量为 6t。当电动机开始工作后，吊座还受到电动机传递的振动，以及电动机带动的机车、汽车等交通工具运行时，产生的非周期性的振动。电动机吊座在复杂的环境下工作，试分析其变形、应力、寿命等技术参数。待分析的电动机吊座如图 8-142 所示。

图 8-142　电动机吊座

8.5.1　创建模型

1．创建拉伸实体

（1）选择功能区中的"文件"→"新建"命令，系统弹出"新建"对话框，点选"零件"单选按钮，在"名称"文本框中键入 M，取消对"使用默认模板"复选框的勾选，单击"确定"按钮，系统弹出"新文件选项"对话框。

（2）在"新文件选项"对话框中，选中列表框中的"mmns_part_solid_abs"选项，单击"确定"按钮，进入零件设计平台。

（3）选择功能区中的"模型"→"形状"→"拉伸"命令，系统弹出"拉伸"操控面板。在"放置"下滑面板中单击"定义"按钮，系统弹出"草绘"对话框，在 3D 工作区中，选择 RIGHT 面作为绘图平面，其余默认，单击"草绘"按钮，进入草图绘制平台。

（4）绘制图 8-143 所示草图，单击"确定"按钮，完成草图绘制。在操控面板中的厚度设置框中键入 25，单击"确定"按钮，完成底座的拉伸。

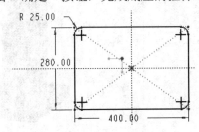

图 8-143　草图

（5）选择功能区中的"模型"→"形状"→"拉伸"命令 ，系统弹出"拉伸"操控面板。在"放置"下滑面板中单击"定义"按钮，系统弹出"草图"对话框，在 3D 工作区中，选择底座上表面为草绘面，单击"草绘"按钮，进入草图绘制平台。

（6）绘制图 8-144 所示的草图，单击"确定"按钮，完成草图绘制。在操控面板中的厚度设置框中键入 300，单击"确定"按钮，完成吊耳的拉伸。

（7）选择功能区中的"模型"→"形状"→"拉伸"命令 ，系统弹出"拉伸"操控面板。在"放置"下滑面板中单击"定义"按钮，系统弹出"草图"对话框，在 3D 工作区中，选择吊耳侧面为草绘面，单击"草绘"按钮，进入草图绘制平台。

（8）绘制如图 8-145 所示的草图，单击"确定"按钮，完成草图绘制。在操控面板中的厚度设置框中键入 280，单击"移除材料"按钮 ，单击"确定"按钮，完成吊耳轮廓的拉伸。

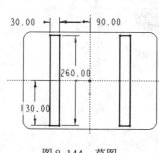

图 8-144　草图

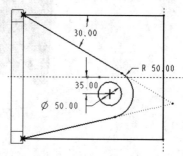

图 8-145　吊耳轮廓草图

2．创建拔模斜度

（1）右键单击模型树中"拉伸 2"特征，如图 8-146 所示，在弹出的快捷菜单中选择"在此插入"选项，模型就恢复到如图 8-147 所示的样子。

图 8-146　快捷菜单

图 8-147　恢复后的模型

（2）选择功能区中的"模型"→"基准"→"平面"命令 ⬜，系统弹出"基准平面"对话框，在 3D 平面中选择吊耳上表面，如图 8-148 所示，单击"确定"按钮，完成基准平面的创建。

（3）右键单击模型树中"拉伸 3"特征，在弹出的快捷菜单中单击"恢复"命令 ⬆，模型就恢复到刚才创建的吊耳轮廓。

（4）选择功能区中的"模型"→"工程"→"拔模"命令 ，系统弹出"拔模"操控面板，单击"参考"下滑面板中的"拔模曲面"列表框，在 3D 工作区中选择吊耳的 4 个侧面为拔模曲面，单击"拔模枢轴"列表框，在 3D 工作区中选择底座上表面，单击"拖动方向"列表框，选择刚才创建的基准平面 DTM1，如图 8-149 所示。

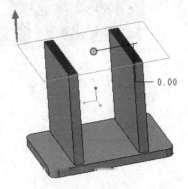

图 8-148　基准平面

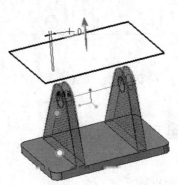

图 8-149　拔模参数

（5）在操控面板拔模斜度文本框中键入 1°，单击"确定"按钮，完成的拔模效果如图 8-150 所示。

3．倒角修饰

选择功能区中的"模型"→"工程"→"倒圆角"命令 ，系统弹出"倒圆角"操控面板，在操控面板中显示倒圆角设置选项，在圆角半径文本框中键入 20，在 3D 模型中选择图 8-151 所示的边线，单击"确定"按钮，完成模型的圆角修饰。

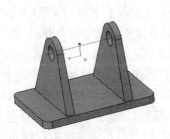

图 8-150　拔模后的模型

图 8-151　选取倒角边线

4．创建孔

（1）选择功能区中的"模型"→"形状"→"拉伸"命令 ，系统弹出"拉伸"操控面板。在"放置"下滑面板中单击"定义"按钮，系统弹出"草图"对话框，在 3D 工作区中，选择底座上表面作为绘图平面，其余默认，单击"草绘"按钮，进入草图绘制平台。

（2）绘制图 8-152 所示的草图，单击"确定"按钮，完成草图绘制。在操控面板的厚度设置框中键入 25，单击"移除材料"按钮，单击"确定"按钮，此时孔特征创建完成，效果如图 8-153 所示。

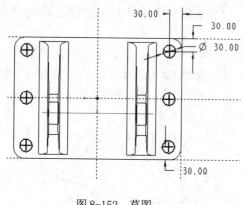

图 8-152　草图

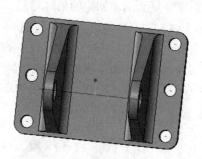

图 8-153　孔特征

8.5.2　建立分析模型

1．分配材料

（1）选择功能区中的"应用程序"→"Simulate"命令，进入分析界面，在界面中选择功能区中的"主页"→"设置"→"结构模式"命令，进入结构分析模块。

（2 选择功能区面板中的"主页"→"材料"→"材料分配"命令，系统弹出"材料分配"对话框，单击"属性"选项组中"材料"选项组的"更多"按钮，系统弹出"材料"对话框。

（3）选中"STEEL.mtl"材料选项，使其高亮显示，双击工作目录中的"STEEL.mtl"材料，将其添加到右侧"模型中的材料"列表框中，选择菜单栏中的"编辑"→"属性"命令，系统弹出"材料定义"对话框。

（4）在"拉伸屈服应力"文本框中键入 345，选中其后下拉列表框中的"MPa"选项，在"拉伸极限应力"文本框中键入 400，选中其后下拉列表框中的"MPa"选项。

（5）选择"失效条件"下拉列表框中的"最大剪应力（Tresca）"选项，"疲劳"下拉列表框中的"统一材料法则（UML）"选项，选中"材料类型"下拉列表框中的"含铁"选项，"表面粗糙度"下拉列表框中的"铸造"选项，在"失效强度衰减因子"文本框中键入 2。

（6）其他选项为系统默认值，单击"确定"按钮，返回"材料"对话框。

（7）单击"选择 1"按钮，返回"材料分配"对话框，完成模型材料的分配。

2．定义约束

（1）选择功能区面板中的"主页"→"约束"→"位移"命令，系统弹出"约束"对话框。

（2）单击"参考"列表框中的空白，在 3D 模型中选择安装面，如图 8-154 所示，选中"旋转"和"平移"选项组中"固定"按钮。

（3）其他选项为默认值，单击"确定"按钮，完成电动机吊座约束的创建，效果如图 8-155 所示。

图 8-154　约束面

图 8-155　创建的约束

3. 创建载荷

（1）选择功能区面板中的"主页"→"载荷"→"力/力矩"命令，系统弹出"力/力矩载荷"对话框。

（2）选择"参考"下拉列表框中"曲面"选项，在 3D 模型中选择孔内表面，如图 8-156 所示。

（3）在"力"选项组的"Z"文本框中键入 600，选择其下拉列表框中"kN"单位选项，"力/力矩载荷"对话框的设置如图 8-157 所示。

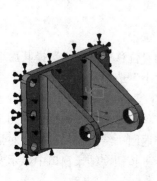

图 8-156　载荷曲面

图 8-157　"力/力矩载荷"对话框

（4）其他选项为默认值，单击"确定"按钮，完成载荷的定义。

8.5.3　结构分析

1．静态分析

（1）选择功能区面板中的"主页"→"运行"→"分析和研究"命令，系统弹出"分析和设计研究"对话框。

（2）选择菜单栏中的"文件（F）"→"新建静态分析"命令，系统弹出"静态分析定义"对话框。

（3）选中"约束"列表框中的"ConstraintSet1/M"约束集选项，使其高亮显示。

（4）选中"载荷"列表框中的"LoadSet1/M"载荷集选项，使其高亮显示。

（5）单击"输出"选项卡，勾选"计算"选项组中的"应力""旋转""反作用"复选框，单击"确定"按钮，返回"分析和设计研究"对话框，完成静态分析的创建。

（6）选择菜单栏中的"运行（R）"→"开始"命令，或单击工具栏上的"开始运行"按钮，系统弹出提示询问对话框，单击"是（Y）"按钮，系统开始计算。大约几分钟以后，系统弹出"运行状况（Analysis1）运行已完成"对话框，对话框中显示静态分析过程以及分析出现的问题。

（7）关闭"运行状况（Analysis1）运行已完成"对话框，返回"分析和设计研究"对话框，选中列表框中刚才创建的静态分析，单击工具栏上的"查看设计研究或有限元分析结果"按钮，系统弹出"结果窗口定义"对话框。

（8）选择"显示类型"下拉列表框中的"条纹"选项。

（9）单击"数量"选项卡，选中下拉列表框中的"应力"选项，选择其后下拉列表框中的"Mpa"选项，选择"分量"下拉列表框中的"von Mises"选项。

（10）单击"显示选项"选项卡，勾选"已变形""显示载荷"和"显示约束"复选框，单击"确定并显示"按钮，在结构窗口中显示模型的应力条纹图，如图 8-158 所示。

（11）退出结果显示窗口，返回"分析和设计研究"对话框，选中列表框中刚才创建的静态分析，单击工具栏上的"查看设计研究或有限元分析结果"按钮，系统弹出"结果窗口定义"对话框。

（12）选择"显示类型"下拉列表框中的"图形"选项。

（13）单击"数量"选项卡，选中下拉列表框中的"位移"选项，选择其后下拉列表框中的"mm"选项，选择"分量"下拉列表框中的"大小"选项。

（14）单击"图形位置"选项组中"选取"按钮，系统弹出"选择"对话框和模型阅览窗口，在窗口中选择孔边线，如图 8-159 所示，单击"选择"对话框中的"确定"按钮，系统弹出"信息"对话框，单击"确定"按钮，返回"结果窗口定义"对话框。

（15）其他选项为系统默认值，单击"确定并显示"按钮，结果窗口中显示变形量曲线，如图 8-160 所示。

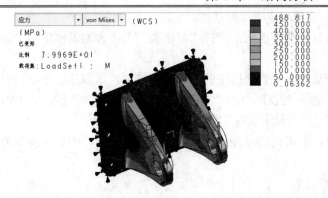

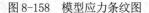

图 8-158　模型应力条纹图　　　　　　　　　图 8-159　选取的边线

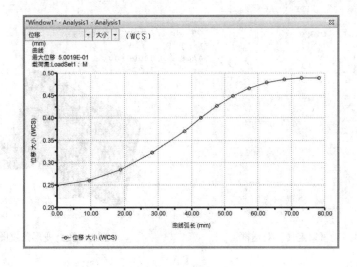

图 8-160　变形曲线

2．模态分析

（1）退出结果显示窗口，返回"分析和设计研究"对话框，选择菜单栏中的"文件（F）"→"新建模态分析"命令，系统弹出"模态分析定义"对话框。

（2）选中"约束"列表框中的"ConstraintSet1/M"约束集选项，使其高亮显示。

（3）单击"输出"选项卡，勾选"计算"选项组中的"应力""旋转"和"反作用"复选框。

（4）其他选项为系统默认值，单击"确定"按钮，返回"分析和设计研究"对话框，完成模态分析的创建。

（5）选择菜单栏中的"运行（R）"→"开始"命令，或单击工具栏上的"开始运行"按钮，系统弹出提示询问对话框，单击"是（Y）"按钮，系统开始计算。大约几分钟以后，系统弹出"运行状况（Analysis1）运行已完成"对话框，对话框中显示模态分析过程以及分析出现的问题。

（6）关闭"运行状况（Analysis1）运行已完成"对话框，返回"分析和设计研究"对话框，选中列表框中刚才创建的模态分析，单击工具栏上的"查看设计研究或有限元分析的结果"按钮 ，系统弹出"结果窗口定义"对话框。

（7）选中"研究选项"列表框中所有模式，选择"显示类型"下拉列表框中的"条纹"选项。

（8）单击"数量"选项卡，选中下拉列表框中的"位移"选项，选择其后下拉列表框中的"mm"选项，选择"分量"下拉列表框中的"大小"选项，如图 8-161 所示。单击"显示选项"选项卡，勾选"已变形""显示载荷"和"显示约束"复选框。

（9）其他选项为系统默认值，单击"确定并显示"按钮，在结构窗口中显示模型的变形条纹图，如图 8-162 所示。

图 8-161　"结果窗口定义"对话框　　　　　图 8-162　变形条纹图

3．疲劳分析

（1）退出结果显示窗口，返回"分析和设计研究"对话框，选择菜单栏中的"文件（F）"→"新建疲劳分析"命令，系统弹出"疲劳分析定义"对话框。

（2）单击"载荷历史"选项卡，在"寿命"选项组的"所需强度"文本框中键入 10000000，选中"加载"下拉列表框中的"恒定振幅"选项和"振幅类型"下拉列表框中的"峰值-峰值"选项。

（3）在"输出"选项组的"绘制网格"微调框中键入 8，勾选"计算安全因子"复选框。

（4）单击"前一分析"选项卡，选中"静态分析"下拉列表框中的"Analysis1"选项，选中"载荷集"列表框中的"LoadSet1 M"载荷集选项。

（5）其他选项为系统默认值，单击"确定"按钮，返回分析和设计研究对话框，完成疲劳分析的创建。

（6）选中列表框中刚才创建的疲劳分析，选择菜单栏中的"运行（R）"→"开始"命令，或单击工具栏上的"开始运行"按钮 ，系统弹出提示询问对话框，单击"是（Y）"按钮，系统开始计算。大约几分钟以后，系统弹出"运行状况（Analysis1）运行已完成"对话框，对话框中显示疲劳分析过程以及分析出现的问题。

（7）关闭"运行状况（Analysis1）运行已完成"对话框，返回"分析和设计研究"对话框，选中列表框中刚才创建的疲劳分析，单击工具栏上的"查看设计研究或有限元分析的结果"按钮，系统弹出"结果窗口定义"对话框。

（8）选择"显示类型"下拉列表框中的"条纹"选项。

（9）单击"数量"选项卡，选中下拉列表框中的"疲劳"选项，选择"分量"下拉列表框中的"日志生命周期"选项。

（10）其他选项为系统默认值，单击"确定并显示"按钮，结果窗口中显示"日志生命周期"条纹图，如图 8-163 所示。

（11）重复步骤（7）～（10），在步骤（9）中选择"分量"下拉列表框中的"对数破坏"选项，结果窗口中显示破坏条纹图，如图 8-164 所示。

（12）重复步骤（7）～（10），在步骤（9）中选择"分量"下拉列表框中的"安全因子"选项，结果窗口中显示安全因子条纹图，如图 8-165 所示。

（13）重复步骤（7）～（10），在步骤（9）中选择"分量"下拉列表框中的"寿命置信度"选项，结果窗口中显示寿命置信度条纹图，如图 8-166 所示。

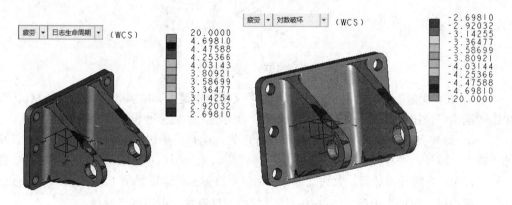

图 8-163　日志生命周期条纹图　　　　　图 8-164　对点数破坏条纹图

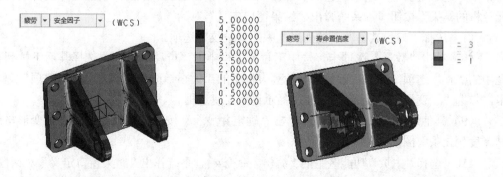

图 8-165　安全因子条纹图　　　　　图 8-166　寿命置信度条纹图

4．标准设计研究

（1）退出结果显示窗口，返回"分析和设计研究"对话框，选择菜单栏中的"文件

（F）"→"新建标准设计研究"命令，系统弹出"标准研究定义"对话框。

（2）选中"分析"列表框中的"Analysis1、Analysis2 和 Analysis3"静态分析、模态分析和疲劳分析，使其高亮显示。

（3）单击"变量"右侧的"从模型中选择尺寸"按钮 ，系统弹出"选取"对话框，在 3D 模型选中吊耳，使其尺寸全部显示，如图 8-167 所示，双击吊耳厚度尺寸 30，系统自动返回。

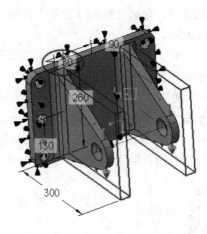

图 8-167　选择尺寸

（4）在"变量"列表框中 d6 对应"设置"文本框中键入 20，其他选项为系统默认值，单击"确定"按钮，返回"分析和设计研究"对话框，完成标准设计研究的创建。

（5）选中列表框中刚才创建的标准设计研究，选择菜单栏中的"运行（R）"→"开始"命令，或单击工具栏上的"开始运行"按钮 ，系统弹出提示询问对话框，单击"是（Y）"按钮，系统开始计算。大约几分钟以后，系统弹出"运行状况（Analysis1）运行已完成"对话框，对话框中显示标准设计研究分析过程以及分析出现的问题。

（6）关闭"运行状况（Analysis1）运行已完成"对话框，返回"分析和设计研究"对话框，选中列表框中刚才创建的标准设计研究，单击工具栏上的"查看设计研究或有限元分析的结果"按钮 ，系统弹出"结果窗口定义"对话框。

（7）选择"显示类型"下拉列表框中的"条纹"选项。

（8）单击"数量"选项卡，选中下拉列表框中的"位移"选项，选择其后下拉列表框中的"mm"选项，选择"分量"下拉列表框中的"大小"选项，单击"显示选项"选项卡，勾选"已变形""显示载荷"和"显示约束"复选框。

（9）其他选择为系统默认值，单击"确定并显示"按钮，结果窗口中显示变形与吊耳厚度变化条纹图，如图 8-168 所示。

（10）选择"主页"功能区中的"编辑"命令 ，系统弹出"结果窗口定义"对话框，单击"数量"选项卡，选择下拉列表框中的"应力"选项，选择其后下拉列表框中的"Mpa"选项，选择"分量"下拉列表框中的"von Mises"选项，其他选择为系统默认值，单击"确定并显示"按钮，结果窗口中显示应力与吊耳厚度变化条纹图，如图 8-169 所示。

（11）重复步骤（1）～（10），在步骤（4）中的"设置"文本框中键入 40。

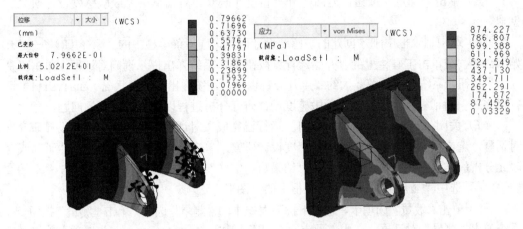

图 8-168　位移随吊耳厚度变化条纹图　　　图 8-169　应力随吊耳厚度变化条纹图

（12）分析的结果，图 8-170 所示为变形随吊耳厚度变化条纹图。图 8-171 所示为应力随吊耳厚度变化条纹图。

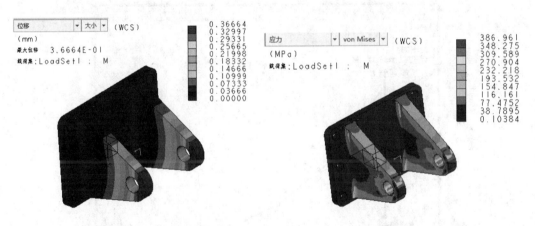

图 8-170　位移随吊耳厚度变化条纹图　　　图 8-171　应力随吊耳厚度变化条纹图

5．敏感度分析

（1）退出结果显示窗口，返回"分析和设计研究"对话框，选择菜单栏中的"文件（F）"→"新建敏感度设计研究"命令，系统弹出"敏感度研究定义"对话框。

（2）选中"分析"列表框中的"Analysis1、Analysis2 和 Analysis3"静态分析、模态分析和疲劳分析，使其高亮显示。

（3）单击"变量"右侧的"从模型中选择尺寸"按钮，系统弹出"选取"对话框，选中 3D 模型中吊耳，使其尺寸全部显示，如图 8-167 所示，双击吊耳厚度尺寸 30，系统自动返回。

（4）单击右下角"选项"按钮，系统弹出"设计研究选项"对话框，勾选"重复 P还收敛"和"每次形状更新后进行网格重划"复选框，单击"关闭"按钮，返回"敏感度设计研究定义"对话框。

（5）单击"确定"按钮，返回"分析和设计研究"对话框，完成敏感度设计研究的创建。

（6）选中列表框中刚才创建的敏感度设计研究，选择菜单栏中的"运行（R）"→"开始"命令，或单击工具栏上的"开始运行"按钮，系统弹出提示询问对话框，单击"是（Y）"按钮，系统开始计算。大约二十几分钟以后，系统弹出"运行状况（Analysis1）运行已完成"对话框，对话框中显示敏感度设计研究分析过程以及分析出现的问题。

（7）关闭"运行状况（Analysis1）运行已完成"对话框，返回"分析和设计研究"对话框，选中列表框中刚才创建的敏感度设计研究，单击工具栏上的"查看设计研究或有限元分析的结果"按钮，系统弹出"结果窗口定义"对话框。

（8）选中"显示类型"下拉列表框中的"图形"选项。

（9）单击"数量"选项卡，选中下拉列表框中的"测量"选项，单击"测量"按钮，系统弹出"测量"对话框，选中"预定义"列表框中的"max_stress_vm"选项，单击"确定"按钮，返回"结果窗口定义"对话框。

（10）其他选项为系统默认值，单击"确定并显示"按钮，结果窗口中显示最大应力随吊耳厚度变化曲线，如图8-172所示。

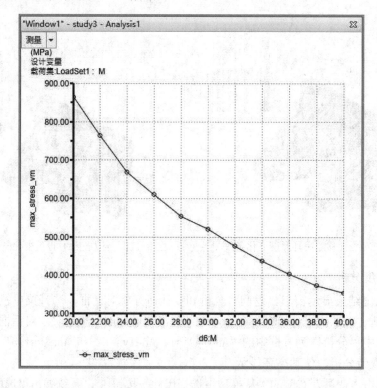

图8-172　最大应力随吊耳厚度变化曲线

（11）选择"主页"功能区的"编辑"按钮，弹出"结果窗口定义"对话框，单击"测量"按钮，系统弹出"测量"对话框，选中"预定义"列表框中的"max_disp_mag"选项，结果如图8-173所示，退出结果窗口，完成敏感度分析。

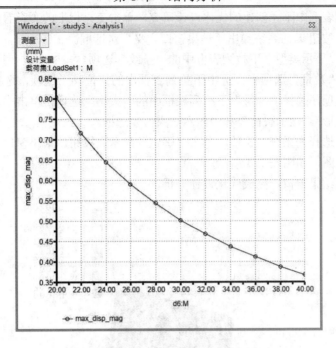

图 8-173　最大变形随吊耳厚度变化曲线

8.5.4　优化设计

（1）退出结果显示窗口，返回"分析和设计研究"对话框，选择菜单栏中的"文件（F）"→"新建优化设计研究"命令，系统弹出"优化研究定义"对话框。

（2）选择"类型"下拉列表框中的"优化"选项，单击"目标"选项组中的"测量"按钮✐，系统弹出"测量"对话框，选中"预定义"列表框中的"max_stress_vm"选项，单击"确定"按钮，返回"优化研究定义"对话框。

（3）单击"设计极限"列表框右侧的"添加测量"按钮▦，系统弹出"测量"对话框，在"预定义"列表框中的"max_stress_vm"选项，单击"确定"按钮，返回"优化研究定义"对话框。

（4）在"设计极限"列表框中"值"文本框中键入 200，单击"变量"右侧的"从模型中选择尺寸"按钮▯，系统弹出"选取"对话框，选中 3D 模型中的吊耳，使其尺寸全部显示，如图 8-167 所示，双击吊耳厚度尺寸 30，系统自动返回。

（5）其他选项为系统默认值，单击"确定"按钮，返回"分析和设计研究"对话框，完成优化设计研究的创建。

（6）选中列表框中刚才创建的优化设计研究，选择菜单栏中的"运行（R）"→"开始"命令，或单击工具栏上的"开始运行"按钮▮，系统弹出提示询问对话框，单击"是（Y）"按钮，系统开始计算。大约几分钟以后，系统弹出"运行状况（Analysis1）运行已完成"对话框，对话框中显示优化设计研究分析过程以及分析出现的问题。

（7）关闭"运行状况（Analysis1）运行已完成"对话框，返回"分析和设计研究"

对话框，选中列表框中刚才创建的优化设计研究，单击工具栏上的"查看设计研究或有限元分析的结果"按钮，系统弹出"结果窗口定义"对话框。

（8）选择"显示类型"下拉列表框中的"条纹"选项。

（9）单击"数量"选项卡，选中下拉列表框中的"位移"选项，选择其后下拉列表框中的"mm"选项，选择"分量"下拉列表框中的"大小"选项，单击"显示选项"选项卡，勾选"已变形""显示载荷"和"显示约束"复选框。

（10）其他选择为系统默认值，单击"确定并显示"按钮，结果窗口中显示变形与吊耳厚度变化条纹图，如图 8-174 所示。

（11）退出结果窗口，完成优化设计分析。

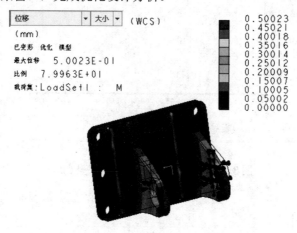

图 8-174　优化后的变形条纹图

8.5.5　升级零件

（1）在"分析和设计研究"对话框中，选中列表框中的优化设计研究选项，选择菜单栏中的"信息（T）"→"优化历史"命令，系统弹出信息输入窗口，如图 8-175 所示，在文本框中键入"Y"，单击"接收值"按钮 。

图 8-175　信息输入窗口

（2）系统又弹出消息输入窗口，继续在文本框中键入"Y"，单击"接收值"按钮 ，重复几步后，模型就升级为优化设计后的模型，如图 8-176 左图所示。

（3）关闭"分析和设计研究"对话框，选择功能区面板中的"检查"→"测量"→"距离"命令 ，系统弹出"测量：距离"对话框，在 3D 模型中选择进行优化研究的吊耳的两边线上的点，测量结果如图 8-176 右图所示，该值是优化后的数值＋拔模斜度，所以该值为 32.6414。

（4）关闭"距离"对话框，保存模型，完成模型的优化设计。

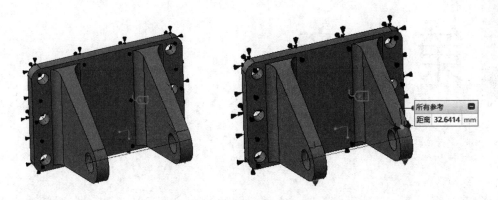

图 8-176　优化后的模型

　　注意：这个例子只是把一边的吊耳进行了优化设计研究，读者可以自己动手按照步骤将另一边也做成相同的效果。

第9章

热力学分析

本章导读

热力学分析是结构分析的一个分支。结构分析使用的许多命令在热力学分析模块中可以照常使用。本章重点介绍热力学分析模块中特有的命令，其他命令参见结构分析模块中的相关内容。

重点与难点

- 热力学分析概述
- 创建热力载荷
- 创建边界条件
- 建立分析和研究
- CPU 散热片分析

9.0

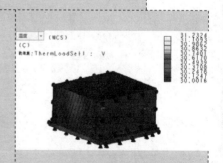

9.1 热力学分析概述

热力学分析模块是专门进行零件和组装模式下的稳态和瞬态温度场分布，其分析结果数据可以返回到结构分析模块，进行灵敏度分析和优化设计。

9.1.1 进入热力学分析

当进入零件设计模块或组装设计模块时，选择功能区中的"应用程序"→"Simulate"命令，进入到分析界面，在其中选择功能区中的"主页"→"设置"→"热模式"命令，进入热力学分析模块。

9.1.2 分析界面介绍

热力学分析界面如图 9-1 所示，该界面包含功能区、快速访问工具栏、快捷工具栏、模型树、工作区 5 大部分。是进行 3D 模型操作的主要区域。模型树中显示仿真特征、约束/载荷和理想化等项目，右击即可进行编辑、删除等操作。

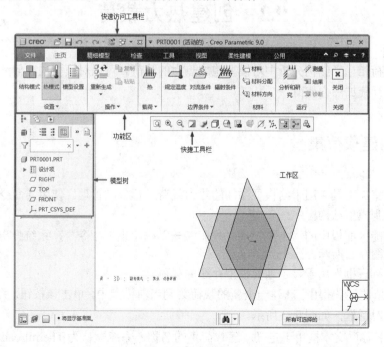

图 9-1 热力学分析界面

9.1.3 分析流程

热力学基本分析流程见表 9-1。

表 9-1 热力学分析流程

分析步骤		具体内容
1	建立模型	1. 简化模型 2. 分配材料 3. 模型的理想化 4. 施加热力载荷、约束
2	分析模型	1. 建立分析 2. 运行分析 3. 获取结果
3	定义设计变数量	1. 定义参数 2. 指定变化范围 3. 预览形状变化
4	优化设计	1. 建立敏感度研究 2. 运行并获取结果 3. 建立优化研究 4. 运行并获取结果 5. 升级模型

9.2 创建热力载荷

热力载荷相当于结构分析中对模型施加热力的载荷。可以对模型的几何元素点、线、面和原件进行施加热力载荷。

9.2.1 创建载荷集

"载荷集"工具♨用于给模型添加的热力载荷进行分类管理。使用其命令创建的载荷集将被添加到模型结构树中。

选择功能区面板中的"主页"→"载荷"→"载荷集"命令♨，系统弹出"载荷集"对话框，如图 9-2 所示。

（1）"列表框"用于显示当前模型存在的载荷集。

（2）"新建"按钮用于新建一个新的载荷集到当前模型中。单击该按钮，系统弹出"载荷集定义"对话框，如图 9-3 所示。

❑ "名称"文本框用于定义新建载荷集的名称，系统默认为 ThermLoadSet＋数字。

❑ "说明"文本框用于定义当前新建载荷集的简要说明，可以使用简单的语句介绍新建载荷集的特征，如：高温载荷。

（3）"复制"按钮用于复制当前在列表框中选中且高亮显示的载荷集。在列表框中选中一个载荷集，单击该按钮，一个复制的新载荷集就创建完成。

（4）"编辑"按钮用于对当前选中且高亮显示的载荷集进行编辑。单击该按钮，系统弹出"载荷集定义"对话框，如图 9-3 所示，在这里可以重新定义选定的载荷集的名称和说明。

（5）"删除"按钮用于对选中的高亮显示的载荷集进行移除。在列表框中选中要移除的载荷集，单击该按钮，选中的载荷集就被移除出当前模型。

（6）"说明"文本框用于显示当前选中的载荷集的说明信息。

图 9-2　"载荷集"对话框　　　　　图 9-3　"载荷集定义"对话框

9.2.2　创建热力载荷

"热"工具 ⏚ 是向模型添加热载荷的工具。选择功能区面板中的"主页"→"载荷"→"热"命令 ⏚，系统弹出"热载荷"对话框，如图 9-4 所示。

（1）"名称"文本框用于定义新建热载荷的名称，系统默认为 HeatLoad＋数字。单击其后的"颜色设置"按钮 ⬛，系统弹出"颜色编辑器"对话框，在该对话框中设置热载荷在模型中显示的颜色。

（2）"集的成员"选项组用于定义当前创建的热载荷属于哪个载荷集。可以在下拉列表框中选中所属的载荷集，也可以单击其后的"新建"按钮创建新的载荷集。

（3）"参考"选项组用于定义热载荷加载到模型中的位置，如图 9-5 所示。该选项组的具体使用方法如下：

❑ 在下拉列表框中选择载荷加载对象：元件、体积块、曲面、边/曲线、点。

❑ 根据选择的加载对象不同，其下方的选项也不同，在相应选项下选择所选择对象的属性。各单选按钮表示的意思如下："单一"单选按钮表示选择单个曲面、边/曲线、点；"阵列"单选按钮表示选择阵列的点；"单个"单选按钮表示选择单个点；"特征"单选按钮表示选择点特征；"目的"单选按钮表示选择多个曲面、边/曲线、点的集合。

❑ 根据前两步选择的组合选项在 3D 模型中选择相应的几何元素，该几何元素就添

加到列表框中。如果要选择曲面，单击"曲面集"按钮，系统弹出"曲面集"对话框，在
该对话框中可以完成曲面集的定义。

图 9-4　"热载荷"对话框　　　　　　　　图 9-5　参考选项

（4）"热（Q）"选项组用于定义模型中所选对象的热载荷以及热载荷的分布。单击"高
级"按钮弹出以下几个选项组：

❑　"分布"下拉列表框用于定义热载荷的分布方式，根据选择的加载对象不同，其
下方的选项，如总载荷、单位面积载荷。

❑　"空间变化"下拉列表框用于定义热载荷的空间分布方式，有均匀、坐标函数、
在整个图元上插值三种。

❑　"时间变化"用于定义热载荷短暂分布方式，有稳态、时间函数两种。

❑　"值"文本框用于定义加载到对象上的热载荷数值。其后的下拉列表框定义加载
热载荷的单位。

下面以图 9-6 所示的平底锅为例，讲解热载荷的创建过程。

技术要求：锅底加热器为 20W。

（1）选择功能区中的"文件"→"新建"命令，系统弹出"新建"对话框，点选"零
件"单选按钮，在"名称"文本框中键入 A8，取消"使用默认模板"复选框，单击"确定"
按钮，系统弹出"新文件选项"对话框。

（2）在"新文件选项"对话框中，选中列表框中的"mmns_part_solid_abs"选项，
单击"确定"按钮，进入零件设计平台。

（3）选择功能区中的"模型"→"形状"→"旋转"命令，系统弹出"旋转"操
控面板。在"放置"下滑面板中单击"定义"按钮，系统弹出"草绘"对话框，在 3D 工作
区中，选择 RIGHT 面作为绘图平面，其余默认，单击"草绘"按钮，进入草图绘制平台。

（4）绘制图 9-7 所示的草图，单击"确定"按钮，完成草图绘制。在操控面板中的

旋转角度设置框中键入 360，单击"确定"按钮，完成模型的设计。

（5）选择功能区中的"应用程序"→"Simulate"命令，进入分析界面，选择功能区中的"主页"→"设置"→"热模式"命令，进入热力学分析模块。

（6）选择功能区面板中的"主页"→"载荷"→"载荷集"命令，系统弹出"载荷集"对话框，单击"新建"按钮，保持系统默认值，单击"确定"按钮，ThermLoadSet1载荷集就添加到列表框中，然后单击"关闭"按钮，完成载荷集的创建。

（7）选择功能区面板中的"主页"→"载荷"→"热"命令，系统弹出"热载荷"对话框。

（8）选择"参考"下拉列表框中的"曲面"选项，在 3D 模型中选择平底锅的锅底平面。

（9）单击"热（Q）"选项卡下边的"高级"按钮，选择"分布"下拉列表框中的"总载荷"选项，在"值"文本框中键入 20，选择其后下拉列表框中的"W"选项。

（10）其他选项为系统默认值，单击"确定"按钮，完成热载荷的定义，效果如图 9-8所示。

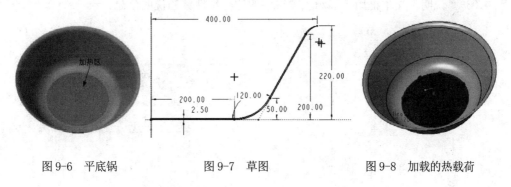

图 9-6　平底锅　　　　　图 9-7　草图　　　　　图 9-8　加载的热载荷

9.3　创建边界条件

边界条件相当于结构分析中的约束，用以模拟真实的热力环境。边界条件分为三种：规定温度、对流条件、热对称性。规定温度和对流条件可以对点、线、面进行设置边界条件。

9.3.1　创建边界条件集

"边界条件集"工具用于对给模型添加的边界条件进行分类管理。使用其命令创建的边界条件集将被添加到模型结构树中。

选择功能区面板中的"主页"→"边界条件"→"边界条件集"命令，系统弹出"边界条件集"对话框，如图 9-9 所示。

（1）"列表框"用于显示当前模型存在的边界条件集。

（2）"新建"按钮用于新建一个新的边界条件集。单击该按钮，系统弹出"边界条件集定义"对话框，如图 9-10 所示。

❑ "名称"文本框用于定义新建边界条件集的名称，系统默认为 BndryCondSet＋数字。

❑ "说明"文本框用于定义当前新建边界条件集的简要说明，可以使用简单的语句介绍新建边界条件集的特征，如：加热高度。

（3）"重复"按钮用于复制当前在列表框中选中且高亮显示的边界条件集。在列表框中选中一个边界条件集，单击该按钮，一个复制的新边界条件集就创建完成。

（4）"编辑"按钮用于对当前选中且高亮显示的边界条件集进行编辑。单击该按钮，系统弹出"边界条件集定义"对话框，如图 9-10 所示，在这里可以重新定义选定的边界条件集的名称和说明。

（5）"删除"按钮用于对选中的高亮显示的集进行移除。在列表框中选中欲移除的边界条件集，单击该按钮，选中的边界条件集就被移除出当前模型。

（6）"说明"文本框用于显示当前选中的边界条件集的说明信息。

图 9-9　"边界条件集"对话框　　　　　图 9-10　"边界条件集定义"对话框

9.3.2　创建规定温度

"规定温度"工具 用于定义外界环境恒定不变的温度。选择功能区面板中的"主页"→"边界条件"→"规定温度"命令 ，系统弹出"规定温度"对话框，如图 9-11 所示。

（1）"名称"文本框用于定义新建规定温度边界条件的名称，系统默认为 BndryCond＋数字。单击其后的"颜色设置"按钮 ，系统弹出"颜色编辑器"对话框，在该对话框中设置规定温度边界条件在模型中显示的颜色。

（2）"集的成员"选项组用于定义当前创建的规定温度边界条件属于哪个边界条件集。可以在下拉列表框中选中所属的边界条件集，也可以单击其后的"新建"按钮创建新的边界条件集。

（3）"参考"选项组用于定义新建规定温度边界条件在模型中的位置。

❑ 在下拉列表框中选择载荷加载对象：曲面、边/曲线、点。

❑ 根据选择加载对象的不同，其下方的选项也不同，在相应的选项下选择对象的属性。各单选按钮表示的意思如下："单一"表示选择单个曲面、边/曲线、点；"目的"单选按钮表示选择多个曲面、边/曲线、点的集合；"边界"单选按钮表示选择模型边界表面，即整个模型表面；"单个"单选按钮表示选择单个点；"特征"单选按钮表示选择点特征；"阵列"单选按钮表示选择阵列的点；"目的"单选按钮表示选择点模型。

❑ 根据前两步选择的组合选项在 3D 模型中选择相应的几何元素，该几何元素就添加到列表框中。如果欲选择曲面，单击"曲面集"按钮，系统弹出"曲面集"对话框，在该对话框中可以完成曲面集的定义。

（4）"温度"选项组用于定义新建规定温度边界条件的温度数值和分布方式。

❑ 单击"高级"按钮，展开空间温度分布方式设置选项，如图 9-12 所示。在"空间变化"下拉列表框定义热载荷的空间分布方式：均匀、函数、在整个图元上插值。

❑ "值"文本框用于定义新建规定温度边界条件的数值。其后的下拉列表框定义温度的单位。

图 9-11　"规定温度"对话框　　　　图 9-12　温度选项组

下面以平底锅为例，讲解规定温度边界条件的创建过程。

（1）打开模型"A8.prt"，选择功能区中的"应用程序"→"Simulate"命令，进入分析界面，在界面中选择功能区中的"主页"→"设置"→"热模式"命令，进入热力学分析模块。

（2）选择功能区面板中的"主页"→"边界条件"→"边界条件集"命令 ，系统弹出"边界条件集"对话框。

（3）单击"新建"按钮，系统弹出"边界条件集定义"对话框，保持系统默认值，单击"确定"按钮，返回"边界条件集"对话框，单击"关闭"按钮，完成边界条件集的创建。

（4）选择功能区面板中的"主页"→"边界条件"→"规定温度"命令，系统弹出"规定温度"对话框。

（5）选择"参考"下拉列表框中的"曲面"选项，按 Ctrl 键，在 3D 模型中选择图 9-13 所示曲面。

（6）在"值"文本框中键入 100，选择其后下拉列表框中的"C"选项。

（7）其他选项为系统默认值，单击"预览"按钮，效果如图 9-14 所示，单击"确定"按钮，完成规定温度边界条件的创建。

图 9-13 选择曲面　　　　　　　　　　图 9-14 预览创建的规定温度边界条件

9.3.3 创建对流条件

"对流条件"工具用于定义模型与外界的热对流交换环境。选择功能区面板中的"主页"→"边界条件"→"对流条件"命令，系统弹出"对流条件"对话框，如图 9-15 所示。

（1）"名称"文本框用于定义新建对流条件的名称，系统默认为 BndryCond＋数字。单击其后的"颜色设置"按钮，系统弹出"颜色编辑"对话框，在该对话框中设置对流条件在模型中显示的颜色。

（2）"集的成员"选项组用于定义当前创建的对流条件属于哪个边界条件集。可以在下拉列表框中选中所属的边界条件集，也可以单击其后的"新建"按钮创建新的边界条件集。

（3）"参考"选项组用于定义热载荷加载在模型中的位置。该选项组的具体使用方法如下：

❑ 在下拉列表框中选择载荷加载对象：曲面、边/曲线、点。

❑ 根据选择的加载对象不同，其下方的选项也不同。在相应的选项下选择所选择对象的属性。各单选按钮表示的意思如下："单一"单选按钮表示选择单个曲面、边/曲线、点；"目的"单选按钮表示选择多个曲面、边/曲线、点的集合；"边界"单选按钮表示选择模型边界表面，即整个模型表面；"单个"单选按钮表示选择单个点；"特征"单选按钮表示选择点特征；"阵列"表示选择阵列的点；"目的"单选按钮表示选择点模型。

❑　根据前两步选择的组合选项在 3D 模型中选择相应的几何元素，该几何元素就添加到列表框中。如果要选择曲面，单击"曲面集"按钮，系统弹出"曲面集"对话框，在该对话框中可以完成曲面集的定义。

图 9-15　"对流条件"对话框

（4）"对流系数（h）"选项组用于定义模型中所选择的对象的对流系数以及对流系数的分布方式。

❑　"空间变化"下拉列表框用于定义对流系数的三种空间分布方式：均匀、坐标函数、外部文件数据。

❑　"温度相关性"下拉列表框用于定义对流系数的温度关系，有无、温度函数两种分布方式。

❑　"值"文本框用于定义对流系数的数值。其后的下拉列表框定义对流系数的单位。

对流系数并无定值，随工件几何形状、零件对流换热表面情况、零件大小等各因素而异。常温下空气的自然对流系数取 $5 \sim 10$ W/m^2℃。

（5）"体表温度（Tb）"选项组用于定义模型表面的温度以及分析方式。

❑　"空间变化"下拉列表框用于定义体表温度的三种空间分布方式：均匀、坐标函数、外部文件数据。

❑　"时间变化"选项组用于定义对流条件短暂分布方式：稳态、时间函数。

❑ "值"文本框用于定义体表温度的数值。其后的下拉列表框定义体表温度的单位。

下面以平底锅为例,讲解对流条件的创建过程。

(1)打开模型"A8.prt",选择功能区中的"应用程序"→"Simulate"命令,进入分析界面,在界面中选择功能区中的"主页"→"设置"→"热模式"命令,进入热力学分析模块。

(2)选择功能区面板中的"主页"→"边界条件"→"边界条件集"命令📑,系统弹出"边界条件集"对话框。

(3)单击"新建"按钮,系统弹出"边界条件集定义"对话框,保持系统默认值,单击"确定"按钮,返回"边界条件集"对话框,单击"关闭"按钮,完成边界条件集的创建。

(4)选择功能区面板中的"主页"→"边界条件"→"对流条件"命令🥄,系统弹出"对流条件"对话框。

(5)选择"参考"下拉列表框中的"曲面"选项,在 3D 模型中选择图 9-16 所示的曲面。

(6)单击"高级"按钮,弹出"空间变化"和"温度相关性"对话框,选择"对流系数(h)"选项组中"空间变化"下拉列表框中的"均匀"选项,在"值"文本框中键入50,选择其后下拉列表框中的"mW/(mm^2C)"选项。

(7)选择"体表温度(Tb)"选项组中"空间变化"下拉列表框中的"均匀"选项,在"值"文本框中键入 90,选择其后下拉列表框中的"C"选项。

(8)其他选项为系统默认值,单击"预览 h"或"预览 Tb"按钮,效果如图 9-17 所示,单击"确定"按钮,完成规定温度边界条件的创建。

图 9-16 对流曲面

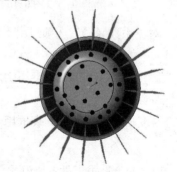
图 9-17 对流条件预览

9.3.4 创建热对称性

"对称"工具🔄用于仅对旋转体模型的一部分进行分析即得到整体的分析效果。选择功能区面板中的"主页"→"边界条件"→"对称"命令🔄,系统弹出"对称约束"对话框,如图 9-18 所示。

(1)"名称"文本框用于定义对称约束边界条件的名称,系统默认为 BndryCond+数字。单击其后的"颜色设置"按钮![icon]，系统弹出"颜色编辑"对话框，在该对话框中设置对称约束边界条件在模型中显示的颜色。

（2）"集的成员"选项组用于定义当前创建的对称约束边界条件属于哪个边界条件集。可以选中所属的边界条件集，也可以单击其后的"新建"按钮创建新的边界条件集。

（3）"参考"选项组用于定义模型的对称点、线、面。

下面以平底锅为例，讲解热对称性的创建过程。

（1）打开模型"A8.prt"，将前面的几种特征全部加上去，然后将模型另存为 A9.prt，退出模型"A8.prt"界面，打开模型"A9.prt"。选择功能区中的"模型"→"形状"→"拉伸"命令![icon]，系统弹出"拉伸"操控面板。在"放置"中单击"定义"按钮，系统弹出"草绘"对话框，在 3D 工作区中，选择 FRONT 面作为绘图平面，其余默认，单击"草绘"按钮，进入草图绘制平台。

（2）绘制图 9-19 所示的草图，单击"确定"按钮，完成草图绘制。在操控面板中选中"对称"选项![icon]，在其后的文本框中键入 500，选中"移除材料"按钮![icon]，单击"确定"按钮，完成模型的简化，效果如图 9-20 所示。

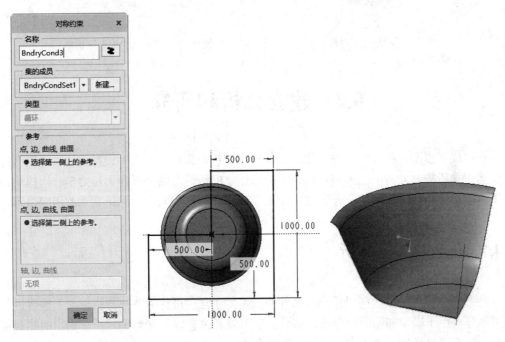

图 9-18　"对称约束"对话框　　　图 9-19　草图　　　图 9-20　简化后的模型

（3）选择功能区中的"应用程序"→"Simulate"命令，进入分析界面，在界面中选择功能区中的"主页"→"设置"→"热模式"命令，进入热力学分析模块。

（4）选择功能区面板中的"主页"→"边界条件"→"对称"命令![icon]，系统弹出"对称约束"对话框。

（5）单击"参考"列表框，在 3D 模型中选中对称面，如图 9-21 所示，单击另一列表框，在 3D 模型中选择另一对称面。此时，对话框如图 9-22 所示。

（6）其他选项为系统默认值，单击"确定"按钮，完成平底锅的对称约束的创建。

图 9-21 对称面   图 9-22 "对称约束"对话框

9.4 建立分析和研究

在完成对模型材料分配、理想化、边界条件、热力载荷等一系列设置后，就可以有针对性地建立所需的分析了。本节重点介绍稳态热分析和瞬态热分析两大热力学分析模块，关于标准设计研究、敏感度设计研究、优化设计研究的使用方法参见第 8 章的相应内容。

9.4.1 创建稳态热分析

稳态热分析用于热载荷对系统或部件的影响。通常在进行瞬态热分析以前，需要进行稳态热分析用于确定初始温度分布。热分析还可以通过有限元计算确定由于稳定的热载荷引起的温度、热梯度、热流率、热流密度等参数。

1. 新建稳态热分析

选择功能区面板中的"主页"→"运行"→"分析和研究"命令 ，系统弹出"分析和设计研究"对话框，如图 9-23 所示，选择菜单栏中的"文件（F）"→"新建稳态热分析"命令，系统弹出"稳态热分析定义"对话框，如图 9-24 所示。

（1）"名称"文本框用于定义新建稳态热分析的名称，系统默认为 Analysis＋数字。

（2）"说明"文本框用于输入新建稳态热分析的简要说明。

（3）"约束"选项组用于定义进行稳态热分析所使用的约束集。如果列表框中有两个以上约束集，"组合约束集"复选框可用，就可以使用列表框中的多个约束集叠加作用于模型。

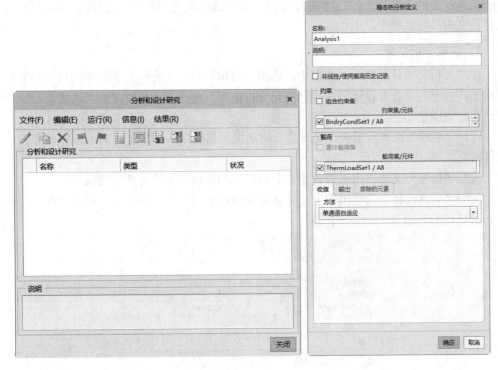

图 9-23 "分析和设计研究"对话框   图 9-24 "稳态热分析定义"对话框

（4）"载荷"选项组用于定义进行稳态热分析所施加的载荷集。选中列表框中的两个以上载荷集，则"累计载荷集"复选框可用。

（5）"收敛"选项卡用于定义分析的计算方法，有多通道自适应、单通道自适应、快速检查三种。根据在列表框中选择的选项不同，在其下的选项中设置不同的内容。

（6）"输出"选项卡，如图 9-25 所示，该选项卡用于定义计算的内容和绘图网格数。

（7）"排除的元素"选项卡，如图 9-26 所示，该选项卡用于定义在计算过程中可以排除的忽略元素。勾选"排除元素"复选框，表示可以进行排除元素，在其他选项设置需要排除元素的选项。

图 9-25 "输出"选项卡

图 9-26 "排除的元素"选项卡

2．运行分析

在"分析和设计研究"对话框中，选择菜单栏中的"运行（R）"→"开始"命令，或单击工具栏上的"开始"按钮 进行分析，分析的过程列举在"运行状况（Analysis1）运行已完成"对话框中。

3．获取分析结果

在"分析和设计研究"对话框中，选中"分析和设计研究"列表框中的稳态热分析，单击工具栏上的"查看设计研究或有限元分析结果"按钮 ，系统弹出"结果窗口定义"对话框，如图 9-27 所示。

（1）"名称"文本框用于定义新建分析结果的名称，系统默认为 Window＋数字，也可以自定义。

（2）"标题"文本框用于设置新建分析结果的标题，如热通数量曲线。

（3）"研究选择"选项组用于定义新建分析结果窗口的设计研究，单击"打开"按钮 ，选择保存在磁盘中的分析目录。

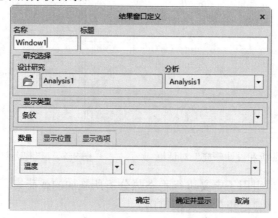

图 9-27 "结果窗口定义"对话框

（4）"显示类型"下拉列表框用于定义生成分析结果的四类显示类型：条纹、矢量、图形、模型。

（5）"数量"选项卡用于定义分析结果显示数量，有温度、温度梯度、通量、P 级。

（6）"显示位置"选项卡，如图 9-28 所示，该选项卡用于定义结果窗口中显示的零件几何元素所对应的稳态热分析结果，如全部、曲线、曲面、体积块、元件/层等对象的应力、应变、变形等属性。

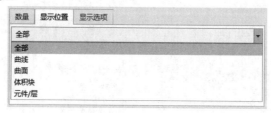

图 9-28 "显示位置"选项卡

（7）"显示选项"选项卡，如图 9-29 所示，该选项卡用于定义结果窗口中显示内容的选项。

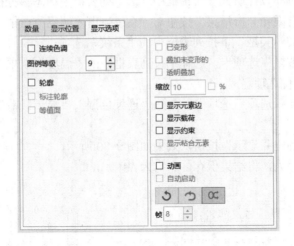

图 9-29 "显示选项"选项卡

4．实例

下面继续以平底锅为例，讲解稳态热分析的创建和分析过程。

（1）打开模型"A91.prt"，选择功能区中的"应用程序"→"Simulate"命令，进入分析界面，在界面中选择功能区中的"主页"→"设置"→"热模式"命令，进入热力学分析模块。

（2）选择功能区面板中的"主页"→"材料"→"材料分配"命令🔗，系统弹出"材料分配"对话框，单击"属性"选项组中"材料"选项组的"更多"按钮，系统弹出"材料"对话框，双击"库中的材料"列表框中的"STEEL.mtl"材料，将其添加到右侧"模型中的材料"列表框中，单击"选择（1）"按钮，返回"材料分配"对话框，完成模型材料的分配。

（3）选择功能区面板中的"主页"→"运行"→"分析和研究"命令🏭，系统弹出"分析和设计研究"对话框。

（4）在"分析和设计研究"对话框中，选择菜单栏中的"文件（F）"→"新建稳态热分析"命令，系统弹出"稳态热分析定义"对话框。

（5）选中"约束"列表框中的"BndryCondSet1/A91"约束集。

（6）选中"载荷"列表框中的"ThermLoadSet1/A91"载荷集。

（7）单击"收敛"选项卡，选中"方法"下拉列表框中的"单通道自适应"选项。

（8）单击"输出"选项卡，勾选"计算"选项组中"热流密度"复选框，在"出图"选项组的"绘制网格"微调框中键入8。

（9）其他选项为系统默认值，单击"确定"按钮，完成稳态热分析的创建，返回"分析和设计研究"对话框。

（10）选择菜单栏中的"运行（R）"→"开始"命令，或单击工具栏上的"开始"按钮🏭，系统弹出提示询问对话框，单击"是（Y）"按钮，系统开始计算。大约几分钟以后，系统弹出"运行状况（Analysis1）运行已完成"对话框，对话框中显示稳态热分析过程以及分析出现的问题。

（11）在"分析和设计研究"对话框中，选中列表框中稳态热分析，单击工具栏上的"查看设计研究或有限元分析结果"按钮，系统弹出"结果窗口定义"对话框。

（12）选择"显示类型"下拉列表框中的"条纹"选项。

（13）单击"数量"选项卡，选择下拉列表框中的"温度"选项，选择其后下拉列表框中的"C"温度单位选项。

（14）单击"显示选项"选项卡，勾选"连续色调"、"显示载荷"和"显示约束"复选框。

（15）单击"确定并显示"按钮，效果如图9-30所示。

（16）单击另存为，将结果保存，名称为A911.prt

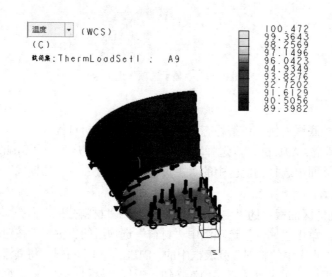

图9-30　温度条纹图

9.4.2　创建瞬态热分析

瞬态热分析用于计算一个系统随时间变化的温度场及其他热参数。在工程上一般用瞬态热分析计算温度场，并以此作为热载荷进行应力分析。瞬态热分析的基本步骤与稳态热分析类似。主要的区别是瞬态热分析中的载荷是随时间变化的。

1. 新建瞬态热分析

选择功能区面板中的"主页"→"运行"→"分析和研究"命令，系统弹出"分析和设计研究"对话框，选择菜单栏中的"文件（F）"→"新建瞬态热分析"命令，系统弹出"瞬态热分析定义"对话框，如图9-31所示，该对话框的内容与稳态热分析相对应对话框的内容比较，增加了"温度"选项卡并在"输出"选项卡中增加了选项。

（1）"温度"选项卡用于定义模型的初始温度。

❑ 在"初始温度"选项组中"分布"下拉列表框中选择分布方式：均匀和Mect。选择"均匀"选项，只需在温度文本框中键入初始温度数值即可。选择"Mect"选项，如图

9-32 所示，勾选"使用来自前一设计研究的温度"复选框，在"设计研究"下拉列表框中选择模型中创建的设计研究。在"热分析"和"载荷集"下拉列表框中选择热分析和载荷集来定义初始温度。

图 9-31　"瞬态热分析定义"对话框

图 9-32　初始温度选项组

❑　"精度"文本框用于设计瞬态分析温度变化的精度。勾选"估计的变化"选项组中"自动"复选框，表示系统文本的变化为系统默认值。取消该复选框，在文本框中设计温度的变化值。

（2）"输出"选项卡如图 9-33 所示，该选项用于定义输出结果的内容。

❑　"计算"选项组用于定义瞬态热分析输出的计算项。

❑　"出图"选项组用于定义输出结果的网格数。

❑ "输出步长"选项组用于定义输出结果所对应的时间变化范围。

2．运行分析

在"分析和设计研究"对话框中，选择菜单栏中的"运行（R）"→"开始"命令，或单击工具栏上的"开始"按钮 🏳，进行分析，分析的过程列举在"运行状况（Analysis1）运行已完成"对话框中。

3．获取分析结果

在"分析和设计研究"对话框中，选中"分析和设计研究"列表框中的瞬态热分析，单击工具栏上的"查看设计研究或有限元分析结果"按钮 🖼，系统弹出"结果窗口定义"对话框，如图 9-34 所示。

图 9-33 "输出"选项卡

图 9-34 "结果窗口定义"对话框

（1）"名称"文本框用于定义新建分析结果的名称，系统默认为 Window＋数字，也可以自定义。

（2）"标题"文本框用于设置新建分析结果的标题，如温度时间曲线。

（3）"研究选择"选项组用于定义新建分析结果窗口的设计研究，单击"打开"按钮 📂 ，选择保存在磁盘中的分析目录。

（4）"显示类型"下拉列表框用于定义生成的分析结果以图形类型显示。

（5）"数量"选项卡用于定义分析结果所显示的数量。单击"测量"按钮 ✏ ，系统弹出"测量"对话框，选择已定义的测数量。选择"图形 横坐标（水平）轴"下拉列表框中的"时间"，表示生成的曲线是温度随时间变化的曲线。

4．实例

下面平底锅为例，讲解热分析创建和分析过程。

（1）打开模型"A911.prt"，选择功能区中的"应用程序"→"Simulate"命令，进入分析界面，在界面中选择功能区中的"主页"→"设置"→"热模式"命令，进入热力学分析模块。

（2）选择功能区面板中的"主页"→"运行"→"分析和研究"命令 🗇 ，系统弹出"分析和设计研究"对话框。

（3）在"分析和设计研究"对话框中，选择菜单栏中的"文件（F）"→"新建瞬态热分析"命令，系统弹出"瞬态热分析定义"对话框。

（4）选中"约束"列表框中的"BndryCondSet1"约束集。

（5）选中"载荷"列表框中的"ThermLoadSet1"载荷集。

（6）单击"温度"选项卡，选择"初始温度"选项组中"分布"下拉列表框的"MecT"选项，选择"热分析"下拉列表框中的"Analysis1"选项，选中"载荷集"列表框的"ThermLoadSet1"载荷集选项，使其高亮显示，如图 9-35 所示。

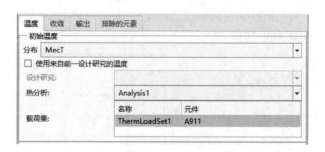

图 9-35　"温度"选项卡

（7）单击"收敛"选项卡，选中"方法"下拉列表框中的"单通道自适应"选项。

（8）单击"输出"选项卡，勾选"计算"选项组中"热流密度"复选框，在"出图"选项组的"绘制网格"微调框中键入 8，选择"输出步长"下拉列表框中的"范围内的自动步长"选项，在"时间范围"选项组的"最小值"文本框中键入 20，勾选"最大值"选项组中"自动"复选框，如图 9-36 所示。

（9）其他选项为系统默认值，单击"确定"按钮，完成热分析的创建，返回"分析和设计研究"对话框。

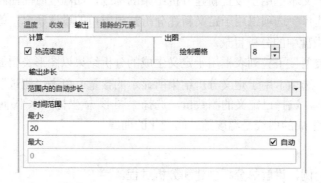

图 9-36　"输出"选项卡

（10）选中列表框中的瞬态热分析，选择菜单栏中的"运行（R）"→"开始"命令，或单击工具栏上的"开始"按钮，系统弹出对话框，单击"是（Y）"按钮，系统开始计算。大约几分钟以后，系统弹出"运行状况（Analysis1）运行已完成"对话框，对话框中显示稳态热分析过程以及分析出现的问题。

（11）关闭运行状况（Analysis1）运行已完成窗口，返回"分析和设计研究"对话框，选中列表框中瞬态热分析，单击工具栏上的"查看设计研究或有限元分析结果"按钮，系统弹出"结果窗口定义"对话框。

（12）选择"显示类型"下拉列表框中的"图形"选项。

（13）单击"数量"选项卡，选择"图形纵坐标（竖直）轴"下拉列表框中的"测量"选项，单击"测量"按钮，系统弹出"测量"对话框，如图 9-37 所示，选中"预定义"列表框中的"min_dyn_temperature"选项，使其高亮显示，单击"确定"按钮，返回"结果窗口定义"对话框，选择"图形横坐标（水平）轴"下拉列表框中的"时间"选项。

（14）其他选项为系统默认值，单击"确定并显示"按钮，结果窗口中显示最低温度与时间关系曲线，如图 9-38 所示。

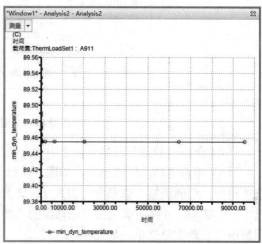

图 9-37　"测量"对话框　　　　　图 9-38　最低温度与时间关系曲线

9.5 CPU 散热片分析

CPU 是计算机的核心部分。随着电子技术的发展，CPU 的运算也在提高。CPU 散热性能直接影响 CPU 的计算速度和使用寿命。下面对 CPU 上的散热片进行散热性能评估。设 CPU 的功率为 42W，机箱内温度为 30℃，散热片采用铝制造。

9.5.1 建立简化模型

（1）选择功能区中的"文件"→"新建"命令，系统弹出"新建"对话框，点选"零件"单选按钮，在"名称"文本框中键入 V，取消"使用默认模板"复选框，单击"确定"按钮，系统弹出"新文件选项"对话框。

（2）在"新文件选项"对话框中，选中列表框中的"mmns_part_solid_abs"选项，单击"确定"按钮，进入零件设计平台。

（3）选择功能区中的"模型"→"形状"→"拉伸"命令，系统弹出"拉伸"操控面板。在"放置"下滑面板中单击"定义"按钮，系统弹出"草绘"对话框，在 3D 工作区中，选择 RIGHT 面作为绘图平面，其余默认，单击"草绘"按钮，进入草图绘制平台。

（4）绘制图 9-39 所示的草图，单击"确定"按钮，完成草图绘制。在操控面板中的"拉伸深度"设置框中键入 25，单击"确定"按钮，完成设计。

（5）选择功能区中的"模型"→"形状"→"拉伸"命令，系统弹出"拉伸"操控面板。在"放置"下滑面板中单击"定义"按钮，系统弹出"草绘"对话框，在 3D 工作区中，选择基座上表面，单击"草绘"按钮，进入草图绘制平台。

（6）绘制图 9-40 所示的草图，单击"确定"按钮，完成草图绘制。在操控面板中的"拉伸深度"设置框中键入 200，单击"确定"按钮，完成模型散热片底座的设计。

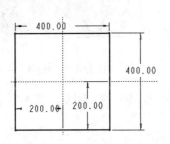

图 9-39 基座草图

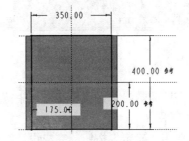

图 9-40 散热片基座草图

（7）选择功能区中的"模型"→"形状"→"拉伸"命令，系统弹出"拉伸"操控面板。在"放置"下滑面板中单击"定义"按钮，系统弹出"草绘"对话框，在 3D 工作区中，选择基座下侧面，单击"草绘"按钮，进入草图绘制平台。

（8）绘制图 9-41 所示的草图，单击"确定"按钮，完成草图绘制。在操控面板中的拉伸深度设置框中键入 400，选中控制面板中"移除材料"按钮，单击"确定"按钮，完成底座安装槽的设计。

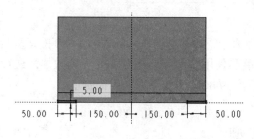

图 9-41　草图

（9）选择功能区中的"模型"→"形状"→"拉伸"命令🔲，系统弹出"拉伸"操控面板。在"放置"下滑面板中单击"定义"按钮，系统弹出"草绘"对话框，在 3D 工作区中，选择散热片基座上侧面，单击"草绘"按钮，进入草图绘制平台。

（10）绘制图 9-42 所示的草图，单击"确定"按钮，完成草图绘制。在操控面板中的拉伸深度设置框中键入 400，选中控制面板中"移除材料"按钮🔲，单击"确定"按钮，完成散热孔的设计。

（11）在 3D 模型中选中刚才创建的散热孔，选择功能区中的"模型"→"编辑"→"阵列"按钮🔲，系统弹出"阵列"操控面板，选择阵列类型为"方向"。

（12）在 3D 模型中选择一条方向边线，如图 9-43 所示。

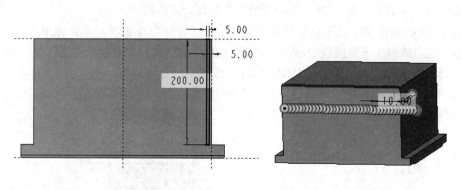

图 9-42　散热孔草图　　　　　　　　　　图 9-43　方向边线

（13）在阵列数量"设置"文本框中键入 40，在其后的"间距"文本框中键入 10，效果如图 9-44 所示。

（14）单击"确定"按钮，完成设计，效果如图 9-45 所示。

图 9-44　"阵列"操控面板

图 9-45　散热片

9.5.2　分配材质并创建曲面区域

（1）选择功能区中的"应用程序"→"Simulate"命令，进入到分析界面，在界面中选择功能区中的"主页"→"设置"→"热模式"命令，进入热力学分析模块。

（2）选择功能区面板中的"主页"→"材料"→"材料分配"命令 🔲，系统弹出"材料分配"对话框。

（3）单击"材料"下拉列表框右侧"更多"按钮，系统弹出"材料"对话框，双击"库中的材料"列表框中的"al2014.mtl"选项，将其添加到右侧模型的材料列表框中，单击"选择（1）"按钮，返回"材料分配"对话框。

（4）其他选项为系统默认值，单击"确定"按钮，完成模型材料的分配。

（5）选择功能区面板中的"精细模型"→"区域"→"划分曲面"命令 🔳，操控面板中显示曲面区域定义选项。

（6）在"参考"下滑面板中单击"草绘"文本框右侧"定义"按钮，系统弹出"草绘"对话框，选择基座地面，单击"草绘"按钮，进入草绘平台。

（7）绘制图 9-46 所示的草图，单击"确定"按钮，完成草图绘制。在操控面板中的"曲面"文本框，在 3D 模型中选择基座底面，单击"确定"按钮，完成曲面区域的创建。

9.5.3　施加热力载荷

（1）选择功能区面板中的"主页"→"载荷"→"热"命令 🔳，系统弹出"热载荷"对话框。

（2）选择"参考"下拉列表框中的"曲面"选项，在 3D 模型中选择刚才创建的曲面区域。

（3）单击"高级"按钮，弹出"分布"选项卡选择"分布"下拉列表框中的"总载荷"选项，在"值"文本框中键入 42，选择其后下拉列表框中的"W"选项。

（4）其他选项为系统默认值，单击"确定"按钮，效果如图 9-47 所示。

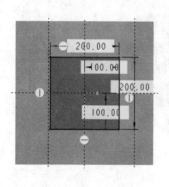

图 9-46　草图

图 9-47　添加的热载荷

9.5.4　设置边界条件

　　（1）选择功能区面板中的"主页"→"边界条件"→"对流条件"命令🔧，系统弹出"对流条件"对话框。

　　（2）选择"参考"下拉列表框中的"曲面"选项，按住 Ctrl 键在 3D 模型中选择图 9-48 所示曲面。

　　（3）选择"对流系数（h）"选项组中"空间变化"下拉列表框中的"均匀"选项，在"值"文本框中键入 0.7，选择其后下拉列表框中的"mW/(mm^2C)"选项；

　　（4）选择"体表温度（Tb）"选项组中"空间变化"下拉列表框中的"均匀"选项，在"值"文本框中键入 30，选择其后下拉列表框中的"C"选项。

　　（5）其他选项为系统默认值，单击"预览 h"或"预览 Tb"按钮，效果如图 9-49 所示，单击"确定"按钮，完成规定温度条件的创建。

图 9-48　对流曲面

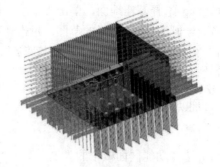

图 9-49　创建的对流条件

9.5.5　运行分析并获取结果

　　（1）选择功能区面板中的"主页"→"运行"→"分析和研究"命令📊，系统弹出

"分析和设计研究"对话框。

（2）在"分析和设计研究"对话框中，选择菜单栏中的"文件（F）"→"新建稳态热分析"命令，系统弹出"稳态热分析定义"对话框。

（3）选中"约束"列表框中的"BndryCondSet1/V"约束集。

（4）选中"载荷"列表框中的"ThermLoadSet1/V"载荷集。

（5）单击"收敛"选项卡，选中"方法"下拉列表框中的"单通道自适应"选项。

（6）单击"输出"选项卡，勾选"计算"选项组中"热流密度"复选框，在"出图"选项组的"绘制网格"微调框中键入 8。

（7）其他选项为系统默认值，单击"确定"按钮，完成稳态热分析的创建，返回"分析和设计研究"对话框。

（8）选中列表框中的稳态热分析，选择菜单栏中的"运行（R）"→"开始"命令，或单击工具栏上的"开始"按钮 ，系统弹出对话框，单击"是（Y）"按钮，系统开始计算。大约几分钟以后，系统弹出"运行状况（Analysis1）运行已完成"对话框，对话框中显示稳态热分析过程以及分析出现的问题。

（9）在"分析和设计研究"对话框中，选中列表框中稳态热分析，单击工具栏上的"查看设计研究或有限元分析结果"按钮 ，系统弹出"结果窗口定义"对话框。

（10）选择"显示类型"下拉列表框中的"条纹"选项。

（11）单击"数量"选项卡，选择下拉列表框中的"温度"选项，选择其后下拉列表框中的"C"温度单位选项。

（12）单击"显示选项"选项卡，勾选"连续色调"、"显示载荷"和"显示约束"复选框。

（13）其他选项为系统默认值，单击"确定并显示"按钮，效果如图 9-50 所示。

（14）退出结果窗口，返回"分析和设计研究"对话框，完成稳态热分析。

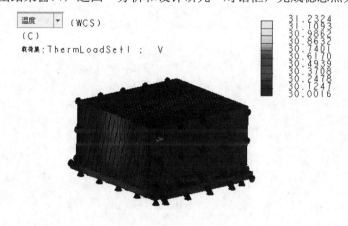

图 9-50　温度条纹图

第 3 篇

综合实例

本篇以最常见的二级减速器、活塞连杆机构为例，详细讲述了动力学和结构分析创建过程，使读者巩固学到的各模块中常见工具的使用方法和技巧，通过举一反三，获得独立完成项目分析设计的能力。

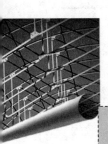

第 **10** 章

二级减速器仿真

本章导读

当今的减速器向着大功率、大传动比、小体积、高机械效率以及使用寿命长的方向发展。近十几年来，由于近代计算机技术与数控技术的发展，使得机械加工精度和加工效率大大提高，设计周期缩短。由于市场需求产品种类繁多，所以计算机设计、仿真模拟成为现代企业研发部门中必不可少的产品研发技术。本章详细介绍二级减速器的运动仿真，为研发人员提供举一反三的示例。

重点与难点

- 二级减速器仿真概述
- 装配模型
- 建立运动模型
- 运动分析

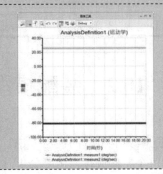

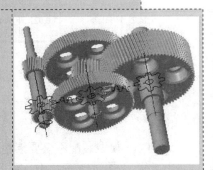

10.1　二级减速器仿真概述

减速器的核心部件是齿轮传动机构。齿轮传动是现代机械中应用最广的一种传动形式。它的主要优点是：

❑　瞬时传动比恒定、工作平稳、传动准确可靠，可传递空间任意两轴之间的运动和动力。

❑　适用的功率和速度范围广。

❑　传动效率高，η=0.92~0.98。

❑　工作可靠、使用寿命长。

❑　外轮廓尺寸小、结构紧凑。

由齿轮、轴、轴承及箱体组成的齿轮减速器，用于原动机和工作机或执行机构之间起匹配转速和传递转矩，在现代机械中应用极为广泛。

减速器是一种相对精密的机械，使用它的目的是降低转速，增加转矩。它的种类繁多，型号各异，不同种类有不同的用途。按照传动类型可分为齿轮减速器、蜗轮蜗杆减速器和行星齿轮减速器；按照传动级数不同可分为单级减速器和多级减速器；按照齿轮形状可分为圆柱齿轮减速器、圆锥齿轮减速器和圆锥-圆柱齿轮减速器；按照传动的布置形式又可分为展开式减速器、分流式减速器和同轴式减速器。

本章将介绍斜齿轮减速器的运动仿真，具体的参数特征见表 10-1。

表 10-1　斜齿轮减速器特征参数

输入功率 /kW	输入轴转速 /（r/min）	效率 η	总传动比 i	传动特性							
				第一级				第二级			
				m_n	β	齿数		精度要求	m_n	β	齿数		精度要求
4.7	501.7	0.922	14.1	3	13.3 15	Z_1	22	8级	4	10.94	Z_1	26	8级
						Z_2	98	8级			Z_2	82	8级

10.2　装配模型

模型装配不仅要清楚装配模块中工具的使用方法，而且要熟悉机构模块对模型的要求。在模型装配之前，需要对每个元件进行自由度分析，以便选择机构连接方式进行模型的装配。否则，模型就不能在机构模块中进行运动仿真。

10.2.1　建立骨架模型

对于二级斜齿轮减速器，传动轴与轴承内圈固定连接，轴承内圈与外圈之间相对旋转而不移动。为了方便模拟，不绘制箱体和轴承，直接使用骨架模型代替轴承和箱体。骨架模型的创建步骤如下：

（1）选择功能区中的"文件"→"新建"命令，系统弹出"新建"对话框，如图 10-1 所示。点选"装配"单选按钮，在"文件名"文本框中输入 0001，取消"使用默认模板"复选框的勾选，单击"确定"按钮，系统弹出"新文件选项"对话框，如图 10-2 所示。

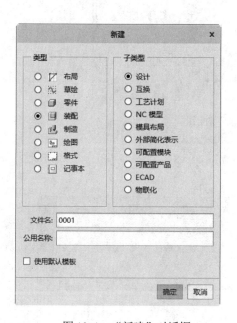

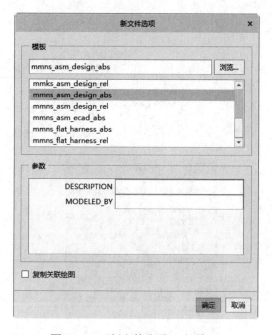

<table>
<tr><td>图 10-1　"新建"对话框</td><td>图 10-2　"新文件选项"对话框</td></tr>
</table>

（2）在"新文件选项"对话框的"模板"列表框中选择"mmns_asm_design_abs"选项，单击"确定"按钮，进入装配设计模块。

（3）选择功能区中的"文件"→"管理会话"→"选择工作目录"命令，系统弹出"选择工作目录"对话框，如图 10-3 所示，选择减速器所在的文件夹，单击"确定"按钮，完成工作目录的设置。

（4）选择功能区中的"模型"→"元件"→"创建"命令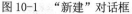，系统弹出"创建元件"对话框，如图 10-4 所示。

（5）在"创建元件"对话框中，点选"骨架模型"单选按钮，在"名称"文本框中输入"0001_SKEL"，单击"确定"按钮，系统弹出"创建选项"对话框，如图 10-5 所示，点选"创建特征"单选按钮，单击"确定"按钮，进入元件创建平台。

（6）单击"模型树"中的"树过滤器"按钮，弹出"树过滤器"对话框，如图 10-6 所示。勾选 "特征"按钮，单击"确定"按钮完成特征显示。

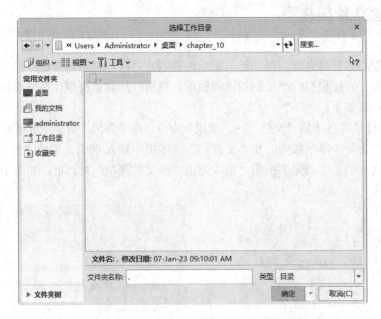

图 10-3 "选择工作目录"对话框

图 10-4 "创建元件"对话框

图 10-5 "创建选项"对话框

（7）选择功能区中的"模型"→"基准"→"轴"命令 ，系统弹出"基准轴"对话框。如图 10-7 所示，按住 Ctrl 键，在 3D 模型中选择 TOP、FRONT 基准平面作为参考平面，基准轴穿过两参考平面，单击"确定"按钮，完成基准齿轮轴 1 的创建。

（8）选择功能区中的"模型"→"基准"→"平面"命令 ，系统弹出"基准平面"对话框。如图 10-8 所示. 在 3D 模型中选择 ASM-FRONT 基准平面作为参考平面，在"平移"文本框中键入 190，单击"确定"按钮，完成基准平面 ADTM1 的创建。

（9）选择功能区中的"模型"→"基准"→"平面"命令 ，系统弹出"基准平面"对话框。在 3D 模型中选择 ADTM1 基准平面作为参考平面，在"平移"文本框中键入 220，单击"确定"按钮，完成基准平面 ADTM2 的创建。

（10）选择功能区中的"模型"→"基准"→"轴"命令 ，系统弹出"基准轴"对话框，按住 Ctrl 键，在 3D 模型中选择 TOP、ADTM1 基准平面作为参考平面，基准轴穿过两个参考平面，单击"确定"按钮，完成基准齿轮轴 2 的创建。

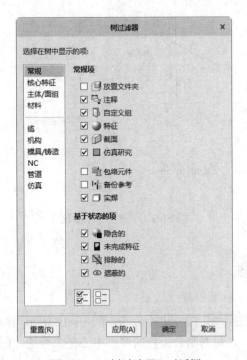

图 10-6 "树过滤器"对话框

（11）选择功能区中的"模型"→"基准"→"轴"命令，系统弹出"基准轴"对话框，按住 Ctrl 键，在 3D 模型中选择 TOP、ADTM2 基准平面作为参考平面，基准轴穿过两个参考平面，单击"确定"按钮，完成基准齿轮轴 3 的创建。

（12）选择功能区中的"视图"→"窗口"→"激活"命令，激活当前的装配模块，创建的三个基准轴如图 10-9 所示。

图 10-7 "基准轴"对话框

图 10-8 "基准平面"对话框

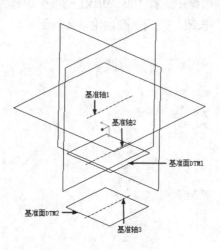

图 10-9　创建三个基准轴

10.2.2　装配传动轴

减速器中轴和齿轮按照一定规律进行分布。图 10-10 所示为减速器中的齿轮和轴分布图。为了齿轮啮合得完全，每对啮合齿轮的厚度中心是重合的。图中的小齿轮比大齿轮厚度宽 5mm，即轴肩相差 2.5mm。

传动轴的具体装配步骤如下：

（1）选择功能区中的"模型"→"元件"→"组装"命令，系统弹出"打开"对话框，选择元件"齿轮轴 1.prt"，单击"打开"按钮，齿轮轴 1 就添加到当前模型中。

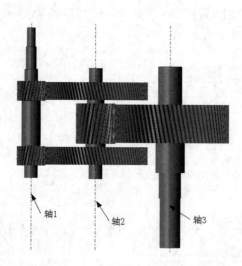

图 10-10　轴、齿轮分布图

（2）选择连接类型为"销"，单击"放置"下滑按钮，在弹出的"放置"下滑面板中已经添加了"轴对齐"和"平移"约束。在 3D 模型中选择基准轴 A_1 的轴线和齿轮轴 1 的轴线；在 3D 模型中选择装配的 RIGHT 基准平面和如图 10-11 所示的齿轮轴 1 的轴肩端面，此时"放置"下滑面板如图 10-12 所示。

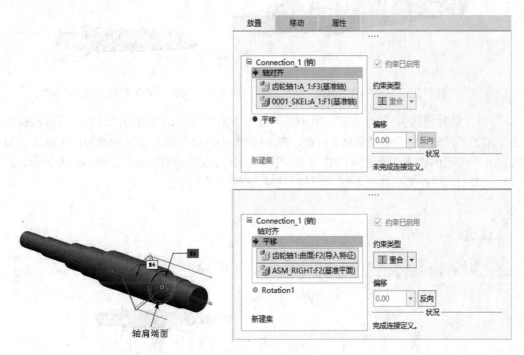

图 10-11　选择轴肩端面　　　　　　　　图 10-12　"放置"下滑面板

（3）在元件放置操控面板的"状况"栏中显示"完成连接定义"，单击"确定"按钮，完成齿轮轴 1 的装配连接。

（4）选择功能区中的"模型"→"元件"→"组装"命令，系统弹出"打开"对话框，选择元件齿轮轴 2.prt，单击"打开"按钮，齿轮轴 2 添加到当前模型中。

（5）选择连接类型为"销"，单击"放置"下滑按钮，在弹出的"放置"下滑面板中已经添加了"轴对齐"和"平移"约束。在 3D 模型中选择基准轴 A_2 的轴线和齿轮轴 2 的轴线；在 3D 模型中选择装配的 RIGHT 基准平面和齿轮轴 2 的轴肩端面，如图 10-13 所示。选择约束类型为"距离"按钮，在其后的下拉列表框中输入 2.5。

 注意

　　轴肩端面与基准平面 RIGHT 之间的位置关系如图 10-14 所示。

（6）在元件放置操控面板的"状况"栏中显示"完成连接定义"选项，单击"确定"按钮，完成齿轮轴 2 的装配连接，效果如图 10-13 所示。

（7）选择功能区中的"模型"→"元件"→"组装"命令，系统弹出"打开"对话框，选择元件齿轮轴 3.prt，单击"打开"按钮，将齿轮轴 3 添加到当前模型中。

图 10-13　选择的轴肩端面　　　　　　图 10-14　装配后的齿轮轴 1 和齿轮轴 2

（8）选择连接类型为"销"，单击"放置"下滑按钮，在弹出的"放置"下滑面板中已经添加了"轴对齐"和"平移"约束。在 3D 模型中选择基准 A_3 的轴线和齿轮轴 3 的轴线；在 3D 模型中选择装配的 RIGHT 基准平面和齿轮轴 3 的轴肩端面，如图 10-15 所示，选择约束类型为"距离"按钮，在其后的下拉列表框中键入 10。

轴肩端面与基准平面 RIGHT 之间的位置关系如图 10-16 所示。

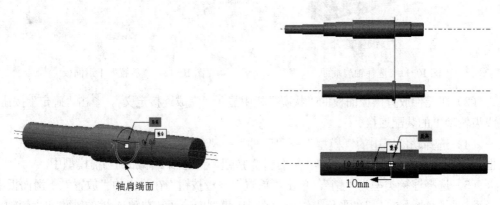

图 10-15　选择的轴肩端面　　　　　　　　图 10-16　装配后的轴

（9）在操控面板的"状况"栏中显示"完成连接定义"，单击"确定"按钮，完成齿轮轴 2 的装配连接，效果如图 10-16 所示。

10.2.3　装配齿轮

齿轮与轴采用键连接传递动力。二级斜齿轮减速器用到 4 种齿轮，参数见表 10-2。本章不再介绍齿轮的画法，读者可以按照表中的参数绘制齿轮三维图。

齿轮的具体装配步骤如下：

（1）选择功能区中的"模型"→"元件"→"组装"命令，系统弹出"打开"对话框，选择元件"齿轮 1.prt"，单击"打开"按钮，齿轮 1 就添加到当前模型中，同时在信息提示栏中显示元件放置操控面板。

表 10-2　齿轮参数

		d	m	z	a	b	β	h_a^*	c^*	α
高速级	大	151	3	98	185	50	13.3°	1	0.25	20°
	小	34		22		55				
低速级	大	167	4	82	220	110	10.9°			
	小	53		26		114				

（2）选择连接类型为"用户定义"，在"放置"下滑面板中选择约束类型为"居中"，在 3D 模型中选择齿轮 1 中心孔内表面和齿轮轴 1 的轴肩外圆表面，如图 10-17 所示。

（3）单击"新建集"按钮，选择连接类型为"用户定义"，选择约束类型为"重合"，在 3D 模型中选择齿轮端面和轴肩端面，如图 10-18 所示。

（4）在操控面板中"状况"栏中显示"完全约束"选项，单击"确定"按钮，完成齿轮 1 的装配连接。

（5）使用同样的方法，在另一端轴肩装配一齿轮，效果如图 10-19 所示。

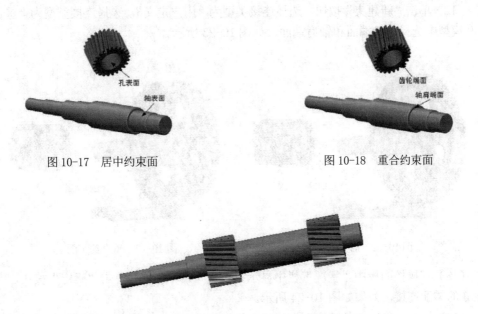

图 10-17　居中约束面　　　　　　　　　　　　图 10-18　重合约束面

图 10-19　齿轮 1 装配图

（6）选择功能区中的"模型"→"元件"→"组装"命令，系统弹出"打开"对话框，选择元件"齿轮 2.prt"，单击"打开"按钮，齿轮 2 就添加到当前模型中。

（7）选择连接类型为"用户定义"，在"放置"下滑面板中选择连接类型为"居中"，在 3D 模型中选择齿轮 2 中心孔内表面和齿轮轴 2 的轴肩圆表面，如图 10-20 所示。

（8）单击"新建集"按钮，选择连接类型为"用户定义"，选择约束类型为"重合"，在 3D 模型中选择齿轮端面和轴肩端面，如图 10-21 所示。

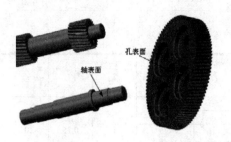

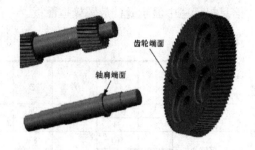

图 10-20　居中约束面　　　　　　　　图 10-21　重合约束面

（9）在操控面板中"状况"栏中显示"完全约束"选项，单击"确定"按钮，完成齿轮 2 的装配连接。

（10）选择功能区中的"模型"→"元件"→"组装"命令🖳，系统弹出"打开"对话框，选择元件"齿轮 3.prt"，单击"打开"按钮，齿轮 3 就添加到当前模型中。

（11）选择连接类型为"用户定义"，在"放置"下滑面板中选择连接类型为"居中"，在 3D 模型中选择齿轮 3 中心孔内表面和齿轮轴 2 的轴肩圆表面，如图 10-22 所示。

（12）单击"新建集"按钮，选择连接类型为"用户定义"，选择连接类型为"重合"，在 3D 模型中选择齿轮端面和轴肩端面，如图 10-23 所示。

图 10-22　居中约束面　　　　　　　　图 10-23　重合约束面

（13）在操控面板中"状况"栏中显示"完全约束"选项，单击"确定"按钮，完成齿轮 3 的装配连接，效果如图 10-24 所示。

（14）选择功能区中的"模型"→"元件"→"组装"命令🖳，系统弹出"打开"对话框，选择元件齿轮 2.prt，单击"打开"按钮，齿轮 2 就添加到当前模型中。

（15）选择连接类型为"用户定义"，在"放置"下滑面板中选择连接类型为"居中"，在 3D 模型中选择齿轮 2 中心孔内表面和齿轮轴 2 的轴肩圆表面，如图 10-25 所示。

（16）单击"新建集"按钮，选择连接类型为"用户定义"选项，选择连接类型为"重合"，在 3D 模型中选择齿轮端面和轴肩端面，如图 10-26 所示。

（17）在操控面板中"状况"栏中显示"完全约束"选项，单击"确定"按钮，完成齿轮 2 的装配连接，效果如图 10-27 所示。

图 10-24　装配后的齿轮 3

图 10-25　居中约束面

图 10-26　重合约束面

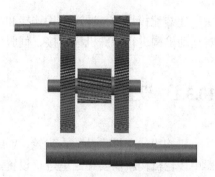

图 10-27　组装后的齿轮 2、齿轮 3

（18）选择功能区中的"模型"→"元件"→"组装"命令 ，系统弹出"打开"对话框，选择元件"齿轮 4.prt"，单击"打开"按钮，齿轮 4 就添加到当前模型中。

（19）选择连接类型为"用户定义"，在"放置"下滑面板中选择连接类型为"居中"，在 3D 模型中选择齿轮 4 中心孔内表面和齿轮轴 3 的轴肩圆表面，如图 10-28 所示。

（20）单击"新建集"按钮，选择连接类型为"用户定义"，选择约束类型为"重合"，在 3D 模型中选择齿轮端面和轴肩端面，如图 10-29 所示。

图 10-28　居中约束面

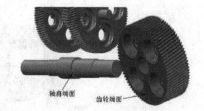

图 10-29　重合约束面

（21）在操控面板中"状况"栏中显示"完全约束"选项，单击"确定"按钮，完成齿轮的装配连接，效果如图 10-30 所示。

图 10-30 齿轮机构

10.3 建立运动模型

在装配模块中，通过机构连接和约束工具，对模型进行运动设置。然后进入机构模块对运动机构进行特殊机构连接、伺服电动机和运动环境的设置。

10.3.1 设置连接

机构模块中提供凸轮、齿轮、V 带、3A 接触等特殊机构连接的定义。二级斜齿轮减速器中齿轮机构就需要在这里进行设置，可以保证齿轮的传动比符合设计要求。具体操作步骤如下：

（1）选择功能区中的"应用程序"→"机构"命令，系统自动进入机构工作界面。

（2）选择功能区中的"机构"→"连接"→"齿轮"命令 ⚙，系统弹出"齿轮副定义"对话框。

（3）单击"齿轮 1"选项卡，单击"运动轴"选项组中的箭头按钮 ▨，系统弹出"选取"对话框，在 3D 模型中选择齿轮轴 1，如图 10-31 所示，在"选取"对话框中，单击"确定"按钮。

轴1
轴2

图 10-31 齿轮副定义的传动轴

（4）在"节圆"选项组中"直径"文本框中键入 34mm。

（5）单击"齿轮 2"选项卡，单击"运动轴"选项组中的箭头按钮，系统弹出"选取"对话框，在 3D 模型中选择齿轮轴 2，如图 10-31 所示，在"选取"对话框中，单击"确定"按钮。

（6）在"节圆"选项组中"直径"文本框中键入 151mm。

（7）此时对话框设置如图 10-32 所示，单击"确定"按钮，完成齿轮轴 1 与齿轮轴 2 之间齿轮的连接。

（8）选择功能区中的"机构"→"连接"→"齿轮"命令，系统弹出"齿轮副定义"对话框。

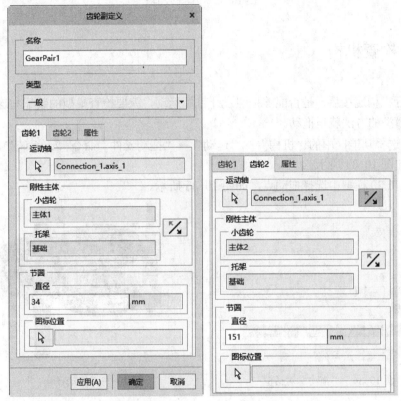

图 10-32　"齿轮副定义"对话框

（9）单击"齿轮 1"选项卡，单击"运动轴"选项组中的箭头按钮，系统弹出"选取"对话框，在 3D 模型中选择齿轮轴 2，如图 10-33 所示，在"选取"对话框中，单击"确定"按钮。

（10）在"节圆"选项组的"直径"文本框中键入 53mm。

（11）单击"齿轮 2"选项卡，单击"运动轴"选项组中的箭头按钮，系统弹出"选取"对话框，在 3D 模型中选择齿轮轴 3，如图 10-33 所示。在"选取"对话框中，单击"确定"按钮。

（12）在"节圆"选项组的"直径"文本框中键入 167mm。

（13）单击"确定"按钮，完成齿轮轴 2 与齿轮轴 3 之间的齿轮连接。

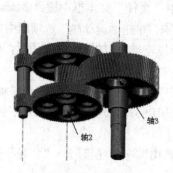

图 10-33　齿轮传动轴

10.3.2　检查机构

当进行机构连接后，是否能够按照设计目标运动，就要检查模型的装配与连接是否合理。检查模型的方法就是拖动。

（1）选择功能区中的"机构"→"运动"→"拖动元件"命令 ，系统弹出"拖动"对话框，如图 10-34 所示。

（2）在 3D 模型中选择拖动点，如图 10-35 所示。

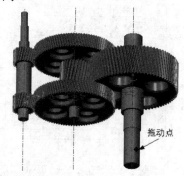

图 10-34　"拖动"对话框　　　　　　图 10-35　拖动点

（3）在"选取"对话框中单击"确定"按钮，移动鼠标，模型运动如图 10-36 所示。

（4）单击"拖动"对话框中的"关闭"按钮，完成模型的拖动。

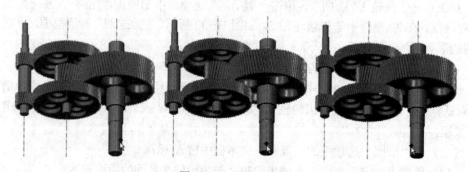

图 10-36　拖动示意图

注意

拖动过程中如果机构没有按照设计目标运动，就需要进行检查设置的合理性。

10.3.3　定义伺服电动机

当机构的连接和装配没有问题时，就可以给机构添加动力源——伺服电动机。

（1）选择功能区中的"机构"→"插入"→"伺服电动机"命令 ，系统弹出"电动机"操控面板，如图 10-37 所示，单击"参考"下滑面板中的"从动图元"列表框，在 3D 模型中选择伺服电动机旋转轴，如图 10-38 所示。

图 10-37　"电动机"操控面板

（2）单击"配置文件详情"选项卡，选择"驱动数量"下拉列表框中的"角速度"选项，选择"函数类型"下拉列表框中的"常量"选项，在"A"文本框中键入 360，单击"确定"按钮，完成伺服电动机的创建，最终效果如图 10-39 所示。

图 10-38　伺服电动机旋转轴

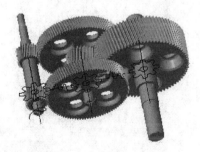

图 10-39　创建伺服电动机

10.4　运动分析

前面已经对运动分析模型进行机构连接和运动环境设置，接下来对其分析并输出分析结果。

10.4.1 运动学分析

根据机构的结构不同和所需目标不同，可以对机构进行位置、运动学、动态、静态、力平衡等分析。对于二级斜齿轮减速器，运动仿真是分析中最主要的。下面就对其进行运动学分析：

（1）选择功能区中的"机构"→"分析"→"机构分析"命令 ，系统弹出"分析定义"对话框，如图 10-40 所示。

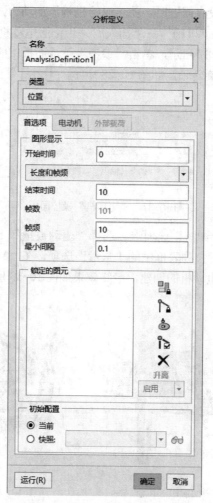

图 10-40　"分析定义"对话框

（2）在"分析定义"对话框的"类型"下拉列表框中选择"运动学"选项，在"结束时间"文本框中键入 20。

（3）其他选项为系统默认值，单击"运行"按钮，模型就开始运动，效果参见目录下的 0001.avi。

（4）单击"确定"按钮，完成运动学分析。

10.4.2　回放

回放是为了对机构进行运动干涉检测、运动包络创建和动态影像捕捉等。对于不同的机构，只能实现其中部分功能。对于二级斜齿轮减速器，只能进行运动干涉检测和动态影像捕捉。

（1）选择功能区中的"机构"→"分析"→"回放"命令，系统弹出"回放"对话框，如图 10-41 所示。

（2）在"结果集"下拉列表框中选择"AnalysisDefinition1"选项，单击"碰撞检测设置"按钮，系统弹出"碰撞检测设置"对话框，如图 10-42 所示，点选"全局碰撞检测"单选按钮和"包括面组""碰撞时铃声警告"，单击"确定"按钮，返回"回放"对话框。

（3）单击"影片排定"选项卡，勾选"显示时间"和"默认排定"复选框，单击对话框中"回放"按钮，系统开始检测碰撞。

图 10-41　"回放"对话框　　　　图 10-42　"碰撞检测设置"对话框

（4）大约几分钟后，系统弹出"动画"对话框，如图 10-43 所示。

 注意

如果计算机配置不是很高，建议不要进行碰撞检测，否则容易产生死机等现象。

（5）单击"播放"按钮 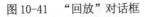，播放的效果参见目录下的 000.avi。

（6）单击"捕获"按钮，系统弹出"捕获"对话框，如图 10-44 所示。

（7）勾选"质量"选项组中"渲染帧"复选框，单击"确定"按钮，系统在目录下生成捕获动画文件 0001.avi。

（8）大约几分钟后，系统自动返回"动画"对话框，单击"关闭"按钮，返回"回放"对话框。

（9）单击"关闭"按钮，完成回放碰撞检测和动画捕获。

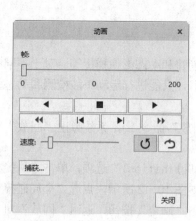

图 10-43　"动画"对话框

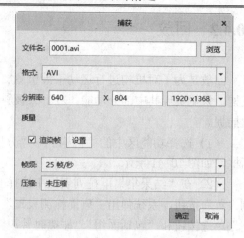

图 10-44　"捕获"对话框

10.4.3　生成分析测量结果

（1）选择功能区中的"机构"→"分析"→"测量"命令 ，系统弹出"测量结果"对话框，如图 10-45 所示，单击"创建新测量"按钮 ，系统弹出"测量定义"对话框，如图 10-46 所示。

图 10-45　"测量结果"对话框

图 10-46　"测量定义"对话框

（2）在"测量定义"对话框中，选择"类型"下拉列表框中的"速度"选项，单击"点或运动轴"选项组中的"选取"按钮 ，在 3D 模型中选择齿轮轴 2，如图 10-47 所示。

（3）单击"确定"按钮，返回"测量结果"对话框。

（4）单击"创建新测量"按钮 🔲，系统弹出"测量定义"对话框，在"测量定义"对话框中，选择"类型"下拉列表框中的"速度"选项，单击"点或运动轴"选项组中的"选取"按钮 ➤，在 3D 模型中选择齿轮轴 3，如图 10-47 所示。

图 10-47　测量对象

（5）单击"确定"按钮，返回"测量结果"对话框。

（6）按 Ctrl 键，选中"测量"列表框中的"measure1"和"measure2"测量选项，选中"结果集"列表框中的"AnalysisDefinition1"选项。

（7）其他选项为系统默认值，单击"根据选定结果集绘制选定测量的图形"按钮 ⮑，系统弹出图形窗口，显示两轴的速度曲线，如图 10-48 所示。

（8）退出图形窗口，关闭测量结果窗口，保存模型，完成二级斜齿轮减速器的仿真。

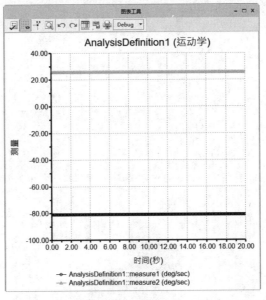

图 10-48　速度曲线

第11章

活塞连杆机构

本章导读

　　活塞连杆是机械行业中常见的曲柄滑块机构，应用该机构最典型的实例就是发动机气缸。它可以将燃气的热能转换为机械动能，作为动力源广泛应用于汽车、轮船、飞机等机械产品。本章将详细介绍活塞连杆机构的运动仿真以及结构分析，作为我们今后对类似产品进行分析的范例。

重点与难点

- 运动仿真
- 活塞结构分析
- 优化设计

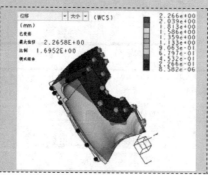

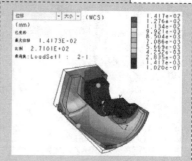

11.1　运动仿真

对活塞连杆机构进行运动仿真，可以进一步分析其运动是否合理，结构是否发生运动干涉等。下面详细介绍如图 11-1 所示活塞连杆机构的装配和运动仿真。

11.1.1　组装活塞

1．进入装配模块

（1）选择功能区中的"文件"→"新建"命令，系统弹出"新建"对话框，点选"装配"单选按钮，在"名称"文本框中键入 001，取消对"使用默认模板"复选框的勾选，单击"确定"按钮，系统弹出"新文件选项"对话框。

（2）在"新文件选项"对话框的"模板"列表框中选择"mmns_asm_design_abs"选项，单击"确定"按钮，进入装配设计模块。

（3）选择功能区中的"文件"→"管理会话"→"选择工作目录"命令，系统弹出"选择工作目录"对话框，选择活塞源文件所在的文件夹，单击"确定"按钮，完成工作目录的设置。

2．创建骨架模型

（1）选择功能区中的"模型"→"元件"→"创建"命令，系统弹出"创建元件"对话框，如图 11-2 所示。

图 11-1　活塞连杆机构

图 11-2　"创建元件"对话框

（2）在"创建元件"对话框中，点选"骨架模型"单选按钮，在"文件名"文本框中键入 0000，单击"确定"按钮，系统弹出"创建选项"对话框，点选"创建特征"单选按钮，单击"确定"按钮，进入元件创建平台。

（3）单击"模型树"中的"树过滤器"按钮，弹出"树过滤器"对话框，如图 11-3

所示。勾选"显示"选项组的"特征"命令，单击"确定"按钮，关闭对话框。

（4）选择功能区中的"模型"→"基准"→"轴"命令 ，系统弹出"基准轴"对话框，按住 Ctrl 键，在模型中选择 FRONT、RIGHT 基准面作为参考平面，基准轴穿过两参考平面，如图 11-4 所示，单击"确定"按钮，完成基准轴的创建。

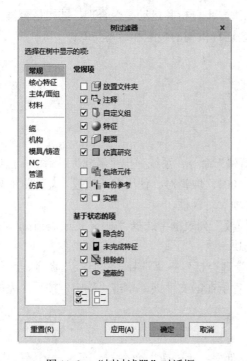

图 11-3 "树过滤器"对话框

图 11-4 "基准轴"对话框

3．装配活塞

（1）选择功能区中的"视图"→"窗口"→"激活"命令 ，激活当前的装配模块。

（2）选择功能区中的"模型"→"元件"→"组装"命令 ，系统弹出"打开"对话框，选择元件 2.prt，单击"打开"按钮，将活塞添加到当前模型中。

（3）选择连接类型为"滑块"，单击"放置"下滑按钮，在弹出的"放置"下滑面板中已经添加了"轴对齐"和"旋转"约束。在 3D 模型中选择图 11-5 所示的基准轴和活塞垂直轴线，单击"旋转"按钮，在 3D 模型中选择活塞 DTM1 基准平面和装配 RIGHT 基准平面，此时"放置"下滑面板如图 11-6 所示。

（4）在元件放置操控面板的"状况"栏中显示"完成连接定义"，单击"确定"按钮 ，完成活塞的装配约束，效果如图 11-7 所示。

4．装配基座

（1）选择功能区中的"模型"→"元件"→"组装"命令 ，系统弹出"打开"对话框，选择元件 1.prt，单击"打开"按钮，基座就添加到当前模型中。

（2）选择连接类型为"用户定义"，在"放置"下滑面板中选择约束类型为"重合"，在 3D 模型中选择图 11-8 所示的基座的 DTM1 基准平面和装配。重复以上步骤，将其他两个图 11-8 所示的基准平面进行约束，此时"放置"下滑面板如图 11-9 所示。

（3）单击"新建约束"按钮，将"当前约束"设置为"固定"，在操控面板的"状况"
文本框中显示"完全约束"选项，单击"确定"按钮 ✓，完成基座的装配约束。

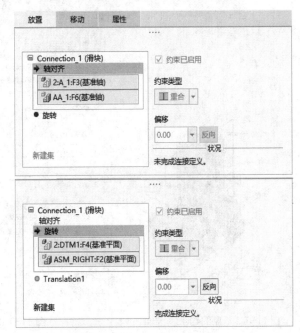

图 11-5 约束条件

图 11-6 "放置"下滑面板

图 11-7 约束后的活塞

5．装配输出轴

（1）选择功能区中的"模型"→"元件"→"组装"命令 ，系统弹出"打开"对
话框，选择元件 3.prt，单击"打开"按钮，输出轴就添加到当前模型中。

（2）选择连接类型为"销"，单击"放置"下滑按钮，在弹出的"放置"下滑面板中
已经添加了"轴对齐"和"平移"约束，在 3D 模型中选择基座孔曲面 1 和输出轴曲面 2（如
果零件是导入的标准件，可能会找不到轴线，这时需要利用曲面进行约束），单击"平移"
按钮，在 3D 模型中，如图 11-10 所示选择输出轴的曲柄侧面和基座的内侧面。选择约束类
型为"距离"，键入距离为 1.5。

（3）在操控面板的"状况"栏中显示"完成连接定义"选项，单击"确定"按钮 ✓，
完成输出轴的装配约束，效果如图 11-11 所示。

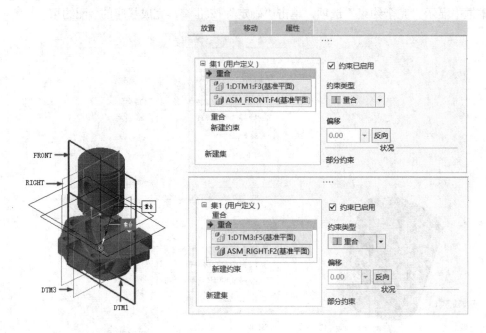

图 11-8　基座的约束基准面　　　　　图 11-9　"放置"下滑面板

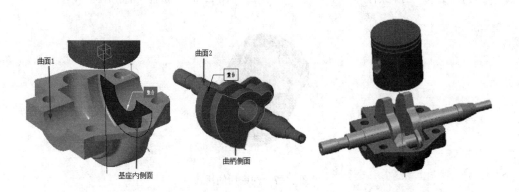

图 11-10　销连接约束几何元素　　　　图 11-11　销连接

6. 装配连杆

（1）选择功能区中的"模型"→"元件"→"组装"命令 ，系统弹出"打开"对话框，选择元件 4.asm，单击"打开"按钮，连杆就添加到当前模型中。

（2）选择连接类型为"销"，单击"放置"下滑按钮，在弹出的"放置"下滑面板中已经添加了"轴对齐"和"平移"约束。在 3D 模型中选择输出轴曲面 3 和连杆孔曲面 4，单击"平移"按钮，在 3D 模型中，如图 11-12 所示选择输出轴的曲柄内侧面和连杆头外侧面。选择约束类型为"距离"，键入距离为 1。

（3）单击"放置"选项卡中"新建集"按钮，一个新的 Connection（连接）创建完成，如图 11-13 所示。

380

（4）选择连接类型为"销"，单击"放置"下滑按钮，在弹出的"放置"下滑面板中已经添加了"轴对齐"和"平移"约束。在3D模型中选择活塞孔曲面5和连杆孔曲面6，单击"平移"按钮，在3D模型中，如图11-14所示选择输出活塞内侧面和连杆头外侧面。选择约束类型为"距离"，键入"距离"为0.29。

（5）在操控面板的"状况"栏中显示"完成连接定义"选项，单击"确定"按钮 ✓，完成连杆的装配约束。

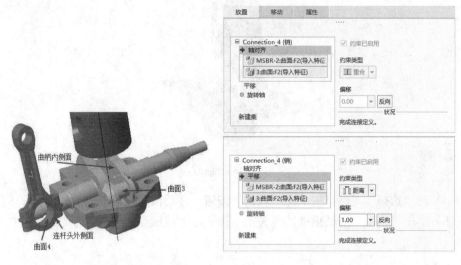

图 11-12　销连接几何元素　　　　　　图 11-13　"放置"下滑面板

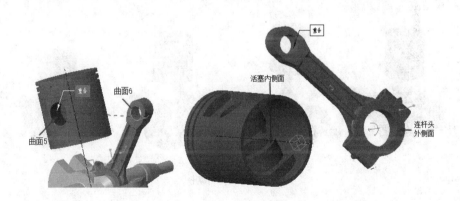

图 11-14　销约束元素

11.1.2　机构设置

在对机构进行设置之前，需要对机构进行检测。如果机构符合设计意图，那么就可以对机构设置动力源和运动环境等模型元素。

1.检测机构

（1）选择功能区中的"应用程序"→"机构"命令，系统自动进入机构界面。

（2）选择功能区中的"机构"→"运动"→"拖动元件"命令，系统弹出"拖动"对话框和"选择"对话框。

（3）在 3D 模型中选择拖动点，如图 11-15 所示。

图 11-15　拖动点

（4）在"选择"对话框中单击"确定"按钮，移动鼠标，模型运动如图 11-16 所示。

（5）单击"拖动"对话框中的"关闭"按钮，完成模型的拖动。

 注意

如果拖动过程中，模型的运动与设计意图相同，就可以继续进行模型的运动分析，否则，对模型重新连接。

图 11-16　运动图

2.添加伺服电动机

（1）选择功能区中的"机构"→"插入"→"伺服电动机"命令，系统弹出"电动机"操控面板，单击"参考"下滑面板中的"从动图元"列表框，在 3D 模型中选择伺服电动机旋转轴，如图 11-17 所示。

（2）单击"配置文件详情"选项卡，选择"驱动数量"下拉列表框中的"角速度"选项，选择"函数类型"下拉列表框中的"常量"选项，在"A"文本框中键入 360，如图 11-18 所示，单击"确定"按钮，完成伺服电动机的创建。

旋转轴

图 11-17 选择旋转轴

图 11-18　"配置文件详情"选项卡

11.1.3　运动分析

1．自由度分析

（1）选择功能区中的"机构"→"分析"→"机构分析"命令，系统弹出"分析定义"对话框，如图 11-19 所示。

（2）选择"类型"下拉列表框中的"力平衡"选项，单击"自由度"选项组中"DOF"右侧的"评估"按钮，"DOF"文本框中显示为 0，表示模型系统的自由度为 0。如果没有创建伺服电动机而进行自由度分析，"DOF"文本框中显示为 1，表示模型系统自由度为 1。

注意

> 从理论上，一个自由度代表只要确定机构中任意一个活动机构的位置，就可以确定机构中其他所有机构的位置。从数学意义来讲，整个机构只需要一个变量就可以确定下来。从实际应用的观点来看，可以认为一个有一个自由度的机构，只需一个伺服电动机就能驱动它。

2．运动仿真

（1）选择功能区中的"机构"→"分析"→"机构分析"命令，系统弹出"分析定义"对话框，选择"类型"下拉列表框中的"运动学"选项，在"结束时间"文本框中键入 20。

（2）其他选项为系统默认值，单击"运行"按钮，模型开始运动，效果参见目录下的 001.avi。

（3）选择功能区中的"机构"→"分析"→"机构分析"命令，系统弹出"分析定义"对话框，选择"类型"下拉列表框中的"运动学"选项，在"结束时间"文本框中键入 20。

（4）其他选项为系统默认值，单击"运行"按钮，模型开始运动，效果参见目录下的 002.avi。

3. 回放

（1）选择功能区中的"机构"→"分析"→"回放"命令，系统弹出"回放"对话框。

（2）单击"创建运动包络"按钮，系统弹出"创建运动包络"对话框，单击"选择元件"选项组中"选取"按钮，在 3D 模型中选择连杆，单击"预览"按钮，然后选中对话框中的"颠倒三角形"按钮，然后单击"预览"按钮，效果如图 11-20 所示。

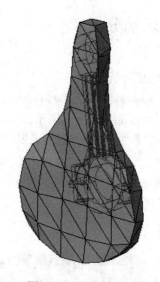

图 11-19　"分析定义"对话框　　　　图 11-20　连杆包络

（3）单击"关闭"按钮，返回"回放"对话框，完成包络分析。

（4）在"结果集"下拉列表框中选择"AnalysisDefinition2"选项，单击"碰撞检测设置"按钮，系统弹出"碰撞检测设置"对话框，点选"全局碰撞检测"单选按钮，"包括面组"和"碰撞时铃声警告"复选框，单击"确定"按钮，返回"回放"对话框。

（5）单击"影片排定"选项卡，勾选"显示时间"和"默认进度表"复选框，单击对话框中"回放"按钮，系统开始检测碰撞。

（6）大约几秒钟后，系统弹出"动画"对话框，如图 11-21 所示。

注意

如果计算机配置不是很高，建议不要进行碰撞检测，否则容易发生死机等现象。

（7）单击"播放"按钮 [　▶　]，可以播放刚才建立的运动仿真过程。

（8）单击"捕获"按钮，系统弹出"捕获"对话框，如图 11-22 所示。

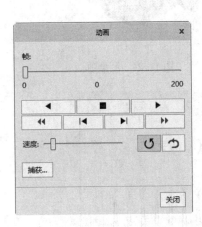

图 11-21　"动画"对话框

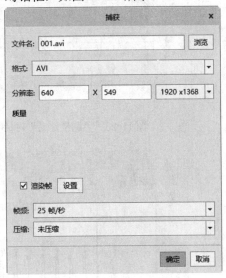

图 11-22　"捕获"对话框

（9）勾选"质量"选项组中"渲染帧"复选框，单击"确定"按钮，系统在目录下生成捕获动画文件 001.avi。

（10）大约几分钟后，系统自动返回"动画"对话框，单击"关闭"按钮，返回"回放"对话框。

（11）单击"关闭"按钮，完成回放碰撞检测和动画捕获。

4．分析测量结果

（1）选择功能区中的"机构"→"分析"→"测量"命令，系统弹出"测量结果"对话框，单击"创建新测量"按钮，系统弹出"测量定义"对话框，如图 11-23 所示。

（2）在"测量定义"对话框中，选择"类型"下拉列表中的"位置"选项，单击"点或运动轴"选项组中的"选取"按钮，在 3D 模型中选择活塞的孔轴线，如图 11-24 所示。

（3）在"测量定义"对话框中，单击"确定"按钮，返回"测量结果"对话框，选中"测量"列表框中的"measure1"选项，选中"结果集"列表框中的"AnalysisDefinition2"选项，单击工具栏中的"根据选定结果集绘制所选测量的图形"按钮，系统弹出"图表工具"对话框，对话框中显示结果如图 11-25 所示。

（4）单击"创建新测量"按钮，系统弹出"测量定义"对话框，选择"类型"下拉列表框中的"速度"选项，单击"点或运动轴"选项组中的"选取"按钮，在 3D 模型中选择图 11-26 所示销轴。

图 11-23 "测量定义"对话框   图 11-24 测量轴

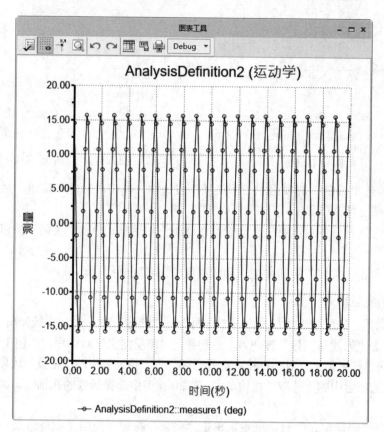

图 11-25 活塞轴线位置曲线

（5）单击"确定"按钮，返回"测量结果"对话框，单击"创建新测量"按钮 ，系统弹出"测量定义"对话框，在"测量定义"对话框中，选择"类型"下拉列表框中的"加速度"选项，单击"点或运动轴"选项组中的"选取"按钮 ，在 3D 模型中选择如图 11-26 所示销轴。

（6）单击"确定"按钮，返回"测量结果"对话框，按 Ctrl 键，选中"测量"列表框中的"measure2"和"measure3"测量选项，选中"结果集"列表框中的"AnalysisDefinition2"选项，此时"测量结果"对话框，如图 11-27 所示，显示当前位置的瞬时计算值。

图 11-26　选取的销轴

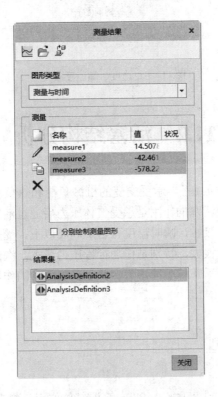

图 11-27　"测量结果"对话框

（7）其他选项为系统默认值，单击"根据选定结果集绘制所选测量的图形"按钮 ⌇，系统弹出图形窗口，销轴的速度和加速度曲线，如图 11-28 所示。

（8）退出图形工具窗口，保存分析结果，完成模型的仿真分析。

（9）单击"关闭"按钮 ⊠ ，退出机构界面。

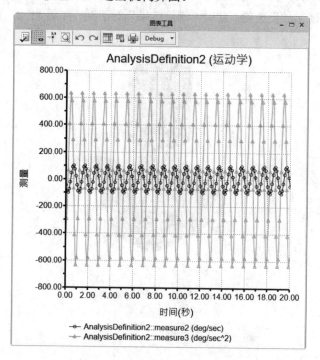

图 11-28　速度、加速度曲线

11.2　活塞结构分析

活塞是汽车发动机的"心脏"，承受交变的机械负荷和热负荷，是发动机中工作条件最恶劣的关键零部件之一。活塞的作用是承受气体压力后通过活塞销传递给连杆驱使曲轴旋转。活塞直接与高温气体接触，瞬时温度可达 2500K 以上，受热严重，而散热条件又很差。活塞顶部承受气体压力很大，特别是作功行程压力最大，汽油机高达 3～5MPa，柴油机高达 6～9MPa，这就使得活塞承受冲击力，并承受侧压力的作用。所以对活塞进行结构分析是相当必要的。

11.2.1　建立分析模型

分析条件：活塞顶部受到 2500K、 9MPa 高温气体作用，复返 1 千万次运行的疲劳安全系数。活塞材料为 Al6061 合金铝，抗拉强度为 290MPa，屈服强度为 240MPa，疲劳强度为 95MPa，导热系数为 167W/m°C。

1. 简化模型并分配材料

（1）打开模型元件 2.prt，将模型另存，名称为 2-1.prt。利用"模型"功能区中的"拉伸"命令，修改模型最终效果如图 11-29 所示。

注意

简化模型时，把不影响分析结构的特征简化掉，尽量不出现锐角等难以进行网格化的结构缺陷，否则容易产生分析错误。如果出现不可避免的锐角，可采用倒圆角工具使其圆滑过度。简化后的模型，结构尽量简单，以减少分析中产生的错误，降低计算分析时间。

（2）选择功能区中的"应用程序"→"Simulate"命令，进入分析界面，在界面中选择功能区中的"主页"→"设置"→"结构模式"命令，进入结构分析模块。

（3）选择功能区面板中的"主页"→"材料"→"材料分配"命令，系统弹出"材料分配"对话框，单击"属性"选项组中"材料"选项组中"更多"按钮，系统弹出"材料"对话框。

（4）选中"al6061.mtl"材料选项，使其高亮显示，选择菜单栏中的"编辑"→"属性"命令，系统弹出"材料定义"对话框。

（5）在"拉伸屈服应力"文本框中键入 240，选中其后下拉列表框中的"MPa"选项，在"拉伸极限应力"文本框中键入 290，选中其后下拉列表框中的"MPa"选项。

（6）选择"失效条件"下拉列表框中的"最大剪应力（Tresca）"选项，"疲劳"下拉列表框中的"统一材料法则（UML）"选项，选中其下的"材料类型"下拉列表框中的"铝"选项，"表面粗糙度"下拉列表框中的"已抛光"选项，在"失效强度衰减因子"文本框中键入 2。

（7）其他选项为系统默认值，如图 11-30 所示，单击"保存到库"按钮，将其设置保存在库中。

（8）在工作目录双击"al 6061.mtl"材料，使其添加到右侧"模型中的材料"列表框中，单击"选择（1）"按钮，返回"材料分配"对话框，完成模型材料的分配。

2．定义约束

（1）选择功能区面板中的"主页"→"约束"→"销"命令，系统弹出"销钉约束"对话框。

（2）单击"参考"列表框中的空白，在 3D 模型中选择孔内表面，如图 11-31 所示，选中"（角度约束）"选项组中"自由"按钮和"（轴向约束）"选项组中"固定"按钮，如图 11-32 所示。

（3）其他选项为默认值，单击"确定"按钮，完成销约束的创建。

（4）选择功能区面板中的"主页"→"约束"→"对称"命令，系统弹出"对称约束"对话框，如图 11-33 所示。

（5）单击"参考"列表框中的空白，在 3D 模型中选择对称平面，如图 11-34 所示。

（6）使用同样的方法，对另一对称面添加对称约束，其他选项为默认值，单击"确定"按钮，完成对称约束的创建。

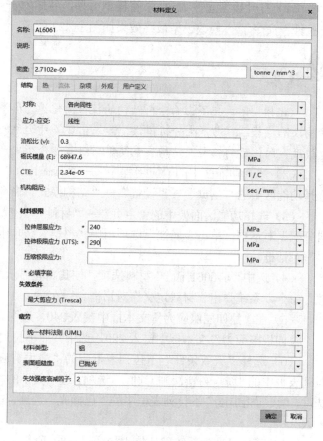

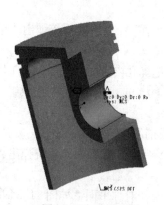

图 11-29　简化后的模型

图 11-30　"材料定义"对话框

图 11-31　约束曲面

图 11-32　"销钉约束"对话框

图 11-33　"对称约束"对话框

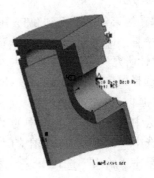

图 11-34　约束曲面

3. 创建载荷

（1）选择功能区面板中的"主页"→"载荷"→"压力"命令，系统弹出"压力载荷"对话框。

（2）在"参考"下拉列表框中勾选"单一"选项，在 3D 模型中选择活塞上表面，如图 11-35 所示。

（3）在"压力"选项组的"值"文本框中键入 9，选择其后下拉列表框中"MPa"单位选项，如图 11-36 所示。

图 11-35　压力载荷施加面

图 11-36　"压力载荷"对话框

（4）其他选项为默认值，单击"确定"按钮，完成压力载荷的定义。

11.2.2 结构分析

1. 静态分析

设活塞在约束条件下受到 9MPa 压力作用，计算其应力和变形。

（1）选择功能区面板中的"主页"→"运行"→"分析和研究"命令 ，系统弹出"分析和设计研究"对话框。

（2）选择菜单栏中的"文件（F）"→"新建静态分析"命令，系统弹出"静态分析定义"对话框。

（3）选中"约束"列表框中的"ConstrainSet1/2-1"约束集选项，使其高亮显示。

（4）选中"载荷"列表框中的"LoadSet1/2-1"载荷集选项，使其高亮显示。

（5）单击"输出"选项卡，勾选"计算"选项组中的"应力"、"旋转"、"反作用"复选框，绘制网格数为 8，单击"确定"按钮，返回"分析和设计研究"对话框，完成静态分析的创建。

（6）选择菜单栏中的"运行（R）"→"开始"命令，或单击工具栏上的"开始运行"按钮 ，系统弹出提示对话框，单击"是（Y）"按钮，系统开始计算。大约几分钟以后，系统弹出"运行状况（Analysis1）运行已完成"对话框，对话框中显示静态分析过程以及分析出现的问题。

（7）关闭"运行状况（Analysis1）运行已完成"对话框，返回"分析和设计研究"对话框，如图 11-37 所示，选中列表框中刚才创建的静态分析，单击工具栏上的"查看设计研究或有限元分析结果"按钮 ，系统弹出"结果窗口定义"对话框。

（8）选择"显示类型"下拉列表框中的"图形"选项。

（9）单击"数量"选项卡，选中下拉列表框中的"应力"选项，选择其后下拉列表框中的"MPa"选项，选择"分量"下拉列表框中的"von Mises"选项。

（10）单击"图形位置"选项组中"选取"按钮 ，系统弹出"选择"对话框和模型阅览窗口，在窗口中选择如图 11-38 所示的活塞边线，单击"选择"对话框中的"确定"按钮，系统弹出"信息"对话框，单击"确定"按钮，返回"结果窗口定义"对话框。

图 11-37　"分析和设计研究"对话框

图 11-38　选取的测量曲线

（11）其他选项为系统默认值，单击"确定并显示"按钮，结果窗口中显示的曲线如图 11-39 所示。

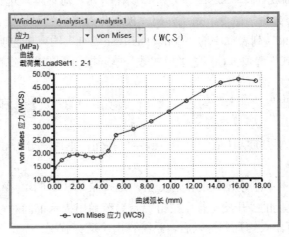

图 11-39　应力曲线图

（12）选择主页功能区的"编辑"命令 ✐，系统弹出"结果窗口定义"对话框。

（13）选择"显示类型"下拉列表框中的"图形"选项。

（14）单击"数量"选项卡，选中下拉列表框中的"位移"选项，选择其后下拉列表框中的"mm"选项，选择"分量"下拉列表框中的"大小"选项。

（15）单击"图形位置"选项组中"选取"按钮 ▣，系统弹出"选择"对话框和模型阅览窗口，在窗口中选择如图 11-38 所示的活塞边线，单击"选择"对话框中的"确定"按钮，系统弹出"信息"对话框，单击"确定"按钮，返回"结果窗口定义"对话框。

（16）其他选项为系统默认值，单击"确定并显示"按钮，结果窗口中显示位移曲线，如图 11-40 所示。

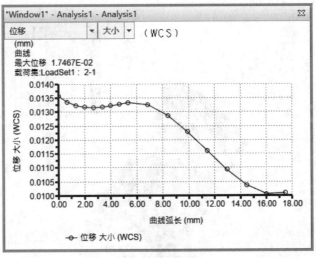

图 11-40　位移曲线

（17）退出结果显示窗口，返回"分析和设计研究"对话框，完成静态分析。

2．模态分析

（1）退出结果显示窗口，返回"分析和设计研究"对话框，选择菜单栏中的"文件（F）"→"新建模态分析"命令，系统弹出"模态分析定义"对话框。

（2）选中"约束"列表框中的"ConstraintSet2-1"约束集选项，使其高亮显示。

（3）单击"模式"选项卡，点选"模式数"单选按钮，在"模式数"文本框中键入5，"最小频率"文本框中键入50。

（4）单击"输出"选项卡，勾选"计算"选项组中的"旋转"和"反作用"复选框，绘制网格数为8。

（5）其他选项为系统默认值，单击"确定"按钮，返回"分析和设计研究"对话框，完成模态分析的创建。

（6）选中列表框中刚才创建的模态分析，选择菜单栏中的"运行（R）"→"开始"命令，或单击工具栏上的"开始运行"按钮，系统弹出提示询问对话框，单击"是（Y）"按钮，系统开始计算。大约几分钟以后，系统弹出"运行状况（Analysis2）运行已完成"对话框，对话框中显示模态分析过程以及分析出现的问题。

（7）关闭"运行状况（Analysis2）运行已完成"对话框，返回"分析和设计研究"对话框，选中列表框中刚才创建的模态分析，单击工具栏上的"查看设计研究或有限元分析结果"按钮，系统弹出"结果窗口定义"对话框。

（8）选中"研究选择"列表框中所有模式，选择"显示类型"下拉列表框中的"条纹"选项。

（9）单击"数量"选项卡，选中下拉列表框中的"位移"选项，选择其后下拉列表框中的"mm"选项，选择"分量"下拉列表框中的"大小"选项，单击"显示选项"选项卡，勾选"已变形"、"显示载荷"和"显示约束"复选框。

（10）其他选项为系统默认值，单击"确定并显示"按钮，在结构窗口中显示模型的位移条纹图，如图11-41所示。

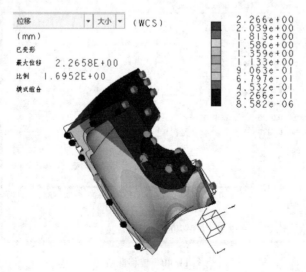

图11-41　位移条纹图

（11）选择主页功能区的"编辑"命令 ✎，系统弹出"结果窗口定义"对话框。

（12）选中"研究选择"列表框中所有模式，选择"显示类型"下拉列表框中的"图形"选项。

（13）单击"数量"选项卡，选中下拉列表框中的"位移"选项，选择其后下拉列表框中的"mm"选项，选择"分量"下拉列表框中的"大小"选项。

（14）单击"图形位置"选项组中"选取"按钮 ，系统弹出"选择"对话框和模型阅览窗口，在窗口中选择活塞边线，单击"选择"对话框中的"确定"按钮，系统弹出"信息"对话框，单击"确定"按钮，返回"结果窗口定义"对话框。

（15）其他选项为系统默认值，单击"确定并显示"按钮，结果窗口中显示位移曲线，如图 11-42 所示。

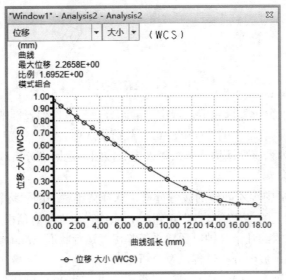

图 11-42　位移曲线

（16）选择主页功能区的"编辑"命令 ✎，系统弹出"结果窗口定义"对话框。

（17）选中"研究选择"列表框中所有模式，选择"显示类型"下拉列表框中的"矢量"选项。

（18）单击"数量"选项卡，选中下拉列表框中的"位移"选项，选择其后下拉列表框中的"mm"选项，选择"分量"下拉列表框中的"大小"选项。

（19）其他选项为系统默认值，单击"确定并显示"按钮，结果窗口中显示位移线框图，如图 11-43 所示。

（20）退出结果窗口，返回"分析和设计研究"对话框，完成模态分析。

3．疲劳分析

（1）选择菜单栏中"文件（F）"→"新建疲劳分析"命令，系统弹出"疲劳分析定义"对话框。

（2）单击"载荷历史"选项卡，在"寿命"选项组 的"所需强度"文本框中键入10000000，选中"加载类型"下拉列表框中的"恒定振幅"选项，"振幅类型"下拉列表框中的"峰值-峰值"选项。

（3）在"输出"选项组的"绘制网格"微调框中键入 8，勾选"计算安全系数"复选框。

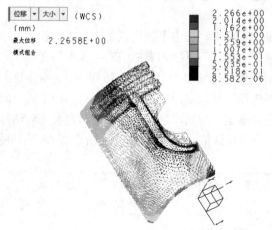

图 11-43　位移线框图

（4）单击"前一分析"选项卡，选中"静态分析"下拉列表框中的"Analysis1"选项，选中"载荷集"列表框中的"LoadSet1"载荷集选项。

（5）其他选项为系统默认值，单击"确定"按钮，返回"分析和设计研究"对话框，完成疲劳分析的创建。

（6）选中列表框中刚才创建的疲劳分析，选择菜单栏中的"运行（R）"→"开始"命令，或单击工具栏上的"开始运行"按钮 ，系统弹出询问对话框，单击"是（Y）"按钮，系统开始计算，大约几十分钟以后，系统弹出"运行状况（Analysis1）运行已完成"对话框，对话框中显示疲劳分析过程以及分析出现的问题。

（7）关闭"运行状况（Analysis1）运行已完成"对话框，返回"分析和设计研究"对话框，选中列表框中刚才创建的疲劳分析，单击工具栏上的"查看设计研究或有限元分析结果"按钮 ，系统弹出"结果窗口定义"对话框。

（8）选择"显示类型"下拉列表框中的"条纹"选项。

（9）单击"数量"选项卡，选择"分量"下拉列表框中的"日志生命周期"选项。

（10）其他选项为系统默认值，单击"确定并显示"按钮，结果窗口中显示日志生命周期条纹图，如图 11-44 所示。

（11）选择主页功能区的"编辑"命令 ，单击"数量"选项卡，选中"分量"下拉列表框中的"对数破坏"选项，单击"确定并显示"按钮，结果窗口中显示破坏条纹图，如图 11-45 所示。

（12）选择主页功能区的"编辑"命令 ，单击"数量"选项卡，选中"分量"下拉列表框中的"安全因子"选项，单击"确定并显示"按钮，结果窗口中显示安全因子条纹图，如图 11-46 所示。

（13）选择主页功能区的"编辑"命令 ，单击"数量"选项卡，选中"分量"下拉列表框中的"寿命置信度"选项，单击"确定并显示"按钮，结果窗口中显示寿命置信度条纹图，如图 11-47 所示.。

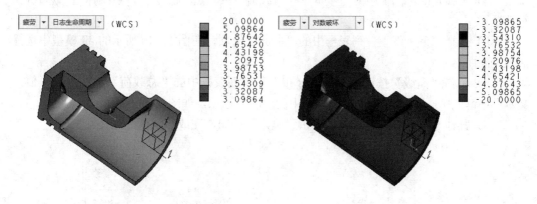

图 11-44　日志生命周期条纹图　　　　图 11-45　破坏条纹图

（14）退出结果窗口，返回"分析和设计研究"对话框，完成疲劳分析。

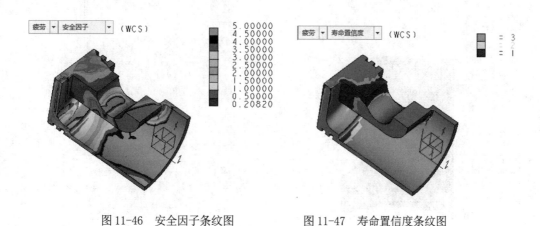

图 11-46　安全因子条纹图　　　　　　图 11-47　寿命置信度条纹图

11.2.3　热力学分析

活塞直接与高温气体接触，瞬时温度可达 2500K 以上，产生 18kW 的动力。因此，受热严重，导热系数为 167W/m° C，散热条件差，所以活塞工作时温度很高，顶部高达 600～700K，且温度分布很不均匀。根据这些条件对其进行热力学分析。

1. 创建热载荷

（1）打开源文件 2-1，选择"应用程序"功能区中的"Simulate"按钮。

（2）在界面中选择功能区中的"主页"→"设置"→"热模式"命令，进入热力学分析模块。

（3）选择功能区面板中的"主页"→"材料"→"材料分配"命令，系统弹出"材料分配"对话框，单击"属性"选项组中"材料"选项组中"更多"按钮，系统弹出"材料"对话框。选择 AL6061，单击"确定"按钮，关闭"材料分配"对话框。

（4）选择功能区面板中的"主页"→"载荷"→"热"命令 ，系统弹出"热载荷"对话框。

（5）选择"参考"下拉列表框中的"曲面"选项，在图 11-48 所示的 3D 模型中选择活塞上表面。

（6）单击"高级"按钮，选择"分布"下拉列表框中的"总载荷"选项，在"值"文本框中键入 18，选择其后下拉列表框中的"kW"选项，如图 11-49 所示。

（7）其他选项为系统默认值，单击"确定"按钮，完成热载荷的定义。

图 11-48　活塞上表面

图 11-49　"热载荷"对话框

2．设置边界条件

（1）选择功能区面板中的"主页"→"边界条件"→"规定温度"命令 ，系统弹出"规定温度"对话框。

（2）选择"参考"下拉列表框中的"曲面"选项，在 3D 模型中选择活塞上表面，如图 11-50 所示。

（3）单击"高级"按钮，在"温度"选项组的"值"文本框中键入 2500，选择其后下拉列表框中的"F"单位选项，如图 11-51 所示。

（4）其他选项为系统默认值，单击"确定"按钮，完成规定温度边界条件的定义。

（5）选择功能区面板中的"主页"→"边界条件"→"对流条件"命令 ，系统弹出"对流条件"对话框。

（6）选择"参考"下拉列表框中的"曲面"选项，在 3D 模型中选择所有模型表面。

（7）单击"高级"按钮，选择"对流系数（h）"选项组中"空间变化"下拉列表框中的"均匀"选项，在"值"文本框中键入 167，选择其后下拉列表框中的"mW/(mm^2C)"

选项。

（8）选择"体表温度（Tb）"选项组中"空间变化"下拉列表框中的"均匀"选项，在"值"文本框中键入 700，选择其后下拉列表框中的"F"选项，如图 11-52 所示。

（9）单击"确定"按钮，完成规定温度边界条件的创建。

图 11-50　选取的曲面　　图 11-51　"规定温度"对话框　　图 11-52　"对流条件"对话框

3. 稳态热分析

（1）选择功能区面板中的"主页"→"运行"→"分析和研究"命令，系统弹出"分析和设计研究"对话框。

（2）在"分析和设计研究对"话框中，选择菜单栏中的"文件（F）"→"新建稳态热分析"命令，系统弹出"稳态热分析定义"对话框。

（3）选中"约束"列表框中的"BndryCondSet1"约束集。

（4）选中"载荷"列表框中的"ThermLoadSet1"载荷集。

（5）单击"收敛"选项卡，选中"方法"下拉列表框中的"单通道自适应"选项。

（6）单击"输出"选项卡，勾选"计算"选项组中"热流密度"复选框，在"出图"选项组的"绘制网格"微调框中键入 8。

（7）其他选项为系统默认值，单击"确定"按钮，完成稳态热分析的创建，返回"分析和设计研究"对话框。

（8）选中列表框中的稳态热分析，选择菜单栏中的"运行（R）"→"开始"命令，或单击工具栏上的"开始运行"按钮 ，系统弹出提示询问对话框，单击"是（Y）"按钮，系统开始计算。大约几分钟以后，系统弹出"运行状况（Analysis1）运行已完成"对话框，对话框中显示稳态热分析过程以及分析出现的问题。

（9）在"分析和设计研究"对话框中，选中列表框中稳态热分析，单击工具栏上的"查看设计研究或有限元分析结果"按钮 ，系统弹出"结果窗口定义"对话框。

（10）选择"显示类型"下拉列表框中的"条纹"选项。

（11）单击"数量"选项卡，选择下拉列表框中的"温度"选项，选择其后下拉列表框中的"C"温度单位选项。

（12）单击"显示选项"选项卡，勾选"连续色调"、"显示载荷"复选框。

（13）其他选项为系统默认值，单击"确定并显示"按钮，效果如图 11-53 所示。

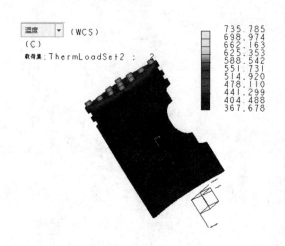

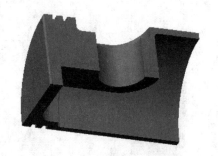

图 11-53　温度条纹图　　　　　　　　图 11-54　选取的活塞边线

（14）选择主页功能区的"编辑"命令 ，系统弹出"结果窗口定义"对话框。

（15）选择"显示类型"下拉列表框中的"图形"选项，单击"数量"选项卡，选择下拉列表框中的"温度梯度"选项，选择"分量"下拉列表框中的"大小"选项。

（16）单击"图形位置"选项组中"选取"按钮 ，系统弹出"选择"对话框和模型阅览窗口，在窗口中选择活塞边线，如图 11-54 所示，单击"选择"对话框中的"确定"按钮，系统弹出"信息"对话框，单击"确定"按钮，返回"结果窗口定义"对话框。

（17）其他选项为系统默认值，单击"确定并显示"按钮，结果窗口中显示温度曲线框图，如图 11-55 所示。

（18）退出结果窗口，系返回"分析和设计研究"对话框，完成稳态热分析。

4．瞬态热分析

（1）在"分析和设计研究对"话框中，选择菜单栏中的"文件（F）"→"新建瞬态热分析"命令，系统弹出"瞬态热分析定义"对话框。

（2）选中"约束"列表框中的"BndryCondSet2"约束集。

（3）选中"载荷"列表框中的"ThermLoadSet2"载荷集。

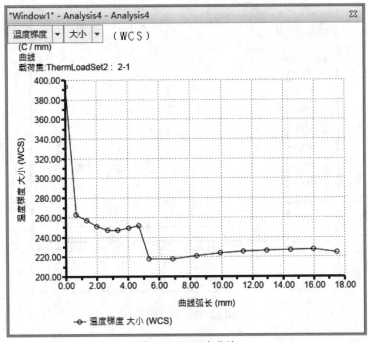

图 11-55　温度曲线

（4）单击"温度"选项卡，选择"初始温度"选项组中"分布"下拉列表框中的"MecT"选项，选中"热分析"下拉列表框中的"Analysis1"选项，选中"载荷集"列表框中的"ThermLoadSet2-1"载荷集选项。

（5）单击"收敛"选项卡，选中"方法"下拉列表框中"单通道自适应"选项。

（6）单击"输出"选项卡，勾选"计算"选项组中"热流密度"复选框，在"出图"选项组的"绘制网格"微调框中键入 8。

（7）其他选项为系统默认值，单击"确定"按钮，完成瞬态热分析的创建，返回"分析和设计研究"对话框。

（8）选中列表框中的瞬态热分析，选择菜单栏中的"运行（R）"→"开始"命令，或单击工具栏上的"开始运行"按钮 ，系统弹出提示询问对话框，单击"是（Y）"按钮，系统开始计算。大约几分钟以后，系统弹出"运行状况（Analysis1）运行已完成"对话框，对话框中显示瞬态热分析过程以及分析出现的问题。

（9）在"分析和设计研究"对话框中，选中列表框中瞬态热分析，单击工具栏上的"查看设计研究或有限元分析结果"按钮 ，系统弹出"结果窗口定义"对话框。

（10）选择"显示类型"下拉列表框中的"图形"选项。

（11）单击"数量"选项卡，选择下拉列表框中的"测量"选项，单击"选取测量"按钮 ，系统弹出"测量"对话框，在"预定义"列表框中选择"max_dyn_temperature"选项，单击"确定"按钮，返回"结果窗口定义"对话框。

（12）选中"图形横坐标(水平)轴"下拉列表框中的"时间"选项。

（13）其他选项为系统默认值，单击"确定并显示"按钮，温度曲线如图 11-56 所示。

（14）退出结果窗口，系统返回"分析和设计研究"对话框，完成瞬态热分析。

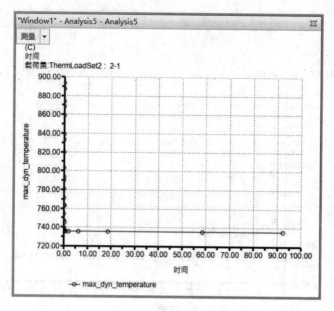

图 11-56　温度曲线

11.3　优化设计

优化设计研究是结构分析的精髓，它是分析的最终阶段。前面的分析是为优化设计研究做准备。优化设计研究是通过给定参数范围，综合前面分析的结果优化计算出最佳选项，使产品更完美、更符合设计目标。标准设计研究是以模型中尺寸对模型应力、变形等影响程度为对象进行分析研究，得到敏感性的尺寸。而后，通过敏感度研究得到影响模型应力、变形等参数的尺寸范围，最后通过优化设计研究得到最合理的尺寸。

11.3.1　标准设计研究

（1）在"分析和设计研究"对话框中，选择菜单栏中的"文件（F）"→"新建标准设计研究"命令，系统弹出"标准研究定义"对话框。

（2）选中"分析"列表框中所有分析，单击"变量"列表框右侧的"从模型中选择尺寸"按钮 ，系统弹出"选择"对话框。

（3）在工作区中选中 3D 模型，然后选中活塞厚度 3，如图 11-57 所示。单击"选择"对话框中的"确定"按钮，返回"标准研究定义"对话框。

（4）在"变量"列表的"设置"文本框中键入 5，如图 11-58 所示，单击"确定"按钮，返回"分析和设计研究"对话框，完成标准设计研究的建立。

（5）选中列表框中刚才创建的标准设计研究，选择菜单栏中的"运行（R）"→"开始"命令，或单击工具栏上的"开始运行"按钮，系统弹出提示询问对话框，单击"是（Y）"按钮，系统开始计算。大约几分钟以后，系统弹出"运行状况（study1）运行已完成"对话框，对话框中显示标准设计研究分析过程以及分析出现的问题。

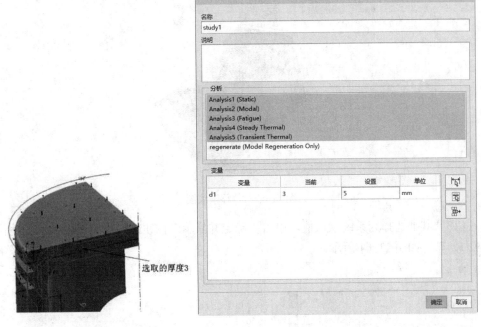

图 11-57　选取的厚度尺寸　　　　图 11-58　"标准研究定义"对话框

（6）关闭"运行状况（Analysis1）运行已完成"对话框，返回"分析和设计研究"对话框，选中列表框中刚才创建的标准设计研究，单击工具栏上的"查看设计研究或有限元分析结果"按钮，系统弹出"结果窗口定义"对话框。

（7）选择"显示类型"下拉列表框中的"条纹"选项。

（8）单击"数量"选项卡，选中下拉列表框中的"位移"选项，选择其后下拉列表框中的"mm"选项，选择"分量"下拉列表框中的"大小"选项，单击"显示选项"选项卡，勾选"已变形"、"显示载荷"和"显示约束"复选框。

（9）其他选择为系统默认值，单击"确定并显示"按钮，结果窗口中显示位移条纹图，如图 11-59 所示。

（10）选择主页功能区的"编辑"命令，系统弹出"结果窗口定义"对话框，单击"数量"选项卡，选择下拉列表框中的"应力"选项，选择其后下拉列表框中的"MPa"选项，选择"分量"下拉列表框中的"von Mises"选项，其他选择为系统默认值，单击"确定并显示"按钮，结果窗口中显示应力变化条纹图，如图 11-60 所示。

（11）选择主页功能区的"编辑"命令，系统弹出"结果窗口定义"对话框，选择"显示类型"下拉列表框中的"模型"选项。

（12）单击"数量"选项卡，选中下拉列表框中的"位移"选项，选择其后下拉列表框中的"mm"选项。

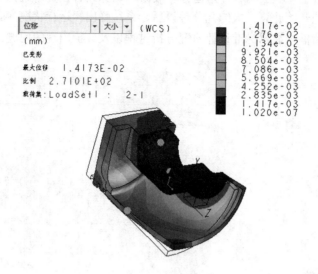

图 11-59　位移条纹图

（13）其他选择为系统默认值，单击"确定并显示"按钮，结果窗口中显示线性化模型应力分布，如图 11-61 所示。

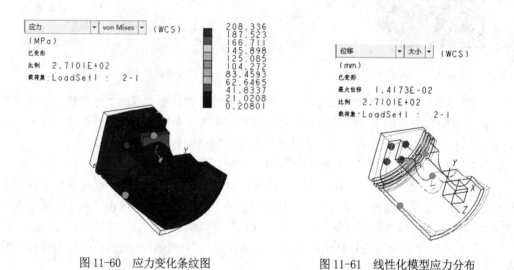

图 11-60　应力变化条纹图　　　　　图 11-61　线性化模型应力分布

（14）退出结果窗口，系统返回"分析和设计研究"对话框，完成标准设计研究。

11.3.2　敏感度设计研究

（1）选择菜单栏中的"文件（F）"→"新建敏感度设计研究"命令，系统弹出"敏感度研究定义"对话框。

（2）选中"分析"列表框中的"Analysis1、Analysis2 和 Analysis3"静态分析、

模态分析和疲劳分析，使其高亮显示。

（3）单击"变量"右侧的"从模型中选择尺寸"按钮 🔖，系统弹出"选择"对话框，在 3D 模型中选中活塞，使其尺寸全部显示，双击活塞厚度尺寸 3，系统自动返回。

（4）单击右下角"选项"按钮，系统弹出"设计研究选项"对话框，勾选"重复 P 还收敛"和"每次形状更新后重新网格化"复选框，单击"关闭"按钮，返回"敏感度研究定义"对话框，如图 11-62 所示。

（5）单击"确定"按钮，返回"分析和设计研究"对话框，完成敏感度设计研究的创建。

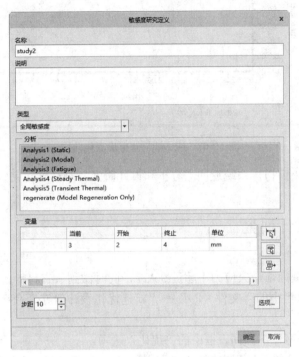

图 11-62　"敏感度研究定义"对话框

（6）选中列表框中刚才创建的敏感度设计研究，选择菜单栏中的"运行（R）"→"开始"命令，或单击工具栏上的"开始运行"按钮 🔖，系统弹出提示询问对话框，单击"是（Y）"按钮，系统开始计算。大约几分钟以后，系统弹出"运行状况（Analysis1）运行已完成"对话框，对话框中显示敏感度设计研究分析过程以及分析出现的问题。

（7）关闭"运行状况（study2）运行已完成"对话框，返回"分析和设计研究"对话框，选中列表框中刚才创建的敏感度设计研究，单击工具栏上的"查看设计研究或有限元分析结果"按钮 🔖，系统弹出"结果窗口定义"对话框。

（8）选中"显示类型"下拉列表框中的"图形"选项。

（9）单击"数量"选项卡，选中下拉列表框中的"测量"选项，单击"测量"按钮 🔖，系统弹出"测量"对话框，选中"预定义"列表框中的"max_stress_vm"选项，单击"确定"按钮，返回"结果窗口定义"对话框。

（10）其他选项为系统默认值，单击"确定并显示"按钮，结果窗口中显示最大应力随活塞厚度变化曲线，如图 11-63 所示。

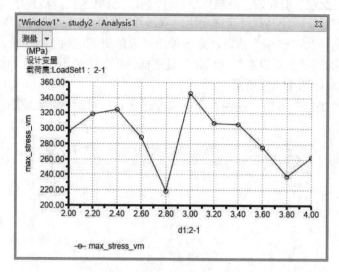

图 11-63　应力随活塞厚度变化曲线

（11）退出结果窗口，系统返回"分析和设计研究"对话框，完成敏感度设计研究。

11.3.3　优化设计研究

技术要求：模型内部最大应力不超过 95MPa，同时做到节省材料。

（1）选择菜单栏中的"文件（F）"→"新建优化设计研究"命令，系统弹出"优化研究定义"对话框。

（2）选择"类型"下拉列表框中的"优化"选项。

（3）单击"设计极限"列表框右侧按钮 ，系统弹出"测量"对话框，选"预定义"列表框中的"max_stress_vm"选项，单击"确定"按钮，返回"优化研究定义"对话框。

（4）在"设计极限"列表框的"值"文本框中键入 95，单击"变量"右侧的"从模型中选择尺寸"按钮 ，系统弹出"选择"对话框，选中 3D 模型中的活塞，使其尺寸全部显示，单击活塞厚度尺寸 3，系统自动返回。

（5）单击"变量"右侧的"从模型中选择尺寸"按钮 ，系统弹出"选择"对话框，选中 3D 模型中的活塞，使其尺寸全部显示，双击厚度尺寸 1.5，系统自动返回。

（6）其他选项为系统默认值，如图 11-64 所示，单击"确定"按钮，返回"分析和设计研究"对话框，完成优化设计研究的创建。

（7）选中列表框中刚才创建的优化设计研究，选择菜单栏中的"运行（R）"→"开始"命令，或单击工具栏上的"开始运行"按钮 ，系统弹出提示询问对话框，单击"是（Y）"按钮，系统开始计算。大约几分钟以后，系统弹出"运行状况（Analysis1）运行已完成"对话框，对话框中显示优化设计研究分析过程以及分析出现的问题。

（8）关闭"运行状况（study3）运行已完成"对话框，返回"分析和设计研究"对话框，选中列表框中刚才创建的优化设计研究，单击工具栏上的"查看设计研究或有限元分析结果"按钮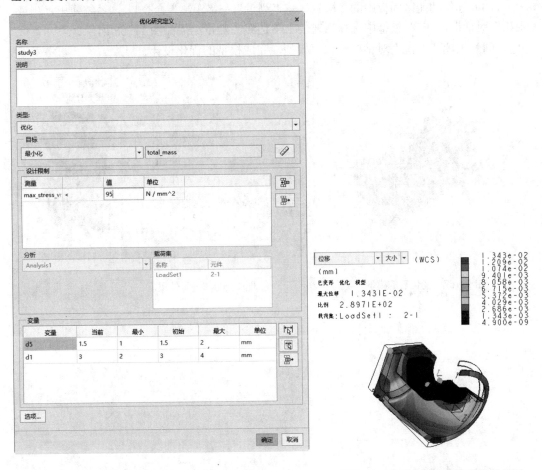，系统弹出"结果窗口定义"对话框。

（9）选择"显示类型"下拉列表框中的"条纹"选项。

（10）单击"数量"选项卡，选中下拉列表框中的"位移"选项，选择其后下拉列表框中的"mm"选项，选择"分量"下拉列表框中的"大小"选项，单击"显示选项"选项卡，勾选"已变形""显示载荷"和"显示约束"复选框。

（11）其他选择为系统默认值，单击"确定并显示"按钮，结果窗口中显示变形与活塞厚度变化条纹图，如图 11-65 所示。

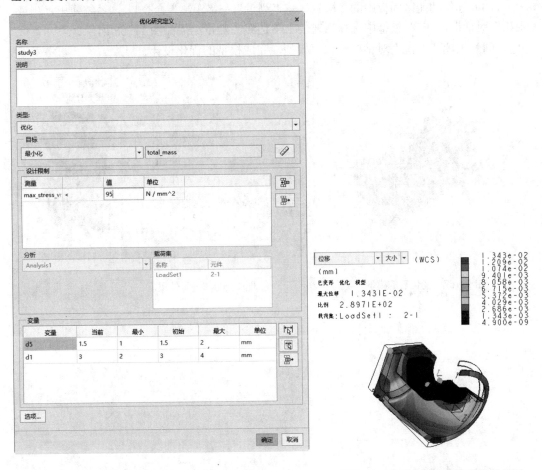

图 11-64　"优化研究定义"对话框　　　　图 11-65　变形与活塞厚度变化条纹图

（12）退出结果窗口，完成优化设计分析。

11.3.4　升级模型

（1）在"分析和设计研究"对话框中，选中列表框中的优化设计研究选项，选择菜单栏中的"信息（T）"→"优化历史"命令，系统弹出信息键入窗口，如图 11-66 所示，在文本框中键入"Y",单击"接受值"按钮。

图 11-66　信息键入窗口

　　（2）系统又弹出信息键入窗口，继续在文本框中键入"Y"，单击"接受值"按钮✓，重复几步后，模型就升级为优化设计后的模型，如图 11-67 所示，关闭"分析和设计研究"对话框。

　　（3）选择功能区面板中的"检查"→"测量"→"距离"命令，系统弹出"测量：距离"对话框，在 3D 模型中选择活塞的上下边线，测量结果如图 11-68 所示。

　　（4）关闭"距离"对话框，保存模型，完成模型的优化设计。

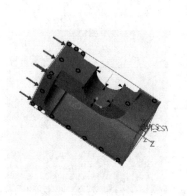

图 11-67　优化后的模型

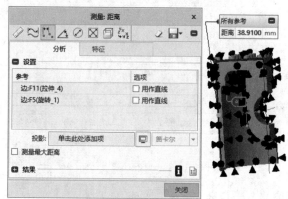

图 11-68　测量结果